本书得到国家自然科学青年基金（No. 50809027）、中央高校基本科研业务专项资金项目（11MG15）、清华大学水沙科学与水利水电工程国家重点实验室开放基金（No. sklhse-2013-A-03）、武汉大学－水资源与水电工程科学国家重点实验室开放基金（No.2009B050）、中国博士后基金（No. 2005037430）的资助

河道内生态需水量计算 生态水力半径模型 及其应用

门宝辉 刘昌明 著

中国水利水电出版社
www.waterpub.com.cn

内 容 提 要

本书是在南水北调西线工程坝址下游河道内生态需水量研究的基础上撰写而成的，主要内容包括调水河流下游河道水力几何形态分析、河道内径流补给来源分析、河道内径流变化的影响因素分析、径流序列的分形特征及其趋势分析、生态水力半径模型及其河道内生态需水量的计算等，形成了一套河流系统河道内生态需水量计算的模型计算系统，反映了目前我国河流生态系统河道内生态需水量计算的最新研究成果。

本书可供水利（水务）、水文水资源、水生态、水环境等规划设计与科研等部门的科技工作者、规划管理人员使用，也可供大专院校相关专业师生参考阅读。

图书在版编目（CIP）数据

河道内生态需水量计算生态水力半径模型及其应用 / 门宝辉，刘昌明著. -- 北京 ： 中国水利水电出版社，2013.11
ISBN 978-7-5170-1515-4

Ⅰ. ①河… Ⅱ. ①门… ②刘… Ⅲ. ①河流－生态环境－需水量－研究 Ⅳ. ①X143

中国版本图书馆CIP数据核字(2013)第302747号

书　　名	**河道内生态需水量计算生态水力半径模型及其应用**
作　　者	门宝辉　刘昌明　著
出版发行	中国水利水电出版社
	（北京市海淀区玉渊潭南路1号D座　100038）
	网址：www.waterpub.com.cn
	E-mail：sales@waterpub.com.cn
	电话：(010) 68367658（发行部）
经　　售	北京科水图书销售中心（零售）
	电话：(010) 88383994、63202643、68545874
	全国各地新华书店和相关出版物销售网点
排　　版	中国水利水电出版社微机排版中心
印　　刷	三河市鑫金马印装有限公司
规　　格	170mm×240mm　16开本　16.25印张　309千字
版　　次	2013年11月第1版　2013年11月第1次印刷
印　　数	0001—1000册
定　　价	**65.00元**

前　言

　　河流生态系统是陆地水生态系统中非常重要的自然界生态系统之一。古代人们逐水而居，尼罗河流域、两河流域、印度河流域和黄河流域孕育了世界四大文明古国。从某种意义上讲，人们在通过认识、改造、开发、利用和保护河流的过程中创造了今天的现代文明世界。人类在发展社会经济和开发利用水资源的过程中曾一度忽略了河流、湖泊等生态系统本身对水的需求，出现了社会经济用水挤占生态环境用水的局面，出现了过度开发利用水资源的阶段，并将社会经济各个环节所产生的工业、农业、生活的污废水直接排放到河流中，使经济发达地区的河流成为了排水通道，使原本健康的河流生态系统的演进规律发生了变化，导致了河流断流、河湖水面面积锐减、水质污染严重、河流水生生物减少、海水倒灌、土壤次生盐碱化等一系列严重生态与环境问题。随着科学技术的发展和社会的进步，人类逐渐认识到人与水和谐共存的重要性，在开发、利用水资源以满足社会经济发展需要的同时，要保护和修复被人类干扰的河流、湖泊等水生态系统。

　　《中华人民共和国水法》中明确规定："开发、利用、节约、保护水资源和防治水害，应当全面规划、统筹兼顾、标本兼治、综合利用、讲求实效，发挥水资源的多种功能，协调好生活、生产经营和生态环境用水。"《国民经济和社会发展第十一个五年规划纲要》中把保护和修复自然生态系统作为一项主要任务，水利部自2004年开始，组织开展了水生态系统保护与修复的相关工作。2012年党的十八大报告以"大力推进生态文明建设"为题，独立成篇地系统论述了生态文明建设，将生态文明建设提高到一个前所未有的高度。生态文明建设是关系人民福祉、关乎民族未来的长远大计，要求把生态文明建设放在突出地位，融入经济建设、政治建设、文化建设、社会建设的各方面和全过程。报告明确指出:"建设生态文明,实质上就是要建设以资源环境承载力为基础、以自然规律为准则、以可持续发展为目标的资源节约型、环境友好型社会。"水利部2013年发出了水资源〔2013〕1号文件《水利部关于加快推进水生态文明建设工作的意见》,意见中明确提出了水生态文明建设的重要意义,"水是生命之源、生产之要、生态之基,水生态文明是生态文明的重要组成和基础保障"。

水作为河流的组成部分,在河流生态系统演进过程中发挥着不可替代的、非常重要的决定性作用,要使河流生态系统保持健康的水平、要使自然界保持一个良性的水循环状态,在满足生产和生活等社会经济用水的基础上,必须首先考虑满足河流生态系统本身对水的需求,包括水量、水质等。

近年来,在国家自然科学青年基金项目"南水北调西线工程坝址下游河道内生态需水量研究(50809027)"、中国博士后科学基金项目"基于MODIS遥感数据的流域生态需水量研究(2005037430)"、中央高校基本科研业务费项目"变化条件下流域生态需水及水资源优化配置研究(11MG15)"、清华大学水沙科学与水利水电工程国家重点实验室开放基金"面向生态的流域水资源优化配置研究(sklhse-2013-A-03)"等支持下,对调水河流下游河道内生态需水量进行了研究,提出了一种水文学与水力学相结合的河道内生态需水量的计算方法,即生态水力半径模型。为了体现研究的系统完整性,还补充了调水河流下游河道水力几何形态、河道内径流补给来源、河道内径流变化的影响因素以及径流序列的分形特征及其趋势分析等相关研究内容,形成了一套河流系统河道内生态需水量计算的模型计算系统,反映了目前我国河流生态系统河道内生态需水量计算的最新研究成果。

全书共分10章。第1章绪论——阐述了南水北调西线工程调水区河道内生态需水研究的背景及意义,综述了目前生态需水研究的国内外进展,提出了本书研究的主要内容、需要解决的关键问题、预期所要达到的目标及其研究的技术路线。第2章调水区概况——

主要从自然概况、地形地貌、地质构造、土壤与植被、气候特征、河流水系、径流以及鱼类和野生动物等方面简要概述调水区的自然地理概况，从人口分布、耕地面积、有效灌溉面积、粮食产量、农牧渔业产值、工业产值等方面对调水区的社会经济状况进行了较为详细的阐述。第3章调水河流下游河道水力几何形态分析——采用Leopold所提出的水力几何形态关系，研究南水北调西线调水区各水文站断面的水力几何形态的年际变化规律、水力几何形态关系（包括河宽～流量、平均水深～流量、平均流速～流量、过水断面面积～流量）中系数与指数的关系，初步确定各水文站断面的宽深比～流量之间的关系，并对横断面的特点、横断面的稳定性进行了阐述。第4章调水河流径流补给来源的初步分析——选取南水北调西线一期工程下游的朱倭、朱巴、绰斯甲和足木足4个水文站的径流资料及其同期的降水、气温等数据，采用灰色关联分析方法，对调水河流的径流补给来源进行了初步分析；采用同位素水文学方法对调水区河流水的氢氧同位素的含量以及氘过量参数来表征径流中大气水、地表水和地下水等各种水的成分组成，以此来初步判断河流内径流补给来源的可能性。第5章调水河流河道内径流变化的影响因素分析——以泥渠河为例，利用朱巴站1961—2010年的降水、径流等水文资料及色达的气温等气象资料，通过计算水文和气象要素的变差系数、完全调节系数、集中度和集中期、峰型度、丰枯率以及气候倾向率等参数，分析了南水北调西线一期工程调水区影响径流变化的水文与气候因子。第6章调水河流径流序列的分形特征及其趋势分析——在介绍分形理论的产生和发展、分形的定义及其特征的基础上，利用ArcGIS扩展模块HawthsTools中的Line Metrics计算南水北调西线调水河流上朱巴、道孚、甘孜、雅江和足木足等水文站月流量序列的分维数，探讨流量与其分维数的关系；并采用赫斯特提出的分形统计的方法——重标度极差法对以上5个水文站历史流量序列的赫斯特系数H进行了计算，还对流量的未来变化趋势进行相应的分析。第7章河道内生态需水量计算方法介绍——从水文学、水力学、栖息地和综合方法等4方面对目前国内外河流生态需水计算方法进行了简要的总结和概括。第 8 章生态水力半径模型——界定了生态流速和生态水力半径的概念，提出了一种同时考虑河道信息（水力半径、糙率、水力坡度）和维持某一生态功能所需河流流速的水力学方法，即生态水力半径模型，找出了该模型的关键参数是确定生态水力半径所对应的河道过水断面面积，重点推导了抛物线形过水断面与水力半径之间的关系。这种新方法的计算不仅能更好地适应鱼类对流速的要求，而且可用于其他生态问题有关的生态水流（如输运泥沙和污染自净）的计算等。第 9 章调水河流河道内生态需水量计算及分析——采用水文学方法中的Tennant 法、水力学方法中的湿周法，以及水文学与水力学相结合的生态水力半径模型对南水北调西线一期工程调水河流下游泥渠河朱巴、鲜水河道孚、雅砻江干流甘孜、雅江以及大渡河支流足木足河足木足站等典型控制断面的河道内生态需水量进行了计算。第 10 章结论与展望——概括总结了本书研究的主要结论并对未来研究进行了展望。

在本书撰写的过程中，得到了华北电力大学可再生能源学院、中国科学院地理科学与资源研究所陆地水循环与地表过程重点实验室的领导与老师们的大力支持，书中内容也汲取了参考文献的丰富营养，在此一并表示衷心的感谢。

鉴于河流生态需水的复杂性，其理论和方法仍需进一步深入研究，加之时间和作者认识水平有限，书中难免存在不妥之处，敬请读者批评指正。（联系地址：102206　北京　华北电力大学可再生能源学院；E-mail：menbh@126.com）。

著　者

2013 年 8 月于北京

目　　录

第 1 章 绪 论

本章阐述了南水北调西线工程调水区河道内生态需水研究的背景及意义，较为详细的综述了目前生态需水研究的国内外进展，提出了本书研究的主要内容、需要解决的关键问题、预期所要达到的目标及其研究的技术路线。

1.1 背景及意义

近年来，随着我国经济社会的快速发展，人民生活水平提高，生态意识增强，水利水电工程开发建设规模逐渐扩大，引发了社会对水利工程生态影响问题的争论。特别是围绕大坝对生态环境的影响和利弊得失，不少人提出了一些疑问和担忧。2005 年 8 月由水利部发展研究中心和"今日中国论坛"组委会共同主办的"水利工程生态影响"论坛会议在北京正式召开了，原水利部部长汪恕诚作了重要讲话（汪恕诚，2005），在讲话中明确指出"任何一项水利工程其本质都应该是生态工程，水利工程在改变自然的同时不能以破坏生态为代价，保护生态是水利工作的应有之义。树立和落实科学发展观，按照人与自然和谐相处的理念，认识和处理水利工程生态影响问题，要求水利工作者比以往、比任何人都更加重视生态与环境问题。我国是发展中国家，解决我国水资源问题、能源问题，保障经济社会发展，还必须抓紧兴建一大批水利水电工程"。"在今后的水利工作中，将继续高度重视生态问题，把改善和修复生态作为水利工作的重要任务，保护河流的健康生命，认真对待和科学处理水利工程对生态的影响问题"。2007 年 10 月 15 日，中国共产党第十七次全国人民代表大会在北京召开，胡锦涛在中共十七大报告中把建设生态文明作为实现全面建设小康社会奋斗目标的新要求提出来，这是中国共产党第一次将生态文明作为一项关系到社会主义建设全局的重要战略任务加以明确。2011 年新年伊始，国务院发布了 2011 年中央一号文件——《中共中央 国务院关于加快水利改革发展的决定》，文件中着重指出了新形势下水利的战略地位："水利是现代农业建设不可或缺的首要条件，是经济社会发展不可替代的基础支撑，是生态环境改善不可分割的保障系统，具有很强的公益性、基础性、战略性。加快水利改革发展，不仅事关农业农村发展，而且事关经济社会发展全局；不仅关系到防洪安全、供水安全、粮食安全，而且关系到经济安全、生态安全、国家安全。"

而且提出了最严格的水资源管理制度，即建立用水总量控制制度、用水效率控制制度、水功能区限制纳污制度、水资源管理责任和考核制度，要确立"三条红线"，第一条红线是水资源开发利用控制红线，抓紧制定主要江河水量分配方案，建立取用水总量控制指标体系；第二条红线是用水效率控制红线，坚决遏制用水浪费，把节水工作贯穿于经济社会发展和群众生产生活全过程；第三条红线是水功能区限制纳污红线，从严核定水域纳污容量，严格控制入河湖排污总量。强化水资源统一调度，协调好生活、生产、生态环境用水。2012 年，胡锦涛在党的十八大报告提出大力推进生态文明建设，必须树立尊重自然、顺应自然、保护自然的生态文明理念。将生态文明建设放在如此突出、如此重要的地位加以阐述、强调、谋划，这在党的历史上是第一次，具有特别重大的现实意义和深远的历史意义。这进一步昭示出党加强生态文明建设的意志和决心，标志着党对自然规律及人与自然关系的再认识取得了重要成果。

南水北调工程是我国一项跨世纪的水利工程，目前南水北调东线、中线工程已经开工，西线工程现正在进行项目建议书工作。西线工程规划从长江上游的通天河、雅砻江、大渡河调水 170 亿 m^3，以补充黄河水量的不足并解决其上游青海、甘肃、宁夏、内蒙古、山西、陕西等西北 6 省（自治区）的严重缺水问题。西线工程规划分为三期，本着由低海拔到高海拔、由小到大、由近及远、由易到难的规划思路，选择达曲—贾曲（自雅砻江支流达曲开始引水，通过引水枢纽和隧洞串联雅砻江支流泥渠河、大渡河支流色曲、杜柯河、玛柯河、阿柯河，穿过大渡河与黄河的分水岭到黄河支流贾曲）联合自流线路为第一期工程，该方案计划年调水量 40 亿 m^3，输水到黄河。就引水点而言，这个调水量占引水坝址处河川径流量的比例达 65%～70%，也就是说，调水后引水坝址下游河道的水量，只有原水量的 30%～35%（谈英武，2002）。而且调水工程下游将出现一段减水河道，剩余的径流量能否维持这 6 条河流河道内生态系统的平衡，就需要研究并估算调水区河道内的最小生态径流量。研究调水工程下游河道内的生态需水量，对于确定调水工程的合理规模以及研究调水工程对调水区局地生态与环境的影响（刘昌明，1996、1997、2002a、2002b）等具有重要的现实意义，为南水北调西线工程的实施提供技术支撑。

1.2 国内外研究现状及分析

1.2.1 国外研究现状及分析
1.2.1.1 河流生态与环境需水的研究

国外对河流生态需水的研究主要是确定其最小流量或最佳流量。最小流量或最佳流量只是一个范围，这一范围考虑河流系统恢复和保护的需要，以便维持河流生态系统的功能。实际上，最小或最佳流量与生态、环境需水类似，只是生态与环境需水比最小或最佳流量有更广泛的内涵，它不止局限于对水生生态系统的描述，也适用于陆地生态系统。在国外，对其他生态系统的需水研究较少（Baird，1999；丰华丽等，2002a）。

早期对河流枯水流量的研究，主要是为了满足河流的航运功能，随后是关于最小可接受流量的研究，主要是为了满足排水纳污的环境用水需要。近些年，逐步开始研究生态系统可接受的流量变化，其目的主要是为了恢复河流生态系统的整体性功能（丰华丽等，2002b；王西琴等，2002）。美国于1978年完成了第二次全国水资源评价。在这次评价中，既考虑了河道外用水，也估计了水生生物、游览、水力发电、航运等河道内用水。其中，以生态与环境用水作为主要的河道内控制流量。在估计每一个水资源分区内的水生生物用水量时，他们以分区河段出流点的月流量作为判断的依据（黄永基等，1990）。

White（1976）为产卵、饲养和鱼道定义了微生态环境指标，利用这些指标和水力模型预测了流量变化对渔业的影响。Bovee（1982）提出的河道内流量增量法（Instream Flow Incremental Methodology，IFIM）是预测最小保护流量的一种方法。IFIM是一套技术，它用于评价典型河段的水流型式，并将这些型式与所关心的目标物种的水力偏爱（即偏爱流速、深度、底质）相关联，同时建议使用鱼类、底栖生物及其他河内用途（如游船等）适配曲线的方法来确定流量。通常把可用栖息地曲线上的拐点（此处栖息地价值随流量减少而迅速下降）作为维持目标生物种群完整性或寿命期的最小可接受流量点。Petts（1984）在《蓄水河流对环境的影响》一书中，对河流流量确定方法进行了综述，主要内容包括：根据河道物理形态、无脊椎动物和鱼类对水质的忍耐能力，来确定最小和最佳的流量，确定河流流量最简单的方法是采用年平均流量法，较为复杂的方法则考虑了汛期大流量、冲刷深槽、补给沼泽地或促进鱼类产卵和迁移活动等。但研究针对的只是某一个所关心的物种，没有同时考虑多种生物的流量需求。研究表明，只有在综合考虑一定数量的鱼类群体、底栖大型无脊椎动物的生长发育、淤积物的冲刷和良好河边环境的维持等因素，才能更为合理地、有效地确定所需的河流流量。Gore（1989a、1989b）研究认为种群多样性与流速多样性之间存在着显著的相关性，指出生物群落的最小流量需求仅是管理决策的一部分，管理决策必须能适当地维持生态系统的完整性。

在确定河流的流量时，为了考虑生态系统的完整性，应把整个流域的生态需要与河流流量变化的特征相联系，包括河流纵向上的联系（防止断流），洪泛平原流量和维持河道的最小或最适宜的流量（Petts，1996）。在此基础上，确定了河流系统可接受流量变化的两个步骤。为了保证水资源的可持续利用，首先应满足河流、湖泊和湿地生态系统对水量的需求（Raskin 等，1996；Whipple，1999），但作者并没有给出明确的概念和计算方法。

除了对河流系统生态需水开展研究外，国外还对其他生态系统的需水进行了研究。Gleick（1998、2000）提出了基本生态需水量（Basic Ecological Water Requirement）的概念，即提供一定质量和数量的水给自然生境，以求最大程度地保护物种多样性和生态系统的完整性。其概念的实质是生态建设（恢复）用水，缺乏天然生态系统维系自身发展所需的生态用水内涵。在其后来的研究中将此概念进一步升华并同水资源短缺、水资源危机与水资源配置相联系。Falkenmark（1999）将绿水（Green Water）的概念从其他水资源中分离出来，提醒人们重视生态系统对水资源的需求，指出水资源的供给不仅要满足人类的需求，而且也要满足生态系统的需求。为了克服水资源开发的盲目性，人类需要把注意力从"蓝色"水的社会利用部门转向利用"绿色"水的生态系统中来，这种"绿色"水包含在雨养农业、林业和天然植被等生态系统中。Baird 等（1999）针对各种类型生态系统（旱地、林地、河流、湖泊、淡水湿地等）的基本结构和功能，较详细地分析了植物与水文过程的相互关系，强调了水作为环境因子对自然保护和恢复所起到的重要作用。Baird 尽管没有将生态需水量作为研究对象，但许多相关的思想、原理和方法在很大程度上推动了生态需水的研究进展。

专家们对河流生态需水量的研究成果和主张，得到了管理者的认可，并开始以新的观念来管理流域水资源的分配。河流生态系统对水的需求，要求管理者重新认识水资源的配置，把生态系统需水作为合理的、正当的需求。在维尔、帕恩格和塞特康比克河，已采取了减少枯水期引水量和大幅度减少地下水开采以恢复河川基流的补救措施，并取得了明显的效果（英国国家河流管理局，1999）。近年来，在许多国际会议上，政府官员及水利专家都一致认为，需要一个新的解决方案，此方案的核心就是要确保生态系统的完整性和有效性。关键性的第一步是制定水生动植物体系的生态标准。在缺水地区，为了满足生态标准，需要鼓励大力节约用水，同时要求更加合理地进行水资源配置。

从以上相关研究的综述可知，国外对生态需水的研究始于河流生态系统，20 世纪 90 年代以前对生态需水量（当时称为河流流量需求）的研究主要侧重于河道生态系统。研究主要集中在根据河道物理形态、所关注的鱼类、无脊椎动物等对流量的需求，来确定最小及最佳的流量。但大部分集中在所关心的个别鱼类与河流流量关系的研究上。同时还提到了考虑洪泛平原等因素来综合管理河流流量的思想，但未进行翔实、具体的研究。另外，在确定河流流量的过程中，未充分考虑生态系统的完整性。20 世纪 90 年代后的研究，不仅研究维持河道的流量，包括最小的和最适宜的流量，而且还考虑了河流流量在纵向上的连续，并充分认识到了洪泛平原流量在保护河流生态系统中的重要性。从总体上讲，考虑了河流生态系统的完整性及河流生态系统可接受的流量变化。但研究的时间尺度、空间尺度不明确，缺乏河流流量和水质耦合的研究。另外，研究的方向不再局限于河流生态系统类型，也扩展到了湖泊、湿地等其他生态系统类型，但对其他生态系统的需水研究成果较少，仅仅是概念上的描述。此外，管理者和决策者也已认识到了生态需水的重要性。

1.2.1.2 国外的主要研究方法

在国外，由于对生态需水的研究主要集中在河流生态系统上，所以研究成果和方法也主要体现在这一方面。目前，河流生态需水研究方法主要有：河道内流量增加法（In-stream Flow Incremental Methodology，IFIM）（Gore J A 等，1991；Stalnaker C B 等，1994），是一种应用最广泛的方法。它由一套分析工具和计算机模型组成，用来评价河道内流量的变化对渠道结构、水质、温度和所选物种适宜栖息地的影响；物理栖息地模拟模型（Physical Habitat Simulation Model，PHABSIM）是 IFIM 的计算机程序包，它是关于河道内物理变量（深度、流速、底质和盖度）变化、特殊物种栖息地及研究生物的生活阶段的一套计算机模型；蒙大拿法（Montana Method，Tennant）（Tennant D L，1976a、1976b）是一种统计分析的方法，它建立在历史流量统计的基础上，将多年平均径流量的百分比作为一定保护目标下的流量需求。流量持续时间曲线分析法（Flow Duration Curve Analysis，FDCA）是利用流量持续时间曲线的特殊百分点提供逐月最小流量。水力学评价法（Hydraulic Rating Methodology）是在生境～流量关系的基础上进行研究的，它包括湿周、水面宽度、流速、深度和底质类型等多个水力学参数。这些水力学参数是沿着河流的横断面，在不同流量条件下获取的，进而建立了流量和生境之间的关系，用于预测适宜河道内栖息地数量的变化。它与 IFIM 的区别在于没有考虑生物因素的响应。此外还有基于水文学参数的 7Q10 法（Caissie D 等，1998）、湿周法（Ubertini L 等，1996；Christopher J 等，1998）、基于水力学参数的 R-2CROSS 法（Mosely M P 等，1982）、Texas 法（Mathews R C 等，1991）、加权有效宽度法（Weighted Usable Width Method，WUWM）、加权可利用栖息地面积法（Weighted Usable Area，WUA）和偏爱面积法（Preferred Area Method，PAM）等研究方法（Khalid K 等，1995）。但是传统 IFIM 法分析的重点是目标物种而非整个河流生态系统，因此，它的输出结果也非整个河流管理计划所要求的流量推荐值（King J M 等，1994）。同时由于定量化的生物信息较难获得，也大大限制了该方法的使用（Orth D J 等，1982）。综合法中典型代表性的方法就是 BBM（the Building Block Methodology）法，目前该法在南非得到了应用（King J M 等，1994；Rowntree K 等，1998；King J 等，

1998)。BBM 法集中于流量的变化对河流生态环境的影响分析，需要对流量大小变化与相应的河流生态系统进行长年的观测，对不同流量的界定非常关键，整个过程需要由水生生态学家到水利工程师等多学科团体的参与，较复杂，使用起来比较困难。

目前所采用的方法只适用于确定河流生态系统的流量，主要是河道内流量的确定。对于其他类型的生态系统，生态需水的研究才刚刚起步。在国外，一般以水资源管理部门对生态系统的配水来代替需水。实际上，以配水代替需水，并没有从生态系统本身对水的需求角度来考虑，往往对生态系统不利。

1.2.2 国内研究现状及分析

在我国，系统研究生态与环境需水的工作尚处于起步阶段，对生态环境需水的概念、内涵与外延等还没有统一的定义（杨振怀等，1990；贾宝全等，1998；谢新民等，1999），对其计算方法的研究也不够深入、完善，基本停留在定性分析和宏观定量分析阶段（王西琴等，2002）。其研究大致可分为四个阶段：

（1）20 世纪 70 年代末，我国学者开始研究探讨河流最小流量问题。主要集中在河流最小流量确定方法的研究方面。长江水资源保护科学研究所的《环境用水初步探讨》是其典型代表。

（2）20 世纪 80 年代，针对水污染日益严重的问题，国务院环境保护委员会《关于防治水污染技术政策的规定》指出：在水资源规划时，要保证为改善水质所需的环境用水，主要集中在宏观战略方面的研究，对如何实施、如何管理处于探索阶段。

（3）20 世纪 90 年代，针对黄河断流、水污染严重等问题，水利部提出在水资源配置中应考虑生态环境用水。如在全国水功能区划中考虑了生态与环境用水问题。刘昌明（1999）提出了我国 21 世纪水资源供需的"生态水利"问题。

（4）21 世纪初期，我国生态与环境需水量研究进入了蓬勃发展的时期，涵盖了河道内的基本生态需水、输沙需水、河道自净需水等，以及河道外的植被需水、河口区（湿地）需水、水利工程下游河道内生态需水等许多方面，下面对其主要研究成果进行归纳和分析。

1.2.2.1 对生态与环境需水量研究的综述

丰华丽等（2002a、2003）、王西琴等（2002）、宋进喜等（2003）、张丽等（2003）、刘昌明（2004）、姜德娟等（2004）、王珊琳等（2004）、赵西宁等（2005）对生态与环境需水量的研究进行回顾和总结，并提出了关于生态与环境需水量研究可能存在的问题及今后的研究方向。朱玉伟等（2005）对黄河河口的生态需水量研究进行了总结，并提出要保护和维持河口三角洲湿地环境，协调人类活动与生态、资源、环境之间的关系，做到水资源可持续发展，而确定其生态与环境需水量是核心问题。何永涛等（2005）针对植被生态需水量的研究进行了综述并对将来的研究提出了展望，指出在区域植被生态需水量的计算中，最关键的是对单位面积、单位时间内某一植被类型生态需水定额的确定。杨志峰等（2003a）、徐志侠等（2004a）对河流生态与环境需水量的计算方法进行了综述，并对各种计算方法进行了对比研究。李俊峰等（2005）在总结国内外关于生态和环境需水研究的基础上，界定了玛纳斯河流域生态与环境需水的内涵。

吴洁珍等（2005）将生态环境需水引入生态环境建设规划中，使得建设工作在满足农业需水、工业需水和生活需水三部分的同时也满足自然生态系统本身的需水要求，即生态环境需水，使社会经济环境可持续发展。首先阐述了生态环境需水与生态环境建设的概念，并分析了两者具有一致性，会产生相互影响的结果。接着对现在的生态环境需水在生态环境建设规划及相关规划中的应用情况作了详细介绍，在前面的基础上提出在生态环境建设规划中引入生态环境需水的重要性和紧迫性：①配置足够的生态环境需水是生态环境建设顺利进行的关键所在；②引入生态环境需水为水资源管理提供新思想、新途径，促进生态环境建设规划的实施；③合理的生态环境需水是生态环境建设规划的实现目标；④生态环境建设设定目标反过来又促进生态环境需水的研究。王根绪等（2005a）根据国际上生态水文学发展的主要方向，归纳了现阶段流域生态水文学的生态水文过程与生态水资源两大主要学科领域及其进展。全球变化下流域生态过程对水文循环加剧的应对策略，基于土地利用与覆盖变化的流域水土界面可持续管理将是未来流域生态水文过程研究的前沿核心问题。以生态需水量为主，分析了生态水资源领域存在的问题，评述了河道内与河道外生态需水量评价的方法与问题，建立更加适用的生态需水量评价体系是目前生态需水量研究的关键问题，一个全新的面向生态系统的水资源评价和规划的理论体系是未来人类社会可持续发展的基础。

1.2.2.2 对生态与环境需水量理论及概念的研究

汤奇成（1989）提出了与生态需水直接相关的生态用水问题。他认为"为了保证塔里木盆地各绿洲的存在和发展，必须要保护各绿洲的生态与环境，而生态与环境的保护离不开水，这部分水可统称为生态用水"。他认为"对生态与环境用水很少或根本没有安排，这种情况必须彻底加以改变，否则干旱区绿洲外的环境将日益恶化；应该在水资源总量中专门划出一部分作为生态与环境用水，另一部分为国民经济各部门的用水，包括工业、农业及城市生活用水等"（汤奇成，1995）。刘昌明等（1989）在《华北平原农业水文与水资源》一书中提出了海河流域的水、盐平衡与水、沙平衡。以后许多专家学者对生态需水、生态用水和生态耗水等，提出不同的观点、定义和研讨，丰富了生态需水的理论与学术研究。

1993 年由水利部组织编制的《江河流域规划环境影响评价》(SL 45—92) 行业标准中，根据 1987 年完成的新疆叶尔羌河流域规划环境影响评价实践，将生态与环境用水正式作为生态脆弱地区水资源规划中必须考虑的用水类型。在"中国可持续发展水资源战略研究综合报告"中，专家组指出，生态与环境用水的计算应以生态与环境现状作为评价生态用水的起点，而不是以天然生态与环境为尺度进行评价。因此，狭义的生态与环境用水是指为维护生态与环境不再恶化并逐渐改善所需要消耗的水资源总量。生态与环境用水研究的区域应当首先考虑水资源供需矛盾突出的区域，如生态与环境脆弱的干旱、半干旱和季节性干旱的半湿润区域。水利部、中国科学院和国土资源部共同完成的"九五"国家重点科技攻关项目"西北地区水资源合理配置和承载力研究"，探讨了生态与环境保护准则与需水预测问题，提出基于水量平衡原理的现状条件生态需水计算方法。刘昌明（2000）提出了"生态水利"，认为自然生态与人类环境用水需遵循的四大平衡原则，即水热（能）平衡、水盐平衡、水沙平衡及区域水量平衡与供需平衡。从总体上和方向上指明了河道内、河道外生态需水研究的范畴和框架。目前，对生态需水的研究主要集中在河流、湖泊、湿地等生态系统，其中对干旱区河流系统的研究相对较多也较为深入。

河流生态系统应该包括河流子系统和河岸子系统，但目前研究较多的是河流子系统。李丽娟等（2000）认为狭义的生态需水量是指为维持地表水体特定的生态与环境功能，天然水体必须储存和消耗的最小水量；也有人认为河流生态需水是指为维持地表水体特定功能所需要的一定水质标准下的水量，具有时间和空间上的变化（严登华等，2001）。水生生态系统需水量的确定，首先要满足水生生态系统对水量的需求，其次，是在此水量的基础上，确保水质处于健康状态。并提出了生态需水有耐性的理论，具有耐性限度，存在着最低、最适和最高生态需水：Q_{min}，Q_{opti}，Q_{max} 三基点，表明生态系统不同，生态需水的三基点不同（丰华丽，2001）。王西琴等（2001a）从水污染问题出发，探讨了河道环境需水的内涵，指出河道最小环境需水量是指在河流的基本功能不受破坏的情况下，在河道中常年流动着的最小水量阈值，这一概念属于河流自净需水的范畴。赵文智等（2001）把干旱区植物需水量划分为临界需水量、最适需水量和饱和需水量。并指出植物的需水量必须从土壤水分状况、植物生长模型、植物蒸腾三方面综合考虑，而且还应考虑个体、群体和生态系统间尺度转换的问题。在荒漠地区，山地、荒漠、绿洲是最主要的缀块景观，其中绿洲是干旱区的支撑景观。据此，贾宝全等（1998、2000）认为干旱区生态用水是指对绿洲景观的生存和发展及环境质量的维持与改善起支撑作用的系统所消耗的水分。潘启民等（2001）把生态用水理解为生态需水量（状态值）和生态耗水量（动态概念）两个概念。严登华（2001）把河流水划分为生态水、资源水和灾害水。王芳等（2002a、2002b）研究探讨了生态需水理论问题，将生态需水界定为维护生态系统稳定、天然生态保护与人工生态建设所消耗的水量。

依据河流廊道在干旱区的重要作用，丰华丽等（2002b）提出了以河流廊道及其影响区的生态需水作为荒漠绿洲生态需水的估算原则。并以额济纳绿洲为例，进行了实例验证研究，表明了保证干旱区河流廊道需水的重要性。夏军等（2002、2003）认为目前国际上提出的生态需水研究，是指从水文循环为纽带、从维系生态系统自身生存和生态功能角度、相对一定生态和环境品质目标下客观需求的水。生态系统对水资源需求的大小需要通过科学实验与观察获得。水的配置是针对水资源管理、不同水的用户即用水而言。因此，就应该有生态耗水和生态用水的概念，它们与生态需水有区别也有联系。杨志峰等（2003b）认为生态需水与环境需水需要综合，总结提出了生态环境需水量理论方法与案例。王西琴等（2003）根据河道水量平衡探讨河道生态及环境需水的机理及其组成，同时，根据人类对地表水的影响强度，将水资源开发利用划分为8个阶段，论述了每个阶段河流生态系统的特点，并分析了河流流量减少所造成的对整个河流生态系统的影响。乔云峰等（2003）在简述生态需水研究现状的基础上，结合生态经济理论，提出了基于生态经济思想的生态需水概念，并进行了理论分析。

郑红星等（2004）对生态需水、生态储水、生态用水、生态缺水、生态耗水等概念进行了阐述，并对他们之间的关系进行了分析。杨爱民等（2004）对生态用水、生态需水和生态缺水的概念进行了科学界定，讨论分析了他们之间的相互关系，并提出一套完整的生态用水的分类系统以及水土保持、植被、城市等河道外生态用水的计算方法。唐蕴等（2004）认为河道最小生态流量是指为了防止河道水体断流，即维持河流水体生存所应具有的最小流量（水量）。最小生态需水量计算方法应立足河流形态，将水位～水面宽曲线变形点与维持一定生境（主要包括平均水深、流速等）综合考虑来确定临界流量。王雁林等（2004）探讨了生态环境需水量的定义，提出了生态环境需水量的"外部优先级"和"内部优先级"思想，首次系统地分析了陕西省渭河流域生态环境需水量的界定范围。魏彦昌等（2004）从生态系统角度分析了生态需水内涵和生态需水与生态用水概念的差别，探讨了海河流域自然陆地、河流、湿地、城市四种生态系统类型生态需水核算方法，并对其生态需水量进行了核算，认为狭义生态需水为径流性水资源，而广义的生态需水为包括降水性水资源的天然植被生态需水在内的全部生态系统生态需水。罗小兰等（2004）从水资源开发利用中的生态环境问题出发，对河流系统生态环境需水量的内涵进行了探讨，讨论了南方河流系统与北方河流系统的生态环境需水内涵的异同。

李秀梅等（2005）从生态环境需水量研究的发展历程探究了生态需水概念的发展过程及内涵，构建了相关的概念框架。汤洁等（2005a）分析了生态环境需水的内涵、概念、分类和特征，总结了河流、植被、湖泊、湿地和城市生态系统生态环境需水量计算的理论基础和方法。徐志侠等（2005a）根据生态用水和生态需水研究的发展历史，确定了生态用水决策过程的5个部分：生态问题、水与生态及价值关系、期望生态状况决策、保障措施和实施监测，并提出各个部分的主要内容。根据生态用水决策过程，提出生态需水研究的6个层次：①生态问题；②水与生态关系；③生态价值；④决策；⑤保障；⑥实施监测。通过对国内外生态需水概念的研究，提出生态需水、生态用水、生态耗水、生态保留水、期望生态需水、临界生态需水等定义。鲍卫锋等（2005）从不同角度对生态需水进行了科学的界定，建立了不同标准下的生态需水分类体系。左其亭（2005）针对生态环境用水与生态环境需水概念和计算中存在的问题，从生态与环境概念分析入手，对生态环境用水、生态环境需水的概念进行界定和区分，对其内涵和计算关键问题进行评述。张远等（2005）为真实反映流域各区间的河道生态环境需水量差异，同时解决流域上下游河道生态环境需水量的重复计算问题，提出了河道生态环境分区需水量的概念，对流域分区、河道功能确定和河道生态环境分区需水量计算方法进行了研究，并以黄河流域为例进行了实证分析。

1.2.2.3 对植被生态需水的研究

何永涛等（2005）对植被生态需水的概念与内涵、计算方法进行了分析。认为植被生态需水是指为了保证植被生态系统能够维持健康，并确保其生态服务功能得到正常发挥而必须消耗的一部分水量。在区域植被生态需水量的计算中，最关键的是对单位面积、单位时间内某一植被类型生态需水定额的确定，目前常用的计算方法多是基于农业气象学原理的直接计算法。刘蕾等（2005）根据 Hargreaves 算法计算植被蒸腾，对陆地生态需水进行了计算；利用水循环的观点对陆地生态需水进行了研究。闵庆文等（2005）在总结分析草地生态需水的内涵、影响草地生态需水的因素并汇总草地生态需水定额有关研究成果的基础上，通过泾河流域各县温度与降水资料的修正，确定了三类草地覆盖度的生态需水定额。利用1:10万土地类型图提取了三类草地面积，估算了泾河流域的草地生态需水量。汤洁等（2005b）在分析吉林西部自然环境的基础上，提出了植被生态环境需水量的概念，即保证植物正常、健康生长，同时能够抑制土地沙化、碱化，乃至荒漠化发展所需的最小水资源量。采用统计年鉴资料，并利用 TM 卫星影像解译数据进行修正，计算出了农田、草地和林地面积，分别采用面积定额法、水量平衡法、潜在蒸散量法求得农田、草地和林地的生态环境需水量。何志斌等（2005）以水量平衡关系为理论基础，引用1956—2000年黑河中游地区各县的气象资料和2002年4月至2003年10月不同类型植被区的土壤水分动态监测数据，并采用GIS技术进行生态分区的基础上估算该地区的植被生态需水量，分析生态需水量的时空变化以及缺水量。张丽等（2005）通过分析黑河下游天然植被生态状况，根据生态适宜性理论建立了植物生长与地下水位关系模型，结合遥感技术进行的生态分区和植物生理需水的现场实验数据的天然生态需水量计算方法，计算并预测了黑河流域下游额济纳旗天然植被生态需水量。王根绪等（2005b）基于不同植被蒸散发潜力估算模型，依据不同生态系统及同一生态系统在不同气候与地理区域具有不同生态需水规律的特点，提出了可模拟和评价不同时期生态系统需水量的方法，不仅能体现生态系统需水量的年际变化，也能反映年内不同时间段（月、季节甚至每日）的需水量变化，并提出干旱区生态适宜需水量在不同时期是一个区间。以黑河流域中下游地区为研究区域分析其生态需水量。刘佳慧等（2005）根据"3S"技术可以提供准确、大量的时空信息以及提取、分析和处理信息的技术方法，可以满足生态用水量研究的需要，提出了一种在"3S"技术支持下的生态用水量计算方法，并以锡林河流域为例，通过"3S"技术提取植被群落类型和空间分布等生态环境信息，应用生态用水概念及计算方法，建立空间信息（群落类型面积大小、数量）与生态用水量等级间的关系，应用遥感和地理信息系统的相关软件绘制锡林河流域生态用水图。杨志峰等（2005）基于中分辨率成像光谱仪（MODIS）数据和地面气象数据，建立了区域植被生态用水模型，并用该模型的计算结果分析了海河流域的生态用水。结果显示，基于"现状"三角法和植被系数法计算的植被现状环境用水与地表大型蒸渗仪实测结果较一致。窦明等（2005）从生态需水的概念出发，将生态需水量化过程划分为河道内和河道外两部分，并介绍了相应的计算方法和公式。刘昌明（2004）在对西北地区进行生态分区的基础上，计算出西北地区的生态需水量，其结果对西北地区水资源可持续利用有一定参考价值。

1.2.2.4 对河流输沙需水的研究

河流输沙水量的研究是流域水资源管理、水库优化调度的理论依据之一（石伟等，2003a、2003b）。对于河流系统来说，输水输沙是河流的输运功能，它对河流起着泄洪排沙、维持河道正常演变的作用（孙东坡等，1999）。为了输沙排沙，维持河流系统的水沙动态平衡，维持河道的正常演变及其功能的维护，需要有一定的水量与之匹配，这部分水量就称为河流输沙需水量（李丽娟等，2000）。河流输沙需水是多沙河流生态环境需水量的重要组成部分（倪晋仁等，2002a、2002b）。关于河流输沙需水的研究，均是在泥沙含量较多的河流上展开的，如黄河、渭河、海河等。

齐璞等（1997）从概念出发，给出了输沙水量和含沙量间的关系。岳德军等（1996）、常炳炎等（1998）研究得出利津输沙水量与三门峡、黑石关、武陟来沙量、含沙量及下游河道淤积量的关系。赵华侠等（1997）分析了洪水期三门峡水库不同含沙量级中输沙用水量与黄河下游河道泥沙冲淤调整的关系；倪晋仁等（2002a、2002b、2004）和刘小勇等（2000）研究了黄河下游不同时段在自然、受控、复杂和异常状态下的输沙用水量，并给出了统计平均意义上的河道最小输沙需水量的计算方法。同时，建立了洪水输沙用水的人工神经网络模型。李丽娟等（2000）将汛期输沙的水量作为河流生态环境需水量的一部分，建立了一种基于最大月平均含沙量和多年平均输沙量关系上的河流输沙需水量计算方法，并对海滦河河流输沙需水量作了计算。石伟等（2002）建立了当河流流量为平滩流量时的最小输沙需水量计算公式，并对黄河下游汛期输沙需水量作了估算。罗华铭等（2004）以黄河下游为例，按照不同的水沙状态、分河段、分汛期和非汛期系统地研究输沙需水及生态环境需水的关系，探讨了多沙河流生态环境需水的特点。宋进喜等（2005a、2005b）基于对河流输沙运动特性的分析，认为最小河流输沙需水量是当河流输沙基本上处于冲淤平衡状态时输送单位重量的泥沙所需要的水的体积，通过河段进口即上游断面水流挟沙力（Su^*）与含沙量（Su）比较，分 $Su \leqslant Su^*$ 和 $Su > Su^*$ 两种情况，分别建立了最小河段输沙需水量的计算方法，并应用该方法对渭河下游输沙需水量做了计算。

1.2.2.5 对河流自净需水的研究

针对我国水环境污染较为严重的河流，王西琴等（2001a、2001b）提出了以河流稀释和自净作为主要环境功能的河道最小环境需水量的计算方法，即段首控制法，并对黄河支流渭河的自净需水进行了计算。黄锦辉等（2004）研究黄河河道生态环境需水量应主要包括以下几个方面：保护河道内水生生物正常生存繁殖的水量；维持河流水体功能水质的水量；满足河道湿地基本功能的水量；维持河口一定规模湿地的水量；有利于河口水生生物生存及河口生态修复的水量。对黄河干流重点河段环境需水量的分析认为：①现状纳污水平下，黄河干流所需流量很大，在目前水资源条件下很难实现；②阶段目标控制水平下，龙门以上河段所需流量基本可以得到保证，但龙门以下河段难以得到保证；③要实现黄河"污染不超标"的目标，入黄支流必须满足入黄水质目标要求，入黄排污口必须满足国家污水综合排放标准。杨艳霞（2005）针对海河流域水资源短缺、生态环境恶化问题，就如何确定生态修复需水量进行了思考，剖析了与水资源利用关系密切的七个生态要素的演变过程、现状和变化原因，提出生态修复的指导思想、原则和目标，概述了生态修复需水量计算方法和需水方案；从定量的角度揭示了海河流域生态修复问题的复杂性、严峻性和紧迫性，可作为流域水资源保护规划和领导决策的参考。

1.2.2.6 对河口区（湿地）生态与环境需水量的研究

孙涛等（2004）在分析河口生态环境需水量类型及特征的基础上，采用水文学、生物学及水力学方法计算了海河流域中海河口、滦河口及漳卫新河口生态系统水循环、生物循环消耗水量及生物栖息地需水量。张长春等（2005）依据黄河三角洲自然保护区生态系统特点，认为需水量主要有植物需水量、湿地蒸散量、土壤需水量、野生生物栖息地需水量、补给地下水需水量和防止岸线侵蚀及河口生态环境需水量等，并利用遥感技术重点对黄河三角洲湿地生态系统需水量中的蒸散量进行了计算。崔保山等（2005）根据黄河三角洲湿地自然保护区的现实问题以及 Ram sar 公约（拉姆萨公约）要求，确定了黄河三角洲湿地自然保护区管理目标即保护新生湿地和鸟类资源、栖息地恢复与保护、生态系统功能与过程的维持；通过分析湿地生物和水量的相关性，计算了不同层次管理目标的黄河三角洲湿地生态需水量，即在不考虑输沙用水的情况下，黄河三角洲湿地最小生态需水量、适宜需水量和理想需水量。朱玉伟等（2005）为解决黄河口水环境污染和水资源短缺问题，认为须对河口水资源进行优化配置。要保护和维持河口三角洲湿地环境，协调人类活动与生态、资源、环境之间的关系，做到水资源可持续利用，则确定其生态环境需水量是核心问题。拾兵等（2005a、2005b、2005c）针对河口与近海生物对环境条件变化响应的非线性和不连续性，以及生态系统所具有的多源性、开放性、耗散性和远离平衡态的复杂特征，利用人工神经网络最新技术，建立了河口滨海区生态需水量与健康生态特征指标间的非线性耦合关系的神经网络计算模型，借助 Matlab 工具箱强大功能和自主开发接口，快速实现输入数据的预处理、网络的训练和仿真；利用 BP 神经网络强大非线性映射能力，建立以水位、流量、含沙量、叶绿素浓度为输入变量的神经网络模型，并实现了对既有数据的仿真与成功预测，为神经网络预测奠定了基础；而且对黄河口滨海区典型年份生态最小需水量进行了成功预测。孙涛等（2005）通过考虑水循环消耗、生物循环消耗、生物栖息地等不同类型需水及其随时间的变化，根据"加和性"和"最大值"原则计算了河口生态环境需水年度总量，以保持河口径流自然状态为目标确定了生态环境需水量年内随时间的变化率，提出了河口生态环境需水量的计算方法。

1.2.2.7 对水利工程下游河道内生态需水量的研究

门宝辉等（2005a、2005b）通过分析南水北调西线工程调水区河道内的生态需水主要是满足水生生物栖息地的需水要求，讨论了水生生物产量与水体水量之间的关系，利用河道内径流 50 ％保证率的河道径流的 30 ％作为最小生态径流量的方法，估算了达曲、泥渠河、绰斯甲河、足木足河的水文站断面的最小生态径流量，并利用 Tennant 方法对估算结果进行了评价。张玫等（2005）

在分析南水北调西线一期工程调水地区径流特征的基础上，分别采用 7Q10 法、Tennant 法以及湿周法计算了不同引水坝址下游河道的生态环境低限用水需求，推荐西线一期工程各引水坝址下游河道生态环境低限用水量，除克柯坝址为 $2m^3/s$，其余坝址均为 $5m^3/s$；并据此分析了南水北调西线一期工程实施后对引水河道生态环境的影响。黄振英等（2005）认为确定水利工程下游脱水河段的最小生态流量是规划工作中的关键和难点之一。如何提高水资源的综合利用效益和保护生态、维护河流的健康生命，以鲁基厂水电站为例，说明仅靠已有方法计算不行，必须通过合理性分析，结合实际、类比选定最小生态流量才是正确途径。从实际出发，为坝址以下河道泄放最小流量，维持河道不断流，防止对脱水河道内的水生生物造成严重影响，使其能继续存活，只有这样才能维持河流的健康生命，保护河流的生态持续发展。

1.2.2.8 对生态与环境需水量计算方法的研究

目前，国内的研究方法有河道内生态需水的计算方法、河道外生态需水计算的蒸散发方法、综合河道内和河道外生态需水计算的水量平衡法等。

河道内生态需水量的统计方法主要是最小月平均流量法，一般采用连续 10 年最小月平均流量或 90% 保证率最小月平均流量作为河流的最小设计值（王西琴等，2002；李丽娟等，2000；石伟等，2002），此法主要适用于河道生态系统。

河道内生态需水量的计算方法还有：蒙大拿法（徐志侠等，2003a、2003b），水文与河流形态分析法（徐志侠等，2004b、2005b；郑建平等，2005），高频率流量法（姜杰等，2004），径污比计算法，水体允许纳污量计算法和压咸水量百分比法（黄亚平，2005），BOD-DO 水质数学模型法（阳书敏等，2005），RVA 法（Range of Variability Approach）（陈启慧等，2005），整合计算模型（刘静玲等，2005）等。

蒸散发法就是通过单位面积、单位时间内的需水强度乘以天然植被的面积计算生态需水的方法。需水强度由两部分组成：一是植被蒸腾，二是土壤蒸发。由于地面植被和土壤分布的不均匀性，使得由需水强度计算的蒸散发，在向大尺度的转换过程中产生了误差，影响了计算结果的精度。尺度转换问题成为今后研究生态需水计算问题的重点。

水量平衡法是通过分析水资源的输入、输出和储存量之间的关系，间接求取生态系统所利用的水资源量的方法。水量平衡法计算的是天然生态系统实际利用的水资源量，是以对生态系统的分配用水来替代生态需水。实际上，尚待从生态系统的结构和功能对水分需求的角度来进一步研究生态需水问题。此外，在湖泊生态需水方面，还提出了换水周期法、最小水位法和功能法等（刘静玲等，2002；刘苏峡等，2004；柳长顺等，2005）。

杨志峰等（2004）在评价生态环境需水量的概念内涵，包括概念的界定、生态环境水的组成结构和需水的基础上，提出了生态环境需水量分级和计算方法，并以黄淮海地区为研究实例，估算了研究区生态环境现状用水量、最小需水量、适宜需水量，同时计算了相应的缺水量。

喻泽斌等（2005）针对水资源丰富地区景观河流的景观与生态的保持，提出了景观生态环境需水量计算方法。罗玮等（2005）以生态环境需水量理论为基础，提出了河道在保证不断流临界状态下河流最小环境需水量的计算方法，即为防止河道断流的最小生态需水量。

从国内对生态需水的研究上来看，定性描述较多，机理研究较少；另外，在确定生态环境需水量时，生态保护目标不明确，时空尺度模糊。在确定水生生态系统的需水量时，对水质的考虑较少，不同目标下（维持基流、冲沙、入海水量）的生态需水量重复计算，可操作性较差（丰华丽等，2003）；而且对于水利工程下游减水河段生态与环境需水的研究还比较少，减水河段应该保持多大的流量方可维持河流正常的生态与环境功能缺乏理论依据，这方面的研究需要进一步加强，为水利工程对生态与环境的影响等方面的研究提供技术支持。

对于某一特定的河流，理想的生态需水量计算方法应该能够量化所有的参数，反映参数之间的相互影响。迄今为止，这样的方法并不存在。因此，使用任何一种已有方法时，都应该对方法进行仔细的评价，意识到任何一种方法的发展都是建立在某一特定的河流或区域，比如利用蒙大拿方法（Tennant 法）来计算河道内生态需水量，就应该对计算标准进行当地适用性验证，并给予修正后采用；而且，自然环境、生物上的相似性对于方法应用的成功与否十分重要，即使有着相似的地质条件和流域面积，相邻的两个集水区对于枯水的敏感性也可能截然不同，因此，充足的数据源支持又是研究成功的另一必要。

1.3　研究内容

将南水北调西线调水工程调水区下游减水河段的生态与环境需水量分解为河道内和河道外（河道附近区域）两部分来研究。南水北调西线一期工程主要包括雅砻江支流鲜水河支流的达曲、泥渠河，大渡河支流色曲、杜柯河、玛柯河和阿柯河等共6条河流。主要研究内容包括调水河流下游河道水力几何形态分析、河道内径流补给来源分析、河道内径流变化的影响因素分析、河流系统径流序列的分形特征及其趋势分析、河道内生态流量的计算方法研究等几方面。

1.3.1　调水河流下游河道水力几何形态分析

河道流量与河道的水面宽度、深度、水流流速以及过水断面面积等因素有关，通过西线调水河流的朱巴、道孚、甘孜、雅江、足木足等水文站的实测水文资料，建立流量 Q 与水面宽度（河宽）B、水深 H、水流的平均流速 v 以及过水断面面积 A 之间的关系，同时，通过河道横向的稳定性等指标来研究河道的河相关系，以探究河道流量的变化与哪些因素有关，为流量的估算提供依据。

1.3.2 调水河流河道内径流补给来源的初步分析

河流的流量主要由大气降水、高山融雪或地下水等来补给，采用灰色系统理论中灰关联分析方法，通过建立径流流量与年降水量、4—6 月降水量以及4—5 月平均气温（反映春季融雪的温度条件）等之间的灰关联分析模型，来初步分析调水河流的径流的补给来源。

通过收集当地的大气降水（雨水）、河道径流和地下水等水样，进行同位素分析，通过氘过量参数（d）的水文地质含义来初步确定河道水与大气降水、地下水的补给关系，为分析调水工程下游流量减少对河道两岸植被的影响以及对地下水的影响提供数据支撑。

1.3.3 河道内径流变化的影响因素分析

以调水区的泥渠河的朱巴水文站为例，通过分析计算水文和气象要素（降水、径流、气温等）的不同时期（春季、夏季、秋季、冬季、汛期和非汛期等）的变差系数、峰型度、丰枯率以及气候倾向率等参数，采用相关分析及水量平衡方程，来分析径流的变化与哪些因素有关，其他因素对其变化是怎样影响的，即有哪些气候因子对径流的影响起主要决定作用。

1.3.4 河流系统径流序列的分形特征及其趋势分析

介绍分形理论的产生和发展、分形的定义及其特征的基础上，利用 ArcGIS 扩展模块 HawthsTools 中的 Line Metrics 计算南水北调西线调水河流上朱巴、道孚、甘孜、雅江和足木足等水文站月流量序列的分维数，探讨流量与其分维数的关系，并采用赫斯特提出的 R/S 分析法（重标度极差法）对以上 5 个水文站流量的未来变化趋势进行相应的分析。

1.3.5 河道内生态流量的计算方法研究

通过分析调水区河流的季节性变化规律，对水文学方法的 Tennant 法的计算标准进行改进，利用调水区主要水文站的月平均流量资料，计算出各月的最小和适宜生态流量；通过分析调水河流水文站点横断面的特点，对水力学方法中的湿周法进行改进，采用各水文站的实测大断面、水位、流量等水文资料，计算出各水文站点的断面处生态流量；利用河道内水生生物信息（生物对流速的要求）和河道本身的信息（水深、水面宽、糙率等）的一种水文学（水位、流量过程）、水力学（Manning 公式）等学科和方法进行集成，提出一种新的水文学与水力学相结合的方法来计算生态与环境需水量，即生态水力半径模型。并用该模型计算了调水河流下游河道内基本生态需水量（满足鱼类及水生生物栖息地的需要）和输沙需水，同时提出了生态流速、生态水力半径等概念。

1.4　研究目标

（1）丰富和发展生态需水的理论，为计算河道内生态需水量的方法提供新的水文学与水力学相集成的模型方法——生态水力半径模型，并用该方法计算河流基本生态需水量、输沙需水量，为水利工程下游减水河段生态与环境需水的研究提供一种新的思路。

（2）为南水北调西线工程实施的前期论证提供调水工程对当地生态环境影响方面的技术支撑，为调水工程的顺利开工提供理论依据。

1.5　拟解决的关键问题

调水工程下游减水河段河道内生态需水量的研究属于生态学、水文学、河流水文、河流地貌、水力学、水生生物学、环境科学等相交叉科学的研究课题，拟解决如下关键问题。

1.5.1　生态流速的确定

为了使河道维持其一定生态及环境功能，必须使河道内的水流保持一定的流速，这些流速包括：①水生生物及鱼类对流速的要求，如鱼类洄游的流速、栖息地生活的流水流速；②保持河道输沙的不冲不淤流速；③保持河道防止污染的自净流速；④若是入海河流，要保持其一定入海水量的流速等。生态流速的确定是利用生态水力半径模型计算河道内生态与环境需水量的必要条件。

1.5.2　水循环模式的建立

只有确定大气水—河道径流—地下水这三者之间的补给关系，才能研究河道径流减少对下游两岸植被的影响，进而为河道内生态需水量的确定提供依据。

1.6　采用的方法

河道内基本生态需水量、输沙需水量采用新提出的模型方法——生态水力半径模型来计算。该方法通过满足河流一定生态与环境功能的生态流速来确定其所对应的生态水力半径，然后根据建立的河道过水断面的流量与水力半径的关系 $Q \sim R$，即可求得河道内的生态与环境需水量。同时，为了验证新提出方法的适用性、可靠性和可行性，利用 Tennant 法和湿周法等来对计算结果进行比较和分析。

1.7 研究的技术路线

通过调水区的实地调研、资料搜集（水样的采集、收集）→水样氢氧同位素分析→分析研究区大气降水、河道水及地下水之间的补给关系→建立河道内（附近）水循环模式→提出生态流速、生态水力半径等计算生态需水量的理论框架→建立生态水力半径模型的计算步骤→实例研究（南水北调西线工程调水区河道内生态需水量的计算，采用改进的 Tennant 法、改进的湿周法、生态水力半径模型）→计算结果比较（利用 Tennant 法和湿周法对生态水力半径模型方法的计算结果进行比较分析和评价）。具体的技术路线见图 1.1 所示。

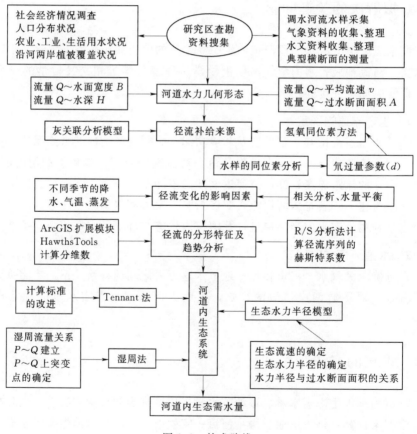

图 1.1 技术路线

第2章 调水区概况

本章主要从自然概况、地形地貌、地质构造、土壤与植被、气候特征、河流水系、径流以及鱼类和野生动物等方面简要概述调水区的自然地理概况，从人口分布、耕地面积、有效灌溉面积、粮食产量、农牧渔业产值、工业产值等方面对调水区的社会经济状况进行了较为详细的阐述，为调水区径流的变化及其调水河流河道内生态需水量的研究奠定基础。

2.1 自然概况

南水北调西线工程规划从长江上游的通天河及其支流雅砻江和大渡河调水170亿 m³，以补充黄河河道的水量不足及青海、甘肃、宁夏、内蒙古、山西、陕西等西北6省（自治区）的严重缺水问题。

长江上游发源于青海省唐古拉山脉中段的格拉丹冬山西南侧的姜根迪如雪山，右岸支流当曲汇口以上河段称沱沱河，当曲汇口以下至玉树附近的巴塘曲汇口河段称通天河，巴塘曲汇口以下至四川省宜宾河段称金沙江，宜宾以下河段称长江。通天河干流全长 1145.9km，流域面积 14.06 万 km²，多年平均年径流量 124 亿 m³，到金沙江渡口多年平均年径流量 570 亿 m³。

雅砻江是金沙江中段左岸最大支流，在攀枝花市汇入金沙江。雅砻江干流全长 1637km，流域面积 12.8 万 km²，河口处多年平均年径流量 604 亿 m³。

大渡河是金沙江左岸支流岷江的最大支流，于乐山市汇入岷江，岷江于宜宾市汇入长江干流。大渡河干流全长 1062km，流域面积 7.74 万 km²，河口处多年平均年径流量 495 亿 m³。

按照由低海拔到高海拔、由小到大、由近及远、由易到难的规划原则，西线工程规划分为三期进行，选择达曲—泥渠河—色曲—杜柯河—玛柯河—阿柯河—贾曲联合自流线路为第一期工程，计划每年调水量 40 亿 m³ 输送到黄河，以缓解沿黄地区环境恶化的趋势。

南水北调西线一期工程水源区位于青藏高原东部边缘地带，东起四川省马尔康县、西至四川省甘孜县，南到四川省道孚县，北抵青海省久治县，在北纬 30°19′~33°59′，东经 99°08′~102°58′ 的范围内，面积近 7.75 万 km²。其主要包括青海的久治县、班玛县和四川的甘孜县、色达县、壤塘县、阿坝县、马尔康县、炉霍县、道孚县等（图2.1）。

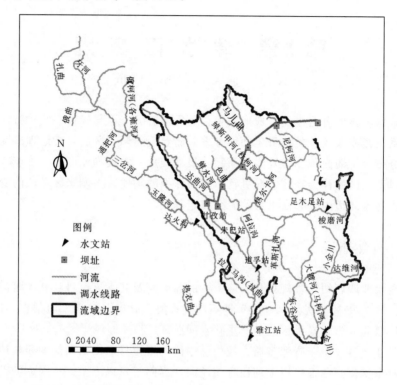

图 2.1 南水北调西线一期工程调水区基本概况图（详见书后彩图）

从图2.1中可以看出，研究区的主要河流有雅砻江左岸支流鲜水河的支流达曲、泥渠河和大渡河的支流色曲、杜柯河、玛柯河和阿柯河共6条河流。

达曲，藏语为"月亮河"，位于色达县西南部的一条常年性河流，属于雅砻江上游支流，发源于巴颜喀拉山南麓，甘孜县西部。由甘孜县流入色达县，色达县境内河流长度为38km，流域面积为841km²，落差为120m，平均比降为3.2‰，多年平均年径流深为270mm，多年平均流量为7.2m³/s，多年平均年径流总量为2.27亿m³，年输沙量为4.9万t；雨水是河流的主要补给来源，冰雪融水次之。

泥渠河，藏语为"太阳河"，位于色达县西北部的一条常年性河流，属于雅砻江水系的二级支流，发源于巴颜喀拉山南麓，源头在桑次贡玛等沟。由西北向东南流经青海省达日县上下红科及四川色达泥曲乡，最后在色达县大则乡卡西村注入炉霍县，色达县境内河流长度为92km，流域面积为3882km²，河流平均比降为3.3‰，多年平均径流深为240mm，多年平均径流量为29.53m³/s，多年平均径流总量为9.3亿m³，年输沙量为22.7万t；雨水是河流的主要补给来源，冰雪融水次之。

色曲，藏语为"金河"，是色曲县境内中部的一条常年性河流，属于大渡河上游的支流。发源于巴颜喀拉山南麓，源头在色达县境内海拔4860m的恰依岗娘。河流由西北向东流经整个色达县，最后在阿坝州壤塘县注入杜柯河。色达县境内河流长度为144km，流域面积为3234 km²，落差为1000m，平均比降为6.92‰，多年平均径流深为325mm，洪枯水位变幅一般在8～10m之间，多年平均径流量为33.32m³/s，多年平均径流总量为105亿；雨水是河流的主要补给来源，冰雪融水次之。

杜柯河，藏语为"石河"，是色达县东部的一条常年性河流，属于大渡河上游支流。发源于巴颜喀拉山南麓，上游有两源，北源在青海省境内，西源在色达县北部。杜柯河干流实际是四川省和青海省的界河。色达县境内河流长度为58km，流域面积为1030km²，落差为210m，平均比降为3.62‰，多年平均径流深为280mm，多年平均径流量为2.88m³/s，多年平均径流总量为9.14亿 m³，年输沙量为6.0万t；雨水是河流的主要补给来源。

玛柯河发源于久治县哇尔依乡察曲沟顶，源头海拔高度为4174m，经白玉乡流入班玛境内，流经马可河、多贡麻、莫巴、江日堂、亚尔堂、班前、灯塔等乡，经灯塔乡格日则流入四川省境内的大渡河。玛柯河在班玛县境内干流长度为114.8km，流域面积为3031.29km²，入境海拔高度为3680m，出境海拔高度为3246m，河床平均比降为1.87‰，沿途纳入大小河流16条，多年平均流量为61.4m³/s，多年平均地表径流量为19.36亿 m³。

从上面河流的实际情况可知，各河流大都发源于巴颜喀拉山南麓，多年平均径流深为245～325mm，多年平均径流量变化较大，最小的为杜柯河，只有2.88m³/s，最大的玛柯河为61.4m³/s。

2.1.1 地形与地貌

2.1.1.1 地形

调水区内河流及河谷地带海拔在1350～3000m之间，通过河流和河谷地带之后，海拔逐渐升高，从3000m升高到6000m，调水区的地势总体趋势是由西北向东南逐渐降低，见图2.2。

2.1.1.2 地貌

从调水区地貌类型分布图（见图2.3）中可以看出，地貌类型主要有山地、丘陵、台地、平原和高原等五种类型，其中中小起伏山地主要分布于调水区的西部和东北部，极大和大起伏山地分布于中部，只有在调水区的东南部的河谷地带有零星的丘陵分布。

通过数据的提取和统计分析（见表2.1），大、中起伏山地分布最广，约占85%；其次是极大起伏山地，约占6%；高原分布约占5%；余下的4%是

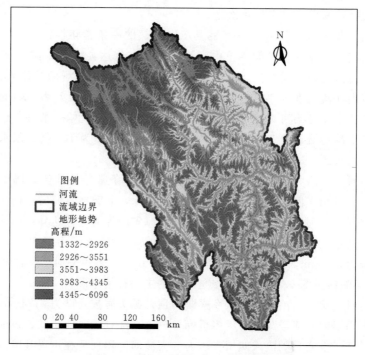

图 2.2 地形地势图（详见书后彩图）

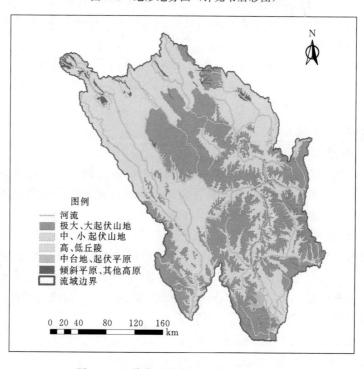

图 2.3 地貌类型分布图（详见书后彩图）

零星分布的丘陵和平原。各种地貌类型的分布面积及所占比例见图2.4。

表 2.1   地貌类型及所占面积

代 码	地 貌 类 型	分布面积 /km²	所占比例 /%
11	极大起伏山地	13109.89	5.737
12	大起伏山地	100296.49	43.889
13	中起伏山地	94436.28	41.324
14	小起伏山地	9085.53	3.976
22	高丘陵	259.39	0.114
24	低丘陵	102.88	0.045
32	中台地	9.97	0.004
41	起伏平原	126.46	0.055
42	倾斜平原	500.12	0.219
52	其他高原	10598.52	4.638

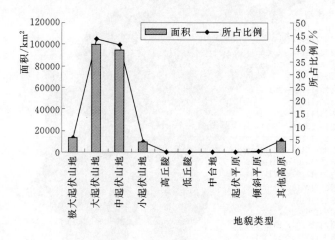

图 2.4 地貌类型统计图

2.1.2 地质构造

调水工程水源区位于青藏高原东南部，地质条件比较复杂。调水区地层主要为三叠系，多为陡倾岩层，褶皱非常强烈，活动断裂较为发育，以北西向断裂为主；处于可可西里——金沙江强地震带内；区内多年冻土和季节冻土发育。而调水工程主要处于强震带内地震活动水平相对较低地区，地震强度和活动性相对较弱，地震基本烈度一般Ⅶ～Ⅷ度；区域构造活动性以基本稳定和稳定类型为主，而且东部较西部稳定；广泛分布的砂、板岩抗压强度一般为40～

100MPa，属中等坚硬～坚硬岩类；冻土主要对明渠、渡槽、厂房等地面建筑物有一定影响，而对深埋长隧洞影响甚微。

2.1.3 土壤与植被

2.1.3.1 土壤

调水区内土壤大部分属于"青藏高原高寒地区的高山土壤群系"，由于受到晚近时期青藏高原大幅度隆升，第四纪 200 万年间多次的冰川活动以及现代冰川和冰缘过程、近代气候趋向于干冷和许多湖泊退缩等地质、地理因素的多种影响，造就了大部分土壤发育处于原始阶段。

由于水热条件的不同，土壤显示出明显的空间变化：在高原面上土壤按水平分布；高原面上极高山或更大的山体土壤呈垂直分布；高原面以下到河流切割的深谷亦呈垂直分布；土壤类型总体呈复合分布规律，见图 2.5。

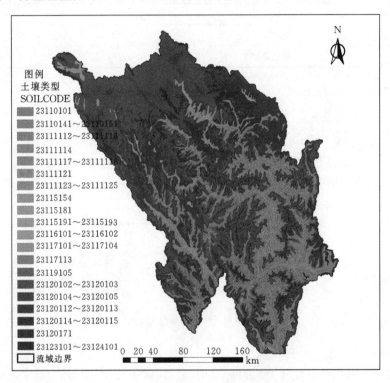

图 2.5　土壤类型分布图（详见书后彩图）

经统计分析，调水区共有 17 个土类，35 个亚类，土类分别为棕色针叶林土、棕壤、暗棕壤、褐土、灰褐土、石灰（岩）土、石质土、粗骨土、草甸土、沼泽土、泥炭土、水稻土、草毡土、黑毡土、寒冻土、岩石和湖泊与水库。亚类具体见表 2.2。

表 2.2　　　　　　　　　　　土 壤 类 型 及 面 积

土壤代码	亚类	亚类代码	土类	土类代码	土纲	土纲代码	分布面积/km²	所占比例/%
23110101	棕色针叶林土	1	棕色针叶林土	10	淋溶土	10	1612.60	1.19
23110141	棕壤	1	棕壤	14			5855.88	4.33
23110144	棕壤性土	4					63.94	0.05
23110151	暗棕壤	1	暗棕壤	15			9464.22	7.00
23111112	褐土	2	褐土	11	半淋溶土	11	48.65	0.04
23111113	石灰性褐土	3					3014.12	2.23
23111114	淋溶褐土	4					822.04	0.61
23111117	燥褐土	7					488.43	0.36
23111118	褐土性土	8					472.81	0.35
23111121	灰褐土	1	灰褐土	12			2545.15	1.88
23111123	淋溶灰褐土	3					313.06	0.23
23111124	石灰性灰褐土	4					147.99	0.11
23111125	灰褐土性土	5					26.77	0.02
23115154	棕色石灰土	4	石灰（岩）土	15	初育土	15	74.07	0.05
23115181	石质土	1	石质土	18			28.89	0.02
23115191	粗骨土	1	粗骨土	19			202.19	0.15
23115193	中性粗骨土	3					38.94	0.03
23116101	草甸土	1	草甸土	10	半水成土	16	557.42	0.41
23116102	石灰性草甸土	2					200.81	0.15
23117101	沼泽土	1	沼泽土	10	水成土	17	271.80	0.20
23117103	泥炭沼泽土	3					285.60	0.21
23117104	草甸沼泽土	4					101.47	0.08
23117113	高位泥炭土	3	泥炭土	11			8.54	0.01
23119105	潜育水稻土	5	水稻土	10	人为土	19	46.52	0.03
23120102	草毡土	2	草毡土	10	高山土	20	65300.81	48.33
23120103	薄草毡土	3					437.89	0.32
23120104	棕草毡土	4					2326.20	1.72
23120105	湿草毡土	5					1687.97	1.25
23120112	黑毡土	2	黑毡土	11			28491.82	21.09
23120113	薄黑毡土	3					26.78	0.02
23120114	棕黑毡土	4					3897.31	2.88
23120115	湿黑毡土	5					80.56	0.06
23120171	寒冻土	1	寒冻土	17			6121.79	4.53
23123101	岩石	1	岩石	10	岩石	23	40.23	0.03
23124101	湖泊、水库	1	湖泊、水库	10	湖泊、水库	24	8.17	0.01

　　草毡土、黑毡土和寒冻土等高山土分布最为广泛，见图2.6，约占调水区土壤面积的80.21%，该种土壤形成比较原始，难以利用；其次是棕色针叶林土、棕壤和暗棕壤，该种土是重要的森林土壤，其分布约占12.58%；在河谷的边缘分布着褐土和灰褐土，该土是重要的耕作土壤，约占5.83%；另外，调水区内还零星分布着沼泽土和泥炭土，约占0.49%。

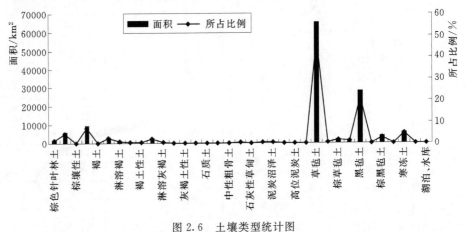

图2.6　土壤类型统计图

　　从土壤质地分布图（图2.7）上可以看出，调水区的西北大部分区域分布

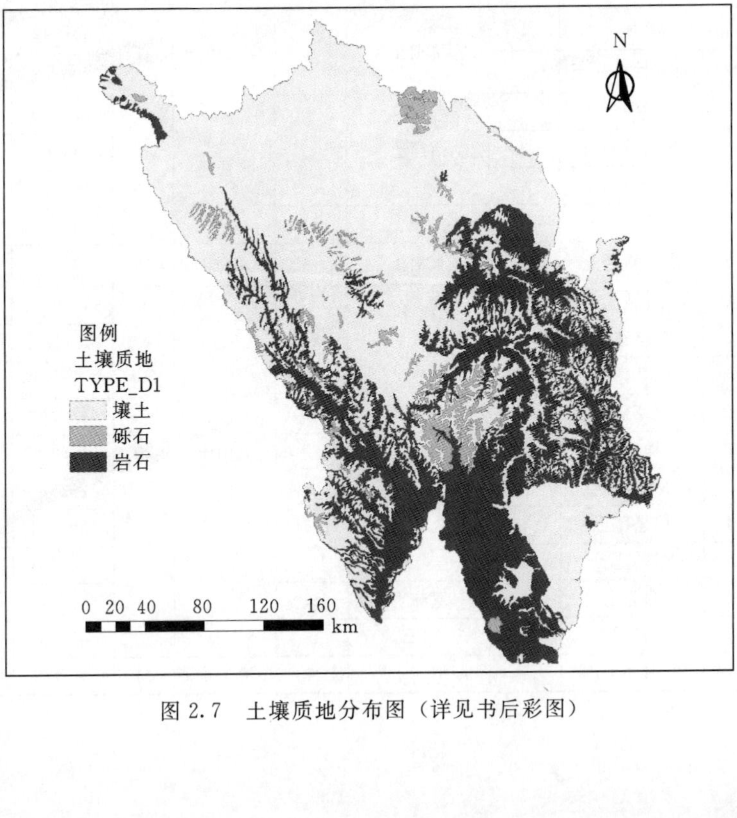

图2.7　土壤质地分布图（详见书后彩图）

着壤土，约占整个调水区的 84.1％，南部地区主要分布的是岩石，大约占
14.49％，见表2.3。

表 2.3   土壤质地及所占面积

代　码	土 壤 质 地	分布面积 /km²	所占比例 /%
2	壤土	246569.6	84.1
4	砾石	4154.885	1.417
5	岩石	42474.49	14.49

2.1.3.2　植被

调水区位于中国植被区划的青藏高原高寒植被区域的东部，包括高原东南
部山地寒温性针叶林亚区域、山地寒温性针叶林地带和高原东部高寒灌丛、草
甸亚区域高寒灌丛、草甸地带两个三级带（图2.8），其中紫花针茅草原占
31.08％，嵩草草甸占37.01％，见表2.4。

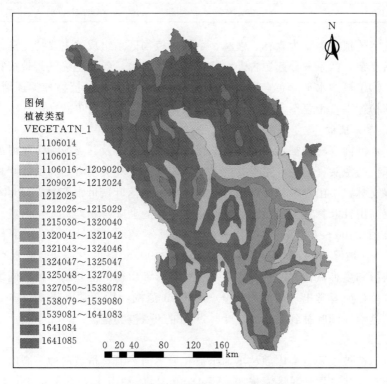

图 2.8　植被类型分布图（详见书后彩图）

表 2.4　　　　　　　　　　　　植被类型及面积所占比例

植被编码	植 被 含 义	分布面积/km²	所占比例/%
1106014	松林	57505.18	1.07
1106015	含铁杉的冷杉、云杉林	452107.78	8.44
1209020	桦、杨林	7986.21	0.15
1212024	柯、山毛榉杂木林	34862.25	0.65
1212025	落叶阔叶树—常绿栎—铁杉混交林	44249.90	0.83
1215029	高山栎林	74980.48	1.40
1320040	杜鹃、鸟饭灌丛	45860.00	0.86
1321042	化香、竹叶椒、蔷薇、荚莲灌丛、矮林	18769.87	0.35
1324046	杜鹃灌丛	25857.65	0.48
1325047	高山柳、金露梅、鬼见愁灌丛	32809.27	0.61
1327049	蚤缀、点地梅垫状植被，与高山稀疏植被结合	206957.48	3.86
1538078	紫花针茅草原	1665850.00	31.08
1539080	含多刺灌木的扭黄茅、香茅草原	278778.61	5.20
1641083	禾草、杂类草、苔草草甸，与亚高山落叶灌丛结合	186576.60	3.48
1641084	禾草、嵩草、杂草草甸	242506.87	4.52
1641085	嵩草草甸	1983778.00	37.01

　　稳定的植被类型为森林、灌丛、草甸。植物区系组成的主要特点是：①地理区系复杂，区系成分起源古老。②植物分化显著，各种生物气候带植物交错分布。③植被的水平分布自南向北逐步从复杂变得简单，植物种类逐渐减少；东南部植被垂直带复杂完整，西南部次之，中北部渐趋简单。

　　1. 森林植被

　　调水区内森林植被主要分布在长江上游的雅砻江及其支流和大渡河流域的中山部位的源头、沟尾，是重要的水源涵养林区。其类型有亚高山针叶林、针阔叶混交林、中山针叶林、低山针叶林、常绿与落叶阔叶混交林、硬叶林等8种。亚高山针叶林在大雪山东西两侧垂直分布的上下限相差甚大，东坡一般分布于海拔 2400～3600m 之间，散生木一般不超过 3700m，最低可下延到 2000m；西坡除个别种外，多在海拔 3000～4000m 幅度内。针阔叶混交林主要是铁杉和多种槭树、多种桦木以及云、冷杉和山杨等落叶阔叶树共同组建的森林群落，前者常出现于海拔 2000～2600m 范围，后者常出现 2700～3200m 范围，是常绿阔叶林到亚高山针叶林过渡带的植被类型。

　　2. 灌丛植被

　　灌丛植被主要有高山灌丛草甸植被和旱生河谷灌丛植被两种。高山灌丛植被分布于丘状高原地貌区海拔 3900～4800m 地段和山体 4200m 以上地段，常见耐寒灌木有各种杜鹃、高山柳、金露梅、锦鸡儿等，常与高山草甸杂生。旱生河谷灌丛植被主要分布于中部、南部沿河低矮地带，常呈带状展布，因这些地区气候干旱，形成耐旱灌木、多刺灌木，以狼牙刺、黄荆、对节木、羊蹄甲等为主，另有各种尧花、白刺花、山蚂蟥、锦鸡儿、香青木、金合欢、仙人掌、胡枝子等。

在亚高山草甸植被与森林植被的过渡地带，其阳坡或半阳坡上，高山香柏等灌丛与草甸混杂，阴坡或半阴坡常见有柳、三颗针、窄叶鲜卑花、金腊梅等组成的灌丛。海拔 3900～4800m 的高山草甸植被中，有的地方亦杂有各种杜鹃、金露梅、高山柳、锦鸡儿等灌木，组成高山灌丛草甸植被。

3. 草甸植被

草甸植被主要有亚高山草甸和高山草甸。亚高山草甸分布广，常与亚高山针叶林呈相间分布于海拔 3000～4200m，群落组成植物种类多。在海拔高、气温低、日照强、大风多、生长期短的情况下，经过长期自然选择，草地具有植株生长矮小，地下部分的生长大于地上部分的生长，使地下根系密集，形成坚实的草垫层（草皮），有利于抗御大风和严寒。草甸以禾本科、莎草科植物为主，菊科、毛茛科、亚科、蔷薇科次之，另有杂类草等。高山草甸分布海拔 4200～4700m 之间，植物品种较少，仅 20 种左右，以高山蒿草、早熟禾、珠芽蓼、黄总花等最多见，植被为密层状、垫状、座状等。

除森林、灌丛、草甸植被外，调水区内植被中尚有沼泽植被、水生植被和人工栽培的植被。栽培植被既包括农耕种植被，又包括经济林木植被。

2.1.4 气候

调水区受季风气候和青藏高原地理环境等因素影响，图 2.9 初步反映了该区域多年平均气温、降水量、相对湿度、水汽压、气压、蒸发量、日照时数和太阳辐射的空间变化情况。

总之，调水区的气候特点可以概括为辐射强、日照长、冬季严寒、夏季凉爽、降水季节分明、气压低、缺氧、风速大等。

（1）太阳辐射强，年总辐射 $7000 \times 10^5 \sim 5500 \times 10^6 J/m^2$，日照时间长，年日照时数在 1845.7～2640.8h 之间，平均为 2307.1h。

（2）冬季严寒，低温持续时间长；夏季凉爽，地表温度与气温变化一致。年平均气温 2.4～8.6℃，月最低气温为 -16.2～-3.1℃，最高月平均气温为 17.7℃，不低于 10℃ 的年积温平均在 1100℃，马尔康最高达 2224.0℃。昼夜温差较大，但气温年较差较小。

（3）干雨季分明，雨日多，降雨强度小，降雪日数多、雪量大。降雨量均在 600mm 以上，调水区平均雨量为 659.0mm。全年降水量集中在 5—10 月，占年降水量 80％ 左右。大于 0.1mm 的降水日数大多在 150d 上下，但暴雨日数稀少。在海拔 3500m 以上地区，年降水量中 20％～30％ 以上的降水为降雪量。

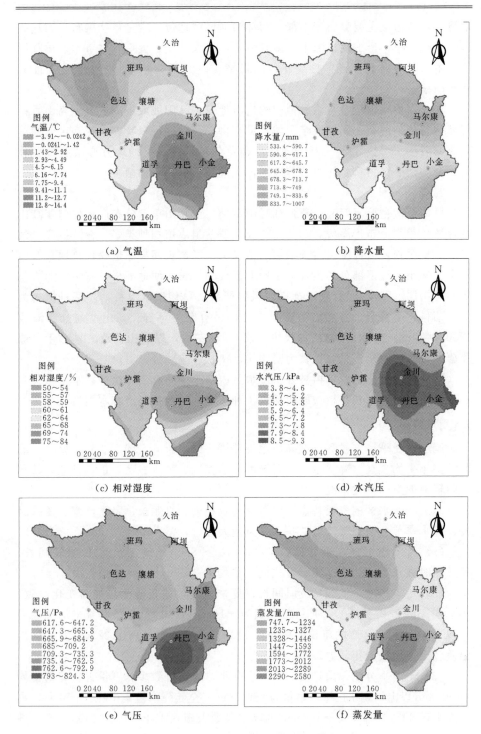

图 2.9（一）　气候状况图（详见书后彩图）

2.1 自 然 概 况

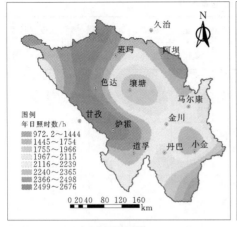

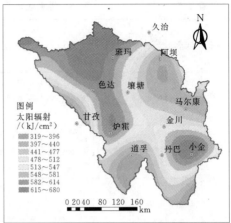

（g）年日照时数　　　　　　　　　　（h）太阳辐射

图 2.9（二）　气候状况图（详见书后彩图）

（4）气压低，氧气稀薄。年平均气压为 577～690hPa，年平均含氧量 0.174～0.204kg/m³。

（5）风速大，风压小。最大风速超过 18.0m/s，海拔在 4000m 处，风压力仅为海平面的 67%。

（6）多大风、霜冻、雪灾、冰雹、雷暴等灾害性天气。

（7）蒸发量变化较小。调水区陆地下垫面的平均蒸发量约为 500mm，水面的平均蒸发量约为 800mm，水汽蒸发量主要集中在每年的 5 月，这时的气温、风速和空气饱和差等气象条件均有利于蒸发。另外，年蒸发量的年际变化也较小。由于高原气温低，所以大部分地区的年平均相对湿度都保持在 60% 左右。

2.1.5　径流

由图 2.1 可知，南水北调西线一期工程水源区调水河流上有流量资料的水文站（具有长系列资料，除为该工程实施而设立的专用水文站）共有泥渠河的朱巴站、鲜水河的道孚站以及大渡河上游的足木足站等 3 个，可以参照借鉴的有雅砻江干流的甘孜站和雅江站。调水区水文站基本信息见表 2.5。

下面简单介绍一下各水文站情况。

2.1.5.1　水文站概况

1. 朱巴站

1960 年 4 月由四川省甘孜藏族自治州农林处设立为水文站，1962 年由四川省水利电力厅领导，1963 年改为水位站，1964 年 1 月由四川省水文总站领导，1972 年恢复为水文站，观测至今。

表 2.5　　　　　　　　　　调水区水文站基本信息

| 水系 | 河名 | 流入何处 | 站名 | 站别 | 断面地点 | 坐标 | | 至河口距离/km | 集水面积/km² | 设立日期 | |
						东经	北纬			年	月
雅砻江	泥渠河	鲜水河	朱巴	基本水文	四川省炉霍县泥湃乡朱巴村	100°41′	31°26′	3	6860	1960	4
	鲜水河	雅砻江	道孚	基本水文	四川省道孚县麻孜乡尼姑沱村	101°04′	31°02′	120	14465	1948	2
	雅砻江	金沙江	甘孜	基本水文	四川省甘孜县城南乡雅砻桥村	99°58′	31°37′	923	32925	1952	4
	雅砻江	金沙江	雅江	基本水文	四川省雅江县团结乡呷拉村	101°02′	30°07′	635	65729	1947	12
大渡河青衣江	足木足河	大金川	足木足	基本水文	四川省马尔康县足木足乡	102°17′	31°56′	28	18345	1958	10

该站测验河段顺直平整，其长度大约 500m，两岸岸坡较陡，右岸测流断面至上断面岸坡有崩塌现象，左岸较稳固。测验河段横断面为单式断面，河床为砂砾卵石组成，基本稳定。由于中断面修有护岸马驭，右岸在高水时略有回流，但影响较小。基本水尺断面上游 450m 处有一钢索桥（朱巴桥），下游约 200m 处有一弯道，并有一小溪沟自左岸汇入（水量很小）。有的年份在弯道附近有流冰花、流冰堆积，壅高水位的现象。

2. 道孚站

1948 年由前中央水利实验处西康水文总站设立为水位站，至 1950 年 9 月停止观测。1952 年 4 月 17 日在原水尺上游 4km 的忠烈桥重设水尺恢复观测，直属西康一等水文站领导，同年 10 月改属西康省农林厅水利局领导。1953 年 9 月因建桥将水尺上迁 4m，1956 年 3 月 11 日又上迁 1.8km 至尼姑沱观测，同时改为水文站，隶属四川省水利厅领导。1964 年 1 月起由四川省水文总站领导，观测至今。

该站测验河段顺直整齐，无死水、回流、漫滩、串沟及水生植物等现象。两岸生长杂草灌木，在特大洪水时有影响。河床系卵石组成，较为稳定，各级水文主流稍偏左。水位在 2962.70m 以下时，基本水尺断面上游 140m 处出现宽约 25m 的卵石滩。基本水尺下游 150m 处有急滩，再往下游 400m 河道蜿蜒曲折，起控制作用，但在冬季，每年均有不同程度的冰凌堆集，可壅高水位。

3. 甘孜站

1952 年 4 月由西康省农林厅水利局设立为水位站。1955 年由四川省水利电力厅领导。1956 年 1 月改为水文站,同年 6 月 1 日将基本水尺断面上迁243m,新旧两组水尺水位同时比测至 1957 年止。1964 年 1 月由四川省水文总站领导。1972 年开始停测流量,1980 年恢复流量测量。

该站测验河段稍弯曲,左岸为砂壤土陡坎,有崩塌现象,右岸为砂壤滩地,河底为砾石和卵石组成,基本稳定。深槽靠右岸,高水位时有横比降。左岸边不甚整齐,高水位时产生局部回流。右岸为渐变滩地,滩地宽度大约 100m,水位在 3323.00m 以上漫滩,漫滩后河床宽度由 150m 可增加至 290m。滩地因种植农作物,加上水深较浅,流量测验较为困难。上游 300m 处为一大弯道,并有小溪自右岸注入,基本断面下游 110m 处为川藏公路桥(9 墩钢筋混凝土桥),桥墩有束水作用,右桥头高水位时产生回流,桥墩以下 200m 处是一急滩。

4. 雅江站

1947 年 12 月 15 日由前中央水利实验处西康水文总站设立为水文站,1949 年 8 月以后观测中断。1951 年由西康省水利局恢复,截至 1952 年 3 月以前所观测的资料伪造情况较严重,无法进行整理刊布。1952 年断面上迁 15km重新建站进行观测。1956 年由四川省水利电力厅领导,1964 年 1 月起由四川省水文总站领导。1973 年起停测单样含沙量(简称单沙),于 1980 年 6 月 1日起恢复单沙施测。1982—1983 年实行间测,暂停流量测验,1984 年 1 月 1日起又开始恢复测验。

该站测验河段顺直长度大约 300m,中断面以下右岸高水位时有回流,中泓偏于左岸。横断面呈梯形,靠左河床为天然岩层,右岸为砾石夹大卵石,断面基本稳定。左岸是陡岩高山,右岸地形平缓成阶梯状,无崩塌现象。基本断面以上 290m 处的中泓右侧河中有一大礁石,高水位时使水流分成两股,影响断面流速分布和浮标的正常流程。下比降断面下游 200m 处为急滩,500m 以下河道急弯,各级水位控制良好。

5. 足木足站

该站于 1958 年 11 月由四川省水利电力厅设立,1959 年 3 月由阿坝藏族自治州水利电力局领导,1960 年 4 月因断面处修建大桥,下迁约 300m,1962年交由四川省水利电力厅领导,为足木足河干流基本控制站。

测验河段位于废大桥下游,长度大约 200m,不够顺直,主流偏向左岸,下游为急滩,形成中低水位的良好控制。滩下是急弯,且河槽束窄,形成中高水文的控制。上游在大桥附近均为急滩。附近无支流汇入。右岸系滩地,特大洪水时将漫滩。河床为乱石组成,较稳定无水草等生长。

2.1.5.2 年平均流量过程

根据各水文站的流量测验资料进行了整理分析，绘制了各站历年的平均流量变化过程见图 2.10。

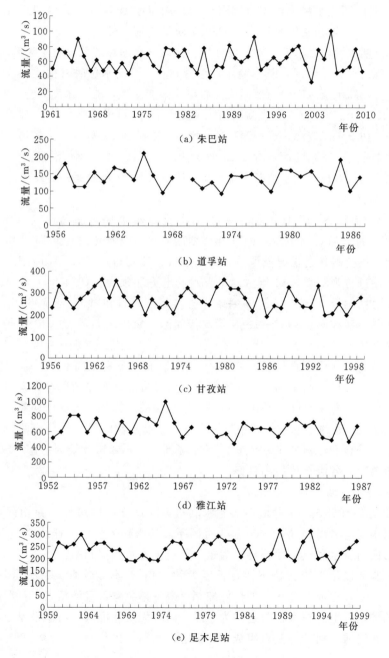

（a）朱巴站

（b）道孚站

（c）甘孜站

（d）雅江站

（e）足木足站

图 2.10 调水区各水文站历年年径流变化过程

从图 2.10 可以看出调水区各水文站的年平均流量变化较为平缓，上下波动较小，基本在多年平均流量附近波动，经统计，朱巴站多年平均径流量为 19.7 亿 m³，道孚站多年平均径流量为 43.7 亿 m³，足木足站多年平均径流量为 75.3 亿 m³，甘孜站多年平均径流量为 86.2 亿 m³，雅江站多年平均径流量为 206.8 亿 m³。

2.1.6 鱼类及野生动物

调水区各河流及其支流，仅栖息着喜冷水性的裂腹鱼类和条鳅亚科的鱼类，也有鮡科鱼类的个别种，区系组成相当简单。根据现有的文献资料，初步确定调水区河流中鱼类种类见表 2.6。

表 2.6 金沙江、大渡河上游主要鱼类

序号	种　类	金沙江	大渡河
1	红尾副鳅 *Paracobitis variegates* (Sauvage *et* Dabry)	+	+
2	短体副鳅 *Paracobitis potanini* (Gǔnther)	+	+
3	宽体沙鳅 *Botia reecesae* Chang	+	+
4	汉水扁尾薄鳅 *Leptobotia tientaiensis hansuiensis* Fang *et* Hsu	+	+
5	泥鳅 *Misgurnus anguillicaudatus* (Cantor)	+	+
6	宽鳍鱲 *Zacco platypus* (Temminck *et* Schlegel)	+	+
7	马口鱼 *Opsarǔchthys bidens* Gǔnther	+	+
8	中华细鲫 *Aphyocypris chinensis* Gǔnther	+	+
9	洛氏鱼岁 *Phoxinus lagowskǔ* Dybowski	+	+
10	中华鳑鲏 *Rhodeus sinensis* Gǔnther	+	+
11	华鳊 *Sinibrama wui wui* (Rendahl)	+	+
12	鲂 *Megalobrama pellegrini* (Tchang)	+	+
13	唇鱼骨 *Hemibarbus laboe* (Pallas)	+	+
14	麦穗鱼 *Pseudorasbora parva* (Yemminck *et* Schlegel)	+	+
15	嘉陵颌须鮈 *Gnathopogon herzensteini* (Gǔnther)	+	+
16	短须颌须鮈 *Gnathopogon imberbis* (Sauvage *et* Dabry)	+	+
17	银鮈 *Squalidus argentatus* (Sauvage *et* Dabry)	+	+
18	吻鮈 *Rhinogobio typus* Bleeker	+	+
19	湖南吻鮈 *Rhinogobio hunanensis* Tang	+	+
20	圆筒吻鮈 *Rhinogobio cylindricus* Gǔnther	+	+
21	片唇鮈 *Platysmacheilus exiguous* (Lin)	+	+
22	似鮈 *Pseudogobio vaillati vaillanti* (Sauvage)	+	+
23	蛇鮈 *Saurogobio dabryi* Bleeker	+	+

续表

序号	种　类	金沙江	大渡河
24	宜昌鳅鮀 *Gobiobotia filifer* Garman	＋	＋
25	南方长须鳅鮀 *Gobiobotia longibarba meridionalis* Chen *et* Tsao	＋	＋
26	宽口光唇鱼 *Acrossocheilus monticola*（Cünther）	＋	＋
27	多鳞产颌鱼 *Scaphesthes macrolepis*（Bleeker）	＋	＋
28	泉水鱼 *Semilabeo prochilus*（Sauvage *et* Dabry）	＋	＋
29	齐口裂腹鱼 *Schizotorax*（*Schizothorax*）*prenanti*（Tchang）	＋	＋
30	异唇裂腹鱼 *Schizotorax*（*Racoma*）*heterochilus* Ye *et* Fu	＋	＋
31	重口裂腹鱼 *Schizotorax*（*Racoma*）*davidi*（Sauvage）	＋	＋
32	鲤 *Cyprinus*（*Cyprinus*）*carpio* Linnaeus	＋	＋
33	鲫 *Carassius auratus auratus*（Linnaeus）	＋	＋
34	犁头鳅 *Lepturichthys fimbriata*（Gǔnther）	＋	＋
35	四川华吸鳅 *Sinogastromyzon szechuanensis szechuanensis* Fang	＋	＋
36	鲇 *Silurus asotus* Linnaeus	＋	＋
37	大口鲇 *silurus meridionalis* Chen	＋	＋
38	瓦氏黄颡鱼 *Pelteobagrus vachelli*（Richardsiny）	＋	＋
39	切尾拟鲿 *Pseudobagrus truncates*（Regan）	＋	＋
40	凹尾拟鲿 *Pseudobagrus emarginatus*（Regan）	＋	＋
41	细体拟鲿 *Pseudobagrus pratti*（Günther）	＋	
42	大鳍鳠 *Mystus macropterus*（Bleeker）	＋	＋
43	黑尾鱼央 *Liobagrus nigricauda* Regan	＋	＋
44	黄鳝 *Monpterus albus*（Zuiew）	＋	＋
45	斑鳜 *Siniperca scherzeri* Steindachner	＋	＋
46	子陵栉虎鱼 *Ctenogobius giurinus*（Rutter）	＋	＋
47	成都栉虎鱼 *Ctenogobius chengtuensis*（chang）	＋	＋

注　"＋"表示此种鱼类在该河流中有。

　　根据查阅的文献资料，初步确定调水区野生动物主要有白唇鹿、藏羚、藏原羚、复齿鼠、喜马拉雅旱獭、绿尾虹雉等。

2.2　社会经济概况

2.2.1　人口

　　截至 2010 年，调水区总人口约 168 万人，人口密度平均为 8.8 人/km²，人口密度呈西北向东南逐渐增加的空间分布规律,其中玛柯河上游久治和班玛的人口密度最小,大约为 2.18~4.35 人/km²;大渡河上游的金川、丹巴和小金的人口密度最大,为 26.4~42.1 人/km²(图 2.11)。从人口的长期统计数据可以看出(图 2.12),调水区的人口增长速度比较平稳,增加趋势不明显,尤其近 5 年(2005—2010 年),各县人口基本没有增长。

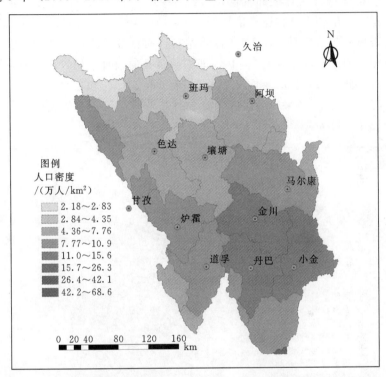

图 2.11 人口密度图(2010 年)(详见书后彩图)

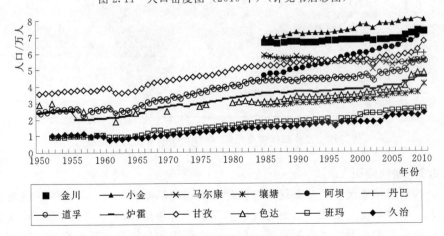

图 2.12 各县历年人口变化

37

2.2.2 农林牧业

调水区内除久治县是纯牧业县外，其他各县都以农业为主。据2010年统计（图2.13），农林牧业产值呈中部高，两边低的分布规律，即中部的壤塘、阿坝、金川、丹巴等地农林牧业产值较高，大约为23000万～31000万元，东部的小金和马尔康相对中部较低，大约为21000万～22000万元，西部的色达、炉霍、道孚的农林牧业产值较低，大约为14000万～18000万元；位于青海省的班玛和久治更低，在7000万元左右。而且各县的粮食产量与农林牧业产值成相反的分布规律（图2.14），即中部各县的粮食产量较高，而东西部各县的相对较低。从各县历年农林牧业产值（图2.15）和粮食产量（图2.16）变化情况看，近10年来，调水区各县农林牧业得到了迅速的发展，而且阿坝县的增长速度最为显著。

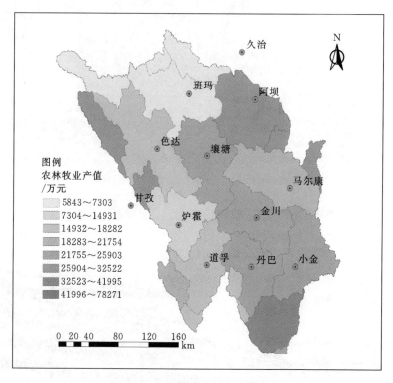

图2.13 各县农林牧业产值（2010年）（详见书后彩图）

2.2.3 耕地面积

各县的耕地面积的分布规律与粮食产量情况基本相同，中部地区耕地面积较大，东西部耕地面积小，而且久治县几乎没有耕地（图2.17）。从有效灌溉面积的分布情况看，各县的耕地面积与有效灌溉面积的分布基本相当，呈相同的规律（图2.18）。从各县历年耕地面积变化情况看，耕地面积有逐年减少的趋势，尤其近几年变化尤为明显（图2.19）。

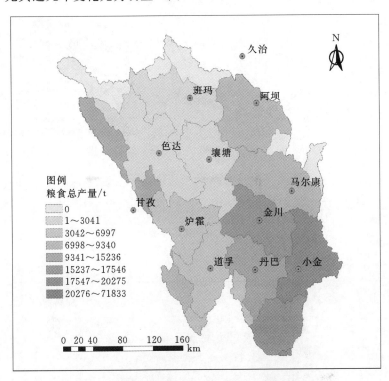

图2.14 各县粮食总产量（2006年）（详见书后彩图）

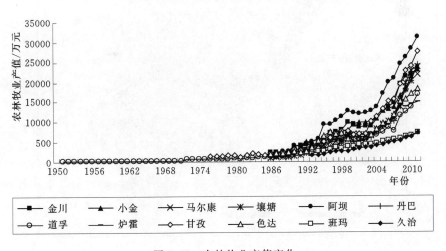

图2.15 农林牧业产值变化

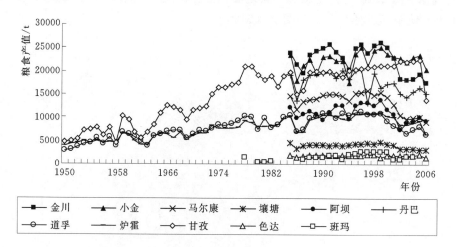

图 2.16 粮食产量变化

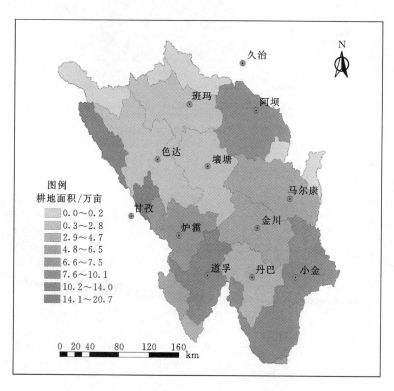

图 2.17 各县耕地面积（2010 年）（详见书后彩图）

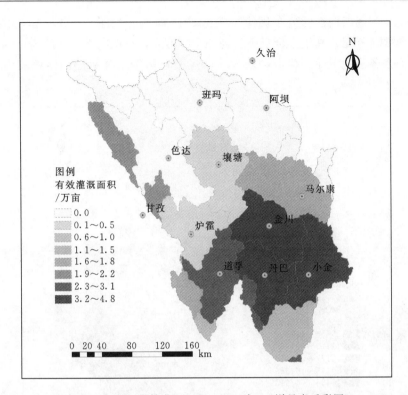

图 2.18　各县有效灌溉面积（2010年）（详见书后彩图）

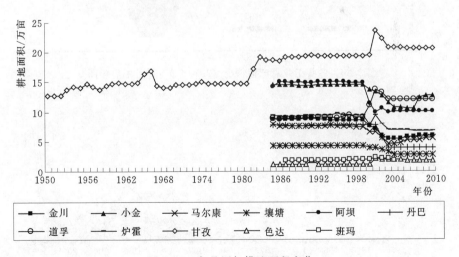

图 2.19　各县历年耕地面积变化

2.2.4　工业

由于受地理位置和气候条件限制，调水区各县的工业经济不发达，基本呈西北向东南逐渐增加的分布规律。截止 2010 年底（见图 2.20），工业生产总值为 54315 万元，其中小金最多，为 20100 万元，丹巴次之，大约为 15500 万元，但是各县的工业产值波动较大，而且最近两年小金和丹巴增长较为迅速（图 2.21）。

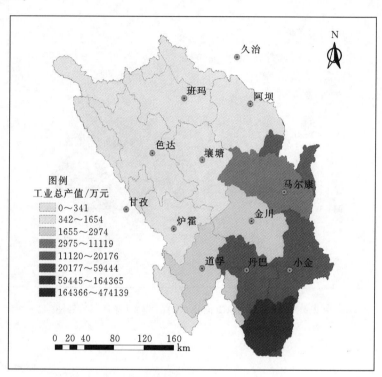

图 2.20　各县工业总产值情况（2010 年）（详见书后彩图）

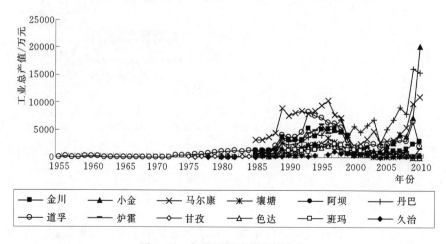

图 2.21　各县历年工业产值变化

2.3 小结

通过以上对调水区自然地理和社会经济等方面的概述和分析可知，南水北调西线一期工程水源区处于青藏高原东缘，是雅砻江和大渡河支流纵横交错的地区，当地的工业经济不十分发达，人口分布较为稀少，基本以农牧业为主。因此研究的调水工程实施后，坝址下游河道内预留多少生态流量才能维持当地的农牧业发展以及生态环境不至于被破坏，具有重要的现实意义，同时为确定调水工程的规模提供科学依据。

第3章 调水河流下游河道 水力几何形态分析

本章采用 Leopold 所提出的水力几何形态关系，研究南水北调西线调水区各水文站断面的水力几何形态的年际变化规律、水力几何形态关系（包括河宽～流量、平均水深～流量、平均流速～流量、过水断面面积～流量）中系数与指数的关系，初步确定各水文站断面的宽深比～流量之间的关系，并对横断面的特点、横断面的稳定性进行阐述，为建立河道内生态需水计算模型奠定基础。

3.1 概述

河流主要是由流水和流通的路径河床组成的，流水经过一定时间的冲刷和塑造后，形成其较为固定的通路，即河槽的产生，河槽在形成演变过程中会具有一定的横断面和纵向比降，使河流上游来水和来沙都能畅通地输送到下游，河流的水流具有较为适宜的流速分布，水沙处于平衡的状态，河槽的几何形态与水文情势、泥沙等相适应，此时河流处于平衡状态，该阶段的河流的河槽几何形态（河流的水面宽、水深、纵向比降）与河流的水文要素（流量、流速、泥沙含量、泥沙粒径）因素逐渐存在一定复杂的函数关系，一般将其称为河相关系，也可称为河道的水力几何形态。

河相关系，是指河床几何形态（水面宽、水深、过水断面面积等）与来水来沙条件及河床边界条件间的关系，旨在寻求确定河床几何形态与流域因子间的某种定量关系。水力几何形态关系是河相关系研究中非常重要的一部分。

河相关系最初是由 Lacey（1946）对印度、巴基斯坦等一些南亚国家灌溉渠道的大量实测资料的分析基础上总结出来的有关渠道形态与流量之间的经验关系。后来，Leopold（Leopold、Maddock，1953）将河相关系的研究进一步推广到冲积河流的研究中，认为处于准平衡状态的冲积河流，其河流任何一个横断面上的水力特性，如水面宽、平均水深、流速、过水断面面积与流量之间呈简单的幂函数关系，即

$$B = \alpha_1 Q^{\beta_1} \tag{3.1}$$

$$H = \alpha_2 Q^{\beta_2} \tag{3.2}$$

$$v = \alpha_3 Q^{\beta_3} \tag{3.3}$$

$$A = \alpha_4 Q^{\beta_4} \tag{3.4}$$

式中：B 为河宽；H 为平均水深；v 为平均流速；A 为过水断面面积；Q 为流量；α_1、α_2、α_3、α_4 分别为河宽系数、水深系数、流速系数、面积系数；β_1、β_2、β_3、β_4 分别为河宽指数、水深指数、流速指数、面积指数。河流横断面的河宽、平均水深、平均流速、过水断面面积与流量之间的这些关系被称为河流的河相关系，或称为河流的水力几何形态。

河流的河相关系中的系数和指数由实测数据来确定。根据流量连续方程（$Q = BHv$）以及过水断面面积 $A = BH$，这些系数、指数之间应满足如下的关系（钱宁等，1987）：

$$\alpha_1 \alpha_2 \alpha_3 = 1 \tag{3.5}$$

$$\beta_1 + \beta_2 + \beta_3 = 1 \tag{3.6}$$

$$\beta_1 + \beta_2 = \beta_4 \tag{3.7}$$

$$\alpha_1 \alpha_2 = \alpha_4 \tag{3.8}$$

上述经验公式现在成为研究河相关系时普遍使用的方程，并在世界不同河流的研究中被广泛运用（Chang，1979；Carragher 等，1983；Abrahams，1985；Knighton 和 Cryer，1990；倪晋仁和张仁，1992；黎明，1997；方春明，1999；Huang 和 Nanson，2000；Castroand Jackson，2001；贾良文等，2002；Dudley，2004；Arp 等，2004；马元旭和许炯心，2009；王随继等，2009；冉立山和王随继，2010）。

水力几何形态关系根据研究的空间尺度可以分为断面水力几何形态和沿程水力几何形态。断面水力几何形态是指在一定断面不同流量下平均河宽、平均水深、平均流速与流量之间的关系，它反映了河道断面平均形态对流量过程的一种响应；沿程水力几何形态是指不同断面某一特征流量（如平滩流量、年平均流量）下其平均河宽、平均水深、平均流速与该特征流量之间的关系，反映了不同空间上河道形态的一种变化规律。

对于断面水力几何形态关系，已有许多学者进行了研究。这些研究表明，不同地区和环境下的河流其河道水力几何形态关系存在着很大的差异。Leopold（Leopold 和 Maddock，1953）等对美国中部大平原和西南干旱区的 20 多条河流的断面水力几何形态进行了分析，认为断面水力几何形态中河宽指数、水深指数和流速指数的平均值应为 0.24、0.40、0.36。此后经过大量的研究发现，不同区域和不同边界条件下的河道断面水力几何形态关系存在着较大的差别。Rhodes（1977）对世界上的 587 组河流的实测数据资料进行了分析，将水力几何形态指数的三角分布图分为 10 个区间，发现河宽指数范围为

0.00～0.84，水深指数范围为 0.01～0.84，流速指数范围为 0.03～0.99，与水深指数的平均值相比，河宽和流速指数的平均值要更加偏离于理论值。同时，Park（1977）对已有的 139 条河流的断面资料进行了分析，结果发现断面水力几何形态参数存在着很大的变化，河宽指数的范围在 0～0.59 之间，大部分集中在 0～0.10 之间，与理论值 0.23 存在着很大的差别；水深指数范围与河宽指数大致相似，但是大部分集中在 0.30～0.40 之间，与理论值 0.42 比较接近；流速指数范围在 0.07～0.7 之间，众数范围为 0.40～0.50 之间，与理论值 0.35 存在一定的偏差。Knighton（1974、1975）对断面水力几何形态关系的差异进行了分析，认为河道断面形态的变化和差异是造成断面水力几何形态指数差别巨大的原因，河床中的边滩及江心洲的存在会使水力几何形态关系随着流量的变化发生改变。

近几十年来，国内对河道水力几何形态关系的研究主要侧重在黄河、珠江、长江等，取得了不少研究成果（齐璞等，1992；李小平等，2007；王随继，2002；许炯心，2006）。其中对长江水力几何形态关系的研究主要侧重于长江宜昌—汉口河段以及上游的金沙江河段（许炯心，2006；王随继等，2009），而对长江上游的支流雅砻江及大渡河等河段的水力几何形态关系鲜有涉及。因此，对长江上游河段的水力几何形态关系的研究不但会填补目前有关长江水力几何形态关系研究的不足，而且能够揭示一些未曾发现的演变规律，可以用来建立某一特定河流的流水断面几何形态与其流量的关系，揭示流水主导下的河道调整规律，还可以用来估计已知形态下的河流流量及流速，因此，河相关系的研究对于确定河流的生态流量具有重要的意义。

以调水区的泥渠河的朱巴站、鲜水河的道孚站、雅砻江的甘孜站和雅江站以及大渡河支流足木足河的足木足站等水文站所在观测河段的横断面为研究对象，多年实测水文资料（流量、水位、大断面等）为基础，来研究调水河流的河相关系及其变化特征。

3.2　横断面水力几何关系

3.2.1　水力几何关系的年际变化

根据所选取水文站点实测水文数据，包括流量、水面宽、平均水深、平均流速、过水断面面积等，通过绘制河宽与流量（$B \sim Q$）、平均水深与流量（$H \sim Q$）、平均流速与流量（$v \sim Q$）、过水断面面积与流量（$A \sim Q$）之间的散点图，并对其进行幂函数拟合即可求得式（3.1）～式（3.4）中的系数（α_1，α_2，α_3，α_4）和指数（β_1，β_2，β_3，β_4）。计算结果见表 3.1～表 3.5。

表 3.1   鲜水河支流泥渠河朱巴站断面水力几何关系的逐年变化

年份	鲜水河支流泥渠河朱巴站断面											
	α_1	β_1	r^2	α_2	β_2	r^2	α_3	β_3	r^2	α_4	β_4	r^2
1960	24.271	0.0988	0.9885	0.3264	0.3512	0.9963	0.1255	0.5513	0.997	7.9636	0.4488	0.9956
1961	24.345	0.0981	0.9819	0.317	0.3579	0.9947	0.1292	0.5447	0.9963	7.7449	0.4552	0.9947
1962	23.963	0.1031	0.9962	0.3169	0.3586	0.9988	0.1318	0.538	0.999	7.5892	0.4619	0.9987
1972	22.607	0.1159	0.9749	0.3331	0.35	0.978	0.1315	0.5361	0.9941	7.6389	0.463	0.9919
1973	21.589	0.1255	0.9904	0.402	0.3062	0.9818	0.1156	0.5676	0.9943	8.6806	0.4315	0.9901
1974	20.855	0.1391	0.9944	0.4024	0.3031	0.9873	0.1191	0.5579	0.9968	8.4109	0.4418	0.9948
1975	21.31	0.134	0.9884	0.3592	0.3307	0.9813	0.1305	0.5353	0.9956	7.6673	0.4646	0.9941
1976	21.334	0.1316	0.9773	0.3948	0.3075	0.9793	0.1186	0.5611	0.9974	8.437	0.4388	0.9959
1977	21.687	0.1312	0.9936	0.4219	0.2856	0.988	0.1096	0.5828	0.9979	9.1443	0.4168	0.996
1978	22.281	0.1226	0.9588	0.464	0.2626	0.9804	0.0966	0.6151	0.9938	10.379	0.3842	0.9842
1979	22.049	0.1226	0.9827	0.4344	0.2864	0.9847	0.1065	0.5868	0.9971	9.518	0.4103	0.9938
1980	21.651	0.1253	0.9941	0.4348	0.2834	0.9921	0.108	0.588	0.9983	9.4208	0.4085	0.9968
1981	21.354	0.1265	0.9911	0.4208	0.2933	0.9917	0.1117	0.5795	0.9988	8.987	0.4198	0.9977
1983	22.053	0.1222	0.9906	0.4505	0.2793	0.9882	0.1005	0.5989	0.998	9.9359	0.4015	0.9955
1984	21.791	0.1237	0.9754	0.4116	0.3041	0.9794	0.1118	0.5713	0.9944	8.9671	0.428	0.99
1985	21.372	0.1275	0.9906	0.4571	0.2809	0.9841	0.1022	0.5918	0.9972	9.7583	0.4087	0.9943
1986	19.719	0.1488	0.9791	0.4861	0.2498	0.9427	0.104	0.6022	0.9907	9.5839	0.3986	0.9796
1987	20.708	0.1365	0.9868	0.3937	0.2988	0.9857	0.1225	0.5637	0.9952	8.1778	0.434	0.9917

注 r 为相关系数。

表 3.2   鲜水河道孚站断面水力几何关系的逐年变化

年份	鲜 水 河 道 孚 站 断 面											
	α_1	β_1	r^2	α_2	β_2	r^2	α_3	β_3	r^2	α_4	β_4	r^2
1956	55.74	0.0645	0.9747	0.2813	0.345	0.9862	0.0634	0.5914	0.9942	15.708	0.4093	0.9883
1957	56.91	0.0607	0.9871	0.2663	0.3586	0.9864	0.0661	0.5804	0.9948	15.16	0.4192	0.9897
1958	58.667	0.0564	0.9763	0.2797	0.3512	0.9847	0.0603	0.5945	0.9948	16.423	0.4074	0.9894
1959	58.893	0.056	0.9424	0.2548	0.3714	0.9866	0.0692	0.5661	0.995	15.009	0.4273	0.9931
1960	59.228	0.0533	0.9941	0.3191	0.3295	0.9892	0.053	0.6169	0.997	18.947	0.3823	0.9921
1961	58.312	0.056	0.9914	0.2992	0.3374	0.9891	0.0575	0.6067	0.9965	17.359	0.3939	0.992
1962	57.662	0.0579	0.9932	0.2819	0.3489	0.9912	0.0615	0.5934	0.9972	16.274	0.4066	0.9941
1963	55.961	0.063	0.9899	0.2642	0.3632	0.9951	0.0678	0.5736	0.9973	14.765	0.4262	0.9952
1964	55.021	0.0652	0.9882	0.2482	0.3763	0.9916	0.0723	0.5607	0.9949	13.666	0.4413	0.9924

| 年份 | 鲜 水 河 道 孚 站 断 面 | | | | | | | | | | | |
	α_1	β_1	r^2	α_2	β_2	r^2	α_3	β_3	r^2	α_4	β_4	r^2
1965	56.565	0.0612	0.9934	0.2417	0.3866	0.9917	0.0733	0.5518	0.996	13.646	0.4481	0.994
1966	58.146	0.0589	0.9924	0.2864	0.3567	0.9947	0.0603	0.5835	0.9983	16.626	0.416	0.9966
1967	59.708	0.0535	0.9943	0.3227	0.3315	0.985	0.0516	0.6159	0.9958	19.296	0.3847	0.9898
1968	59.128	0.0547	0.9964	0.2954	0.3489	0.9929	0.0573	0.5962	0.9973	17.482	0.4034	0.9941
1969	60.679	0.0461	0.9828	0.431	0.2496	0.9866	0.0389	0.701	0.9964	26.236	0.2946	0.9889
1970	58.542	0.0564	0.9944	0.2845	0.3606	0.9909	0.0599	0.5832	0.9972	16.73	0.4164	0.9945
1971	59.524	0.0552	0.9899	0.2853	0.3575	0.9843	0.0591	0.5867	0.995	16.974	0.4129	0.9901
1972	59.885	0.0534	0.9865	0.2885	0.3528	0.9855	0.0579	0.5938	0.9957	17.275	0.4062	0.9912
1973	58.861	0.058	0.9749	0.3347	0.3177	0.9834	0.0518	0.6198	0.9962	19.647	0.3763	0.9893
1974	60.442	0.0515	0.9804	0.3292	0.3267	0.9863	0.0504	0.6214	0.9965	19.928	0.3778	0.9906
1975	59.856	0.0539	0.9881	0.2865	0.3524	0.9894	0.0581	0.5942	0.9962	17.103	0.4069	0.9924
1976	57.233	0.0616	0.9881	0.33	0.3265	0.9889	0.0529	0.6121	0.9973	18.921	0.3878	0.9938
1977	56.326	0.0644	0.9949	0.3347	0.3212	0.9889	0.0532	0.6136	0.9971	18.86	0.3856	0.9922
1978	54.188	0.0724	0.9905	0.3683	0.3013	0.9844	0.0503	0.6257	0.996	19.913	0.3741	0.9894
1979	54.372	0.071	0.9938	0.3336	0.3265	0.9775	0.0551	0.6026	0.9937	18.149	0.3974	0.9859
1980	56.229	0.0654	0.9827	0.3044	0.3431	0.9857	0.0584	0.5916	0.9949	17.136	0.4083	0.9897
1982	52.103	0.0774	0.9856	0.3373	0.3276	0.9874	0.0569	0.5952	0.9958	17.58	0.4049	0.9913
1983	54.441	0.0715	0.9925	0.3619	0.3104	0.9814	0.0511	0.617	0.994	19.656	0.3823	0.9844
1984	55.859	0.0658	0.9919	0.3356	0.3318	0.9776	0.0537	0.6014	0.994	18.726	0.3978	0.9862
1985	56.961	0.0625	0.9946	0.3804	0.3101	0.9736	0.0465	0.6261	0.9935	21.69	0.3725	0.9816
1986	55.297	0.0668	0.9735	0.3812	0.2975	0.9878	0.0472	0.6365	0.9978	21.113	0.364	0.9933
1987	54.602	0.0694	0.9774	0.3706	0.3077	0.988	0.0496	0.6222	0.9972	20.212	0.3773	0.9924

注　r 为相关系数。

表 3.3　　　　雅砻江甘孜站断面水力几何关系的逐年变化

| 年份 | 雅砻江甘孜站断面 | | | | | | | | | | | |
	α_1	β_1	r^2	α_2	β_2	r^2	α_3	β_3	r^2	α_4	β_4	r^2
1957	56.634	0.1493	0.9475	0.2773	0.323	0.991	0.0637	0.5277	0.998	15.804	0.4713	0.9976
1958	63.162	0.1304	0.9887	0.2413	0.3451	0.9984	0.0659	0.5237	0.9986	15.184	0.4761	0.9985
1959	60.965	0.1358	0.9679	0.2794	0.3166	0.9825	0.0613	0.5403	0.9891	16.992	0.4528	0.9905
1960	63.267	0.1279	0.9795	0.2935	0.3133	0.9937	0.0538	0.5588	0.9991	18.604	0.4409	0.9986
1961	62.346	0.1293	0.9801	0.2575	0.3327	0.998	0.0603	0.5431	0.9975	16.02	0.4624	0.9986

续表

年份	雅砻江甘孜站断面											
	α_1	β_1	r^2	α_2	β_2	r^2	α_3	β_3	r^2	α_4	β_4	r^2
1962	59.802	0.136	0.9773	0.2757	0.3212	0.9964	0.0608	0.5425	0.9987	16.485	0.4572	0.9981
1963	55.412	0.1502	0.9503	0.2921	0.315	0.9767	0.0618	0.5348	0.993	16.198	0.4651	0.9908
1964	57.832	0.1435	0.9672	0.3393	0.2977	0.9846	0.051	0.5586	0.9976	19.593	0.4414	0.9963
1965	33.333	0.2297	0.7827	0.3291	0.2965	0.9775	0.0689	0.5177	0.9972	14.512	0.4824	0.9968
1966	47.841	0.1724	0.9614	0.2953	0.313	0.9871	0.0711	0.5139	0.9993	14.06	0.4861	0.9992
1967	44.879	0.1841	0.9619	0.3177	0.2992	0.984	0.0702	0.5166	0.9985	14.274	0.4832	0.9981
1968	32.721	0.2571	0.9825	0.341	0.2675	0.985	0.0864	0.4831	0.9978	11.627	0.5163	0.9989
1969	41.754	0.1976	0.964	0.3037	0.3002	0.9838	0.0786	0.5028	0.9989	12.695	0.4976	0.999
1970	35.866	0.2263	0.8175	0.2941	0.3093	0.9726	0.0852	0.4848	0.9959	11.742	0.5152	0.9965
1971	39.909	0.1948	0.9887	0.3343	0.294	0.9959	0.0751	0.5107	0.9975	13.387	0.4884	0.9975
1980	48.885	0.1682	0.9668	0.1665	0.3894	0.9959	0.1225	0.4429	0.9952	8.15	0.5574	0.9969
1981	38.921	0.2037	0.9777	0.1859	0.3747	0.9972	0.1384	0.4213	0.9971	7.2158	0.5789	0.9985
1982	40.028	0.2027	0.9695	0.192	0.3681	0.994	0.13	0.4294	0.9967	7.6885	0.5707	0.9981
1983	40.473	0.202	0.9644	0.1859	0.3753	0.9904	0.1375	0.4171	0.9939	7.2629	0.5831	0.9969
1984	36.083	0.2231	0.9205	0.1889	0.3709	0.9929	0.1355	0.4209	0.9961	7.2105	0.5827	0.9971
1985	35.967	0.2186	0.977	0.2144	0.352	0.9894	0.1298	0.4294	0.9974	7.6941	0.5709	0.9985
1986	35.817	0.2239	0.975	0.1874	0.3725	0.988	0.1478	0.4055	0.9975	6.7671	0.5944	0.9988

注　r 为相关系数。

表 3.4　　雅砻江雅江站断面水力几何关系的逐年变化

年份	雅砻江雅江站断面											
	α_1	β_1	r^2	α_2	β_2	r^2	α_3	β_3	r^2	α_4	β_4	r^2
1955	40.622	0.1349	0.9951	0.9951	0.2617	0.9697	0.0247	0.6036	0.9932	40.487	0.3963	0.9837
1956	41.354	0.1307	0.9813	1.3989	0.2075	0.9325	0.0173	0.6616	0.9909	58.455	0.3366	0.9649
1957	40.736	0.134	0.9785	1.1687	0.2388	0.9429	0.0217	0.6221	0.99	45.998	0.3779	0.9733
1958	40.237	0.1353	0.9856	1.2533	0.2226	0.9287	0.0203	0.6385	0.9876	49.624	0.3603	0.9605
1959	40.658	0.135	0.99	1.1674	0.234	0.9266	0.0213	0.6292	0.9802	47.508	0.3687	0.9621
1960	39.887	0.1376	0.9963	1.2554	0.2271	0.9374	0.0202	0.6346	0.9849	49.398	0.3664	0.9703
1961	39.584	0.1382	0.9963	1.1102	0.2425	0.9474	0.0229	0.6184	0.9901	43.819	0.3814	0.9748
1962	37.791	0.1435	0.9961	1.1184	0.2474	0.9412	0.0236	0.6095	0.9903	42.393	0.3904	0.9767
1963	37.92	0.1434	0.9911	1.2071	0.2321	0.9373	0.022	0.6238	0.988	44.89	0.3781	0.9659
1964	37.64	0.1448	0.9955	1.2333	0.2288	0.945	0.0216	0.6262	0.9907	46.317	0.3739	0.9743

续表

年份	雅砻江雅江站断面											
	α_1	β_1	r^2	α_2	β_2	r^2	α_3	β_3	r^2	α_4	β_4	r^2
1965	39.384	0.139	0.9959	1.0811	0.2521	0.936	0.0235	0.6084	0.9895	42.498	0.3915	0.9749
1966	38.147	0.1416	0.9934	1.1724	0.2371	0.9696	0.0225	0.6205	0.9932	44.736	0.3787	0.9818
1967	37.603	0.143	0.9889	1.6261	0.1853	0.9573	0.0165	0.6701	0.9944	60.559	0.3301	0.9777
1968	37.699	0.1424	0.9948	1.557	0.1955	0.9487	0.017	0.6627	0.9941	58.927	0.3373	0.9778
1970	39.104	0.1396	0.9951	0.9362	0.2755	0.9532	0.0284	0.5796	0.9872	35.669	0.4186	0.975
1971	41.103	0.1317	0.9932	1.4062	0.2094	0.9588	0.0177	0.6554	0.9933	56.779	0.3438	0.9769
1972	39.745	0.1364	0.9922	1.4271	0.2081	0.942	0.0181	0.6519	0.9918	56.189	0.3458	0.9711
1973	44.637	0.1172	0.9863	2.1173	0.1406	0.9397	0.0104	0.7452	0.9967	96.185	0.2551	0.9757
1974	43.358	0.124	0.9835	1.6317	0.1912	0.9239	0.014	0.6859	0.9907	70.946	0.3147	0.9573
1975	39.574	0.1375	0.9885	1.3803	0.2154	0.9462	0.0186	0.6448	0.9914	53.712	0.3553	0.9728
1976	37.226	0.146	0.9956	1.3846	0.216	0.939	0.0194	0.6381	0.9915	51.481	0.3621	0.9741
1977	37.664	0.144	0.9914	1.548	0.1983	0.9466	0.0172	0.6574	0.9927	58.233	0.3425	0.9741
1978	37.093	0.1451	0.9888	1.8082	0.1761	0.9415	0.015	0.6784	0.9928	67.035	0.3212	0.9693
1979	38.281	0.1396	0.9943	1.5992	0.1958	0.9235	0.0163	0.6653	0.9906	61.98	0.3336	0.9618
1980	37.27	0.1449	0.9963	1.3458	0.2236	0.9382	0.02	0.6312	0.991	50.159	0.3684	0.9738
1981	35.963	0.1512	0.9938	1.5078	0.2014	0.9413	0.0184	0.6475	0.9928	54.302	0.3524	0.9763
1984	37.853	0.1434	0.9961	1.2611	0.2271	0.9384	0.021	0.6291	0.9909	47.658	0.3708	0.9742
1985	38.502	0.1381	0.9865	1.589	0.2014	0.9557	0.0164	0.6597	0.9929	61.268	0.3393	0.9736
1986	37.645	0.1471	0.9976	1.6128	0.1938	0.9709	0.0164	0.66	0.9966	60.963	0.3401	0.9877
1987	38.558	0.143	0.9949	1.3034	0.2245	0.949	0.0198	0.6329	0.9931	50.28	0.3674	0.9802

注　r 为相关系数。

表 3.5　足木足河足木足站断面水力几何关系的逐年变化

年份	足木足河足木足站断面											
	α_1	β_1	r^2	α_2	β_2	r^2	α_3	β_3	r^2	α_4	β_4	r^2
1960	30.158	0.1019	0.9764	1.1044	0.2262	0.9724	0.0293	0.6759	0.9887	33.477	0.3268	0.9812
1961	21.325	0.2202	0.9763	0.52	0.2535	0.9531	0.0947	0.5183	0.9788	11.07	0.4742	0.9775
1962	19.826	0.2324	0.9944	0.5281	0.2567	0.956	0.0957	0.5104	0.9869	10.463	0.4893	0.9857
1963	20.097	0.2296	0.9939	0.5912	0.2427	0.9545	0.084	0.5281	0.9874	11.882	0.4722	0.9842
1964	20.636	0.2271	0.9924	0.6592	0.2274	0.9466	0.0736	0.5455	0.987	13.588	0.4546	0.9812
1965	19.921	0.2334	0.9978	0.678	0.2215	0.9283	0.0741	0.545	0.9861	13.506	0.4549	0.9802
1966	21.629	0.2181	0.9973	0.6582	0.2253	0.961	0.0701	0.5569	0.9905	14.204	0.4438	0.9853

年份	足木足河足木足站断面											
	α_1	β_1	r^2	α_2	β_2	r^2	α_3	β_3	r^2	α_4	β_4	r^2
1967	23.201	0.2041	0.994	0.5395	0.2644	0.9611	0.079	0.5333	0.9847	12.666	0.4667	0.98
1968	25.376	0.1858	0.9769	0.8948	0.159	0.9479	0.0456	0.6466	0.9966	21.919	0.3534	0.9895
1970	23.2	0.2081	0.9952	0.8222	0.1871	0.9609	0.0526	0.6043	0.9939	19.01	0.3958	0.986
1971	22.158	0.2161	0.9965	0.7898	0.1974	0.9529	0.058	0.5845	0.9911	17.619	0.4122	0.9841
1972	21.378	0.2218	0.9952	0.6879	0.2207	0.9333	0.0678	0.558	0.985	14.737	0.4421	0.9765
1973	21.074	0.225	0.9967	0.7064	0.2156	0.9391	0.0671	0.5615	0.9866	14.92	0.4382	0.9773
1974	21.526	0.2197	0.9952	0.7188	0.2122	0.9319	0.0638	0.5699	0.9873	15.876	0.428	0.9773
1975	30.261	0.0803	0.9849	1.391	0.1955	0.9846	0.0239	0.7233	0.9979	41.826	0.2767	0.9855
1976	29.704	0.0844	0.9846	1.2094	0.2185	0.9752	0.0281	0.6961	0.9963	35.475	0.3048	0.9835
1977	31.093	0.0752	0.9904	1.4126	0.1856	0.9404	0.0227	0.7396	0.9955	43.864	0.261	0.9665
1978	30.872	0.0767	0.992	1.4671	0.1877	0.9872	0.0221	0.7356	0.9984	45.204	0.2648	0.9889
1979	30.166	0.0808	0.9813	1.4093	0.1962	0.9806	0.023	0.7267	0.9966	42.558	0.2768	0.9818
1980	28.771	0.0885	0.981	1.5723	0.1768	0.9862	0.0218	0.7368	0.9972	45.072	0.266	0.9865
1981	28.313	0.0964	0.8969	1.1323	0.2301	0.8711	0.031	0.6744	0.9878	32.075	0.3263	0.9504
1982	34.162	0.0723	0.895	0.8593	0.2686	0.9358	0.0341	0.6591	0.9826	29.433	0.3404	0.9372
1983	32.84	0.083	0.9415	1.1687	0.2153	0.9538	0.0261	0.7014	0.9913	38.407	0.2981	0.9535

注 r 为相关系数。

3.2.1.1 河宽系数 α_1 和河宽指数 β_1 的年际变化

根据表 3.1~表 3.5 中的河宽系数 α_1 和河宽指数 β_1，可以绘制泥渠河朱巴站、鲜水河道孚站、雅砻江甘孜站和雅江站、足木足河足木足站历年的河宽系数 α_1 和河宽指数 β_1 的变化如图 3.1 所示。由图 3.1 可以看出，河宽~流量关系 （$B \sim Q$）中的河宽系数 α_1 和河宽指数 β_1 的年际变化在 5 个断面均具有一定的波动性，可分为 3 种类型：泥渠河朱巴站、鲜水河道孚站和雅砻江雅江站的河宽系数和河宽指数上下波动较为平稳，没有增加或减少的趋势；雅砻江甘孜站的河宽系数 α_1 总体上呈年际减小的变化趋势，而河宽指数 β_1 则呈年际增大的变化趋势；足木足河足木足站的河宽系数 α_1 总体上呈年际增大的变化趋势，而河宽指数 β_1 则呈年际减小的变化趋势。

3.2.1.2 水深系数 α_2 和水深指数 β_2 的年际变化

泥渠河朱巴站、鲜水河道孚站、雅砻江甘孜站和雅江站、足木足河足木足站历年的平均水深与流量关系（$H = \alpha_2 Q^{\beta_2}$）的水深系数 α_2 和水深指数 β_2 的变化趋势如图 3.2 所示。雅江站和足木足站的水深系数 α_2 年际上下波动较为剧

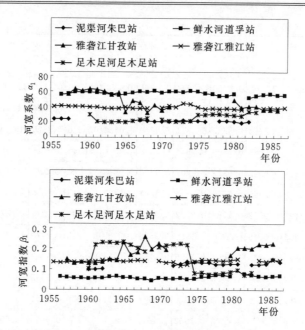

图 3.1　河宽系数 α_1 与河宽指数 β_1 历年变化

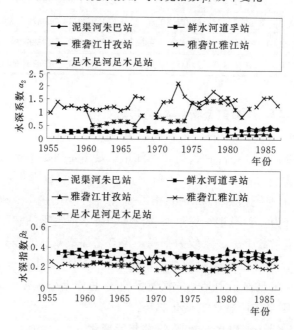

图 3.2　水深系数 α_2 与水深指数 β_2 历年变化

烈，其中雅江站的水深系数 α_2 呈上升趋势，而足木足站的水深系数 α_2 没有明显的趋势；朱巴站、道孚站和甘孜站的水深系数 α_2 年际上下波动较为平稳，其中甘孜站的水深系数 α_2 在 1980 年以后有一个明显的降低，而朱巴站和道孚站的水深系数 α_2 没有明显的趋势。水深指数 β_2 与 α_2 的变化规律正好相反，甘孜站的水深指数 β_2 在 1980 年以后有明显的跳跃；而其他站点水深指数 β_2 的变化没有明显的趋势。

3.2.1.3 流速系数 α_3 和流速指数 β_3 的年际变化

泥渠河朱巴站、鲜水河道孚站、雅砻江甘孜站和雅江站、足木足河足木足站历年的平均流速与流量关系（$v = \alpha_3 Q^{\beta_3}$）的流速系数 α_3 和流速指数 β_3 的年际变化趋势如图 3.3 所示。朱巴站、道孚站和雅江站的流速系数和流速指数历年的上下波动较为平稳，没有明显的趋势；雅江站和足木足站的流速系数与流速指数的变化趋势正好相反，甘孜站的流速系数呈逐年增加的趋势，而其流速指数呈逐年减小的趋势；足木足站的流速系数呈逐年减小的趋势，而其流速指数呈逐年增加的趋势，变化趋势较为明显。

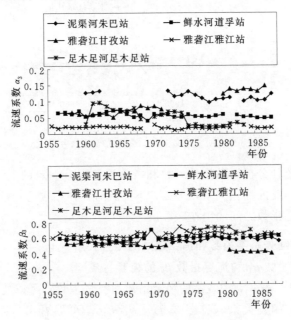

图 3.3 流速系数 α_3 与流速指数 β_3 历年变化

3.2.1.4 面积系数 α_4 和面积指数 β_4 的年际变化

泥渠河朱巴站、鲜水河道孚站、雅砻江甘孜站和雅江站、足木足河足木足站历年的过水断面面积与流量关系（$A = \alpha_4 Q^{\beta_4}$）的面积系数 α_4 和面积指数 β_4 的年际变化趋势如图 3.4 所示。朱巴站、道孚站的面积系数和面积指数历年的上下波动较为平稳，没有明显的趋势；雅江站的面积系数上下波动较为剧烈，而其面积系数的波动比较平稳，但都没有明显的趋势；而甘孜站和足木足站的面积系数与面积指数呈相反的变化趋势，其中甘孜站的面积系数呈逐年增加的趋势，而面积指数呈逐年减小的趋势；足木足站的面积系数呈逐年增加的趋势，而面积指数呈逐年较小的趋势，变化趋势较为明显。

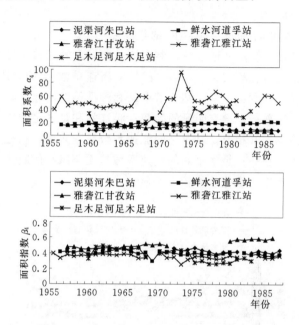

图 3.4　面积系数 α_4 与面积指数 β_4 历年变化

　　根据以上统计分析，各站的系数和指数逐年都有一定的上下波动，但是，系数与指数呈相反的变化关系，那么，下面就对各种系数与指数的关系进行研究，找出系数与指数之间的内在联系。

3.2.2　水力几何关系中系数和指数之间的相互关系

3.2.2.1　河宽系数 α_1 和河宽指数 β_1 的相互关系

　　根据表 3.1～表 3.5 中各站的河宽系数和河宽指数，可以建立河宽系数和河宽指数之间的相关关系（见图 3.5）。从图 3.5 可以看出，泥渠河朱巴站、鲜水河道孚站、雅砻江甘孜站和雅江站、足木足河足木足站历年的河宽与流量关系（$B = \alpha_1 Q^{\beta_1}$）中的河宽系数 α_1 和河宽指数 β_1 之间呈良好的线性负相关，其相关关系见表 3.6。

表 3.6　　　　　　　　河宽系数 α_1 和河宽指数 β_1 之间的相关关系

站　　点	相关关系式	相关系数 r^2	标准偏差 SD	样本数 N
泥渠河朱巴站	$\beta_1 = -0.0108\alpha_1 + 0.3617$	0.9721	0.0134	18
鲜水河道孚站	$\beta_1 = -0.0032\alpha_1 + 0.245$	0.9597	0.0071	31

续表

站　　点	相关关系式	相关系数 r^2	标准偏差 SD	样本数 N
雅砻江甘孜站	$\beta_1 = -0.0035\alpha_1 + 0.3485$	0.9676	0.0395	22
雅砻江雅江站	$\beta_1 = -0.0036\alpha_1 + 0.279$	0.9653	0.0070	30
足木足河足木足站 （1961—1974 年）	$\beta_1 = -0.0083\alpha_1 + 0.3992$	0.9877	0.0131	13
足木足河足木足站 （1975—1983 年）	$\beta_1 = -0.003\alpha_1 + 0.1741$	0.5799	0.0073	9

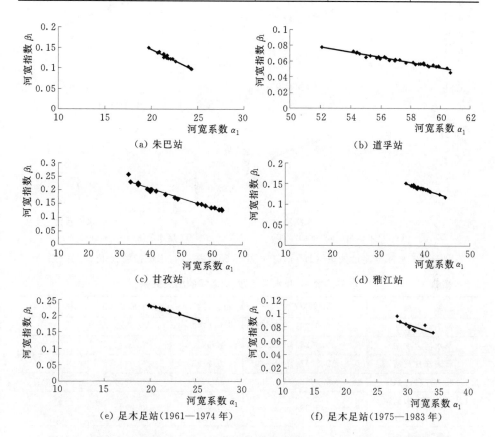

图 3.5　河宽与流量关系 $(B = \alpha_1 Q^{\beta_1})$ 中河宽系数 α_1 与河宽指数 β_1 之间的关系

3.2.2.2　水深系数 α_2 和水深指数 β_2 的相互关系

泥渠河朱巴站、鲜水河道孚站、雅砻江甘孜站和雅江站、足木足河足木足站历年的水深与流量关系 $(H = \alpha_2 Q^{\beta_2})$ 中的水深系数 α_2 和水深指数 β_2 之间关系见图 3.6。由图 3.6 可见，水深系数 α_2 和水深指数 β_2 之间关系呈良好的线性负相关，其相关关系见表 3.7。

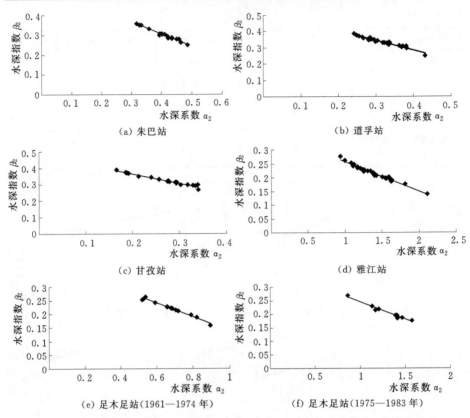

图 3.6　水深与流量关系（$H = \alpha_2 Q^{\beta_2}$）中水深系数 α_2 与水深指数 β_2 之间的关系

表 3.7　　　　　　　　　水深系数 α_2 和水深指数 β_2 之间的相关关系

站　　点	相关关系式	相关系数 r^2	标准偏差 SD	样本数 N
泥渠河朱巴站	$\beta_2 = -0.6173\alpha_2 + 0.5528$	0.9796	0.0325	18
鲜水河道孚站	$\beta_2 = -0.6023\alpha_2 + 0.5251$	0.9517	0.0275	31
雅砻江甘孜站	$\beta_2 = -0.5742\alpha_2 + 0.4806$	0.9736	0.0338	22
雅砻江雅江站	$\beta_2 = -0.1062\alpha_2 + 0.3628$	0.9761	0.0274	30
足木足河足木足站 （1961—1974 年）	$\beta_2 = -0.2539\alpha_2 + 0.3936$	0.9787	0.0294	13
足木足河足木足站 （1975—1983 年）	$\beta_2 = -0.1286\alpha_2 + 0.3743$	0.9713	0.0285	9

3.2.2.3　流速系数 α_3 和流速指数 β_3 的相互关系

　　泥渠河朱巴站、鲜水河道孚站、雅砻江甘孜站和雅江站、足木足河足木足站历年的流速与流量关系（$v = \alpha_3 Q^{\beta_3}$）中的流速系数 α_3 和流速指数 β_3 之间关系见图 3.7。由图 3.7 可见，流速系数 α_3 和流速指数 β_3 之间关系呈良好的线性负相关，其相关关系见表 3.8。

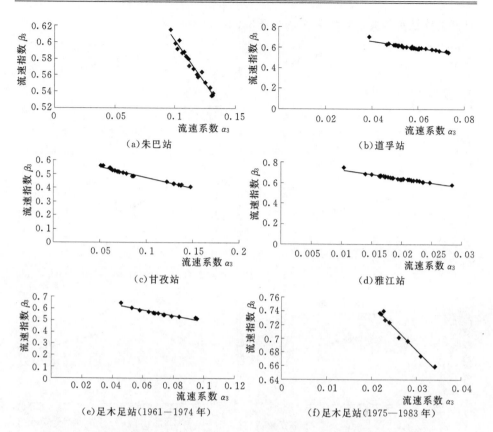

图 3.7 流速与流量关系（$v=\alpha_3 Q^{\beta_3}$）中流速系数 α_3 与流速指数 β_3 之间的关系

表 3.8　　　　　流速系数 α_3 和流速指数 β_3 之间的相关关系

站　点	相关关系式	相关系数 r^2	标准偏差 SD	样本数 N
泥渠河朱巴站	$\beta_3=-2.0849\alpha_3+0.811$	0.9671	0.0241	18
鲜水河道孚站	$\beta_3=-3.3288\alpha_3+0.7919$	0.8793	0.0273	31
雅砻江甘孜站	$\beta_3=-1.5426\alpha_3+0.6292$	0.9843	0.0518	22
雅砻江雅江站	$\beta_3=-8.3134\alpha_3+0.8044$	0.9526	0.0307	30
足木足河足木足站（1961—1974 年）	$\beta_3=-2.3849\alpha_3+0.7285$	0.913	0.0371	13
足木足河足木足站（1975—1983 年）	$\beta_3=-6.631\alpha_3+0.8819$	0.9787	0.0292	9

3.2.2.4　面积系数 α_4 和面积指数 β_4 的相互关系

　　泥渠河朱巴站、鲜水河道孚站、雅砻江甘孜站和雅江站、足木足河足木足站历年的过水断面面积与流量关系（$A=\alpha_4 Q^{\beta_4}$）中的面积系数 α_4 和面积指数 β_4 之间关系见图 3.8，由图 3.8 可见，面积系数 α_4 和面积指数 β_4 之间关系呈良好的线性负相关，其相关关系见表3.9。

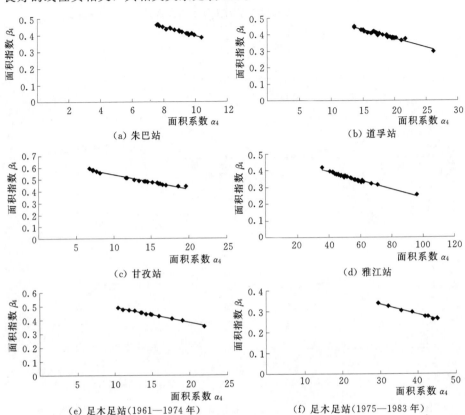

图 3.8 过水断面面积与流量关系（$A = \alpha_4 Q^{\beta_4}$）中的面积系数 α_4 和面积指数 β_4 之间的关系

表 3.9 面积系数 α_4 和面积指数 β_4 之间的相关关系

站 点	相关关系式	相关系数 r^2	标准偏差 SD	样本数 N
泥渠河朱巴站	$\beta_4 = -0.0272\alpha_4 + 0.6676$	0.9641	0.0242	18
鲜水河道孚站	$\beta_4 = -0.0106\alpha_4 + 0.5873$	0.9505	0.0279	31
雅砻江甘孜站	$\beta_4 = -0.0125\alpha_4 + 0.6664$	0.9808	0.0522	22
雅砻江雅江站	$\beta_4 = -0.0026\alpha_4 + 0.4972$	0.9736	0.0306	30
足木足河足木足站 （1961—1974 年）	$\beta_4 = -0.0112\alpha_4 + 0.606$	0.991	0.0367	13
足木足河足木足站 （1975—1983 年）	$\beta_4 = -0.0049\alpha_4 + 0.4821$	0.9824	0.0286	9

3.2.3 水力几何关系中系数和指数的多年统计关系

根据历年朱巴站、道孚站、甘孜站、雅江站和足木足站的水力几何关系的系数和指数的平均值，得到各站水力几何关系的多年平均关系式，见表3.10。

表 3.10 历年水文资料拟合得到系数和指数平均值后的
水力几何关系的多年平均关系式

站　点	河宽~流量 $(B=\alpha_1 Q^{\beta_1})$	平均水深~流量 $(H=\alpha_2 Q^{\beta_2})$	平均流速~流量 $(v=\alpha_3 Q^{\beta_3})$	过水断面面积~流量 $(A=\alpha_4 Q^{\beta_4})$
泥渠河朱巴站 $Q\in[7.48,387]$	$B=21.9411Q^{0.1241}$	$H=0.4015Q^{0.30497}$	$v=0.1153Q^{0.5707}$	$A=8.778Q^{0.4287}$
鲜水河道孚站 $Q\in[18.5,1060]$	$B=57.2691Q^{0.0608}$	$H=0.3135Q^{0.33633}$	$v=0.0569Q^{0.6024}$	$A=17.942Q^{0.3971}$
雅砻江甘孜站 $Q\in[39.6,1770]$	$B=46.9044Q^{0.1821}$	$H=0.2633Q^{0.32942}$	$v=0.0889Q^{0.4921}$	$A=12.689Q^{0.5079}$
雅砻江雅江站 $Q\in[97.8,4050]$	$B=39.0946Q^{0.1391}$	$H=1.3734Q^{0.21702}$	$v=0.0194Q^{0.6431}$	$A=53.615Q^{0.3566}$
足木足河足木足站 （1961—1974 年） $Q\in[34.1,1410]$	$B=21.6421Q^{0.2186}$	$H=0.6765Q^{0.22181}$	$v=0.0712Q^{0.5586}$	$A=14.728Q^{0.4404}$
足木足河足木足站 （1975—1983 年） $Q\in[39.1,1960]$	$B=30.6869Q^{0.082}$	$H=1.2913Q^{0.20826}$	$v=0.0259Q^{0.7103}$	$A=39.324Q^{0.2905}$

　　根据朱巴站、道孚站、甘孜站、雅江站和足木足站多年实测水文资料，可以建立各站的河宽、平均水深、平均流速、过水断面面积与流量之间的统计关系，然后通过幂函数拟合，得到各站的多年实测数据的河相关系（图 3.9～图 3.13），根据其中幂函数拟合关系，整理出多年实测水文数据拟合的各站的水力几何关系式，见表 3.11。

表 3.11 多年实测水文资料拟合得到各站的水力几何关系

站　点	河宽~流量 $(B=\alpha_1 Q^{\beta_1})$	平均水深~流量 $(H=\alpha_2 Q^{\beta_2})$	平均流速~流量 $(v=\alpha_3 Q^{\beta_3})$	过水断面面积~流量 $(A=\alpha_4 Q^{\beta_4})$
泥渠河朱巴站 $Q\in[7.48,387]$	$B=21.82Q^{0.1249}$	$H=0.403Q^{0.3031}$	$v=0.1141Q^{0.5713}$	$A=8.7949Q^{0.4279}$
鲜水河道孚站 $Q\in[18.5,1060]$	$B=56.937Q^{0.0616}$	$H=0.3055Q^{0.3409}$	$v=0.0576Q^{0.5971}$	$A=17.393Q^{0.4024}$
雅砻江甘孜站 $Q\in[39.6,1770]$	$B=46.831Q^{0.1778}$	$H=0.2619Q^{0.3287}$	$v=0.079Q^{0.4987}$	$A=12.664Q^{0.5012}$
雅砻江雅江站 $Q\in[97.8,4050]$	$B=38.628Q^{0.1408}$	$H=1.3259Q^{0.2204}$	$v=0.0196Q^{0.6381}$	$A=51.091Q^{0.3616}$
足木足河足木足站 （1961—1974 年） $Q\in[34.1,1410]$	$B=21.236Q^{0.2217}$	$H=0.6395Q^{0.2306}$	$v=0.0738Q^{0.5472}$	$A=13.615Q^{0.4519}$
足木足河足木足站 （1975—1983 年） $Q\in[39.1,1960]$	$B=30.491Q^{0.0848}$	$H=1.2311Q^{0.214}$	$v=0.0265Q^{0.7018}$	$A=37.49Q^{0.299}$

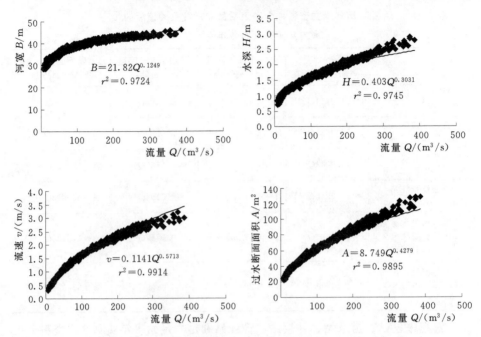

图 3.9　朱巴站多年水文资料建立的水力几何统计关系

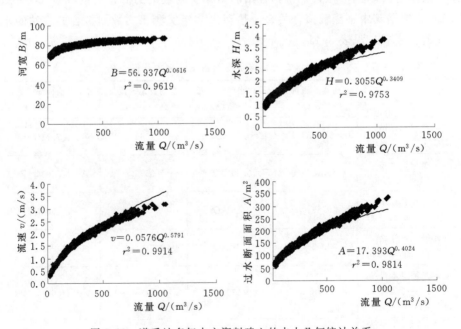

图 3.10　道孚站多年水文资料建立的水力几何统计关系

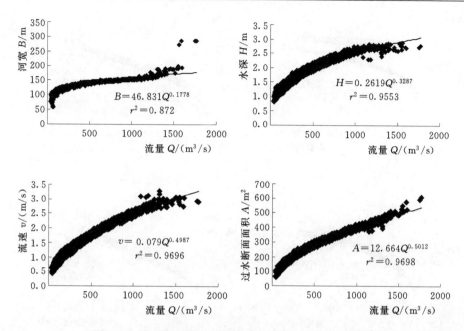

图 3.11 甘孜站多年水文资料建立的水力几何统计关系

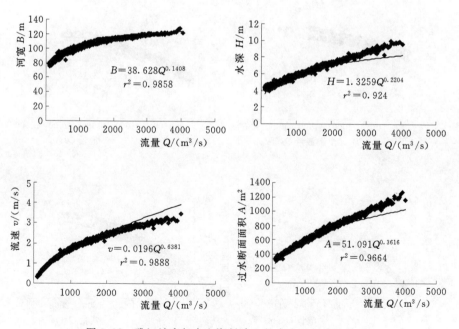

图 3.12 雅江站多年水文资料建立的水力几何统计关系

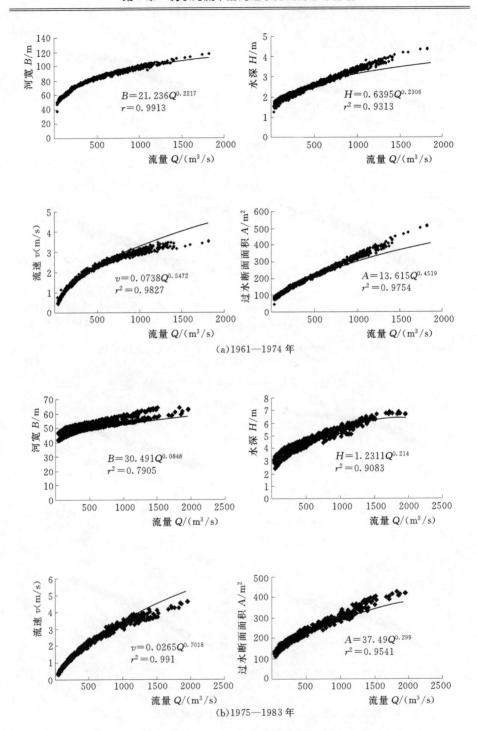

(a)1961—1974 年

(b)1975—1983 年

图 3.13　足木足站多年水文资料建立的水力几何统计关系

由表 3.10 和表 3.11 中的数据可以看出，各站的多年的河宽系数、河宽指数、水深系数、水深指数、流速系数、流速指数与根据历年水文数据拟合计算所得的相应系数和指数的平均值都比较接近，只有雅砻江雅江站和足木足河足木足站的面积系数和面积指数相差较大，其中，雅砻江雅江站的多年过水断面面积系数为 51.091，而历年水文数据拟合计算所得的过水断面面积系数的平均值为 53.615，相差 2.524，而足木足河足木足站（1961—1974 年）的多年过水断面面积系数为 13.615，而历年水文数据拟合计算所得的过水断面面积系数的平均值为 14.728，相差 1.113，足木足河足木足站（1975—1983 年）的多年过水断面面积系数为 37.49，而历年水文数据拟合计算所得的过水断面面积系数的平均值为 39.324，相差 1.834。可见，由多年的水文数据资料拟合所得到的河道断面几何形态的系数和指数具有较好的稳定性。

3.2.4 水力几何关系中系数积与指数和

根据多年水文实测资料综合统计所得的各站水力几何关系式的系数及其乘积见表 3.12、指数及其和见表 3.13。另外根据历年水文实测数据所得各站断面的系数积和指数和见图 3.14。

表 3.12 多年水文实测数据资料统计得出各站的水力几何关系的系数值

站 点	河宽系数 α_1	平均水深系数 α_2	平均流速系数 α_3	过水断面面积系数 α_4	系数积 $\alpha_1\alpha_2\alpha_3$	系数积 $\alpha_1\alpha_2$
泥渠河朱巴站	21.82	0.403	0.1141	8.7949	1.00	8.7935
鲜水河道孚站	56.937	0.3055	0.0576	17.393	1.00	17.394
雅砻江甘孜站	46.831	0.2619	0.079	12.664	0.97	12.265
雅砻江雅江站	38.628	1.3259	0.0196	51.091	1.00	51.217
足木足河足木足站（1961—1974 年）	21.236	0.6395	0.0738	13.615	1.00	13.58
足木足河足木足站（1975—1983 年）	30.491	1.2311	0.0265	37.49	0.99	37.537

表 3.13 多年水文实测数据资料统计得出各站的水力几何关系的指数值

站 点	河宽指数 β_1	平均水深指数 β_2	平均流速指数 β_3	过水断面面积指数 β_4	指数和 $\beta_1+\beta_2+\beta_3$	指数和 $\beta_1+\beta_2$
泥渠河朱巴站	0.1249	0.3031	0.5713	0.4279	1.00	0.428
鲜水河道孚站	0.0616	0.3409	0.5971	0.4024	1.00	0.4025
雅砻江甘孜站	0.1778	0.3287	0.4987	0.5012	1.01	0.5065
雅砻江雅江站	0.1408	0.2204	0.6381	0.3616	1.00	0.3612
足木足河足木足站（1961—1974 年）	0.2217	0.2306	0.5472	0.4519	1.00	0.4523
足木足河足木足站（1975—1983 年）	0.0848	0.214	0.7018	0.299	1.00	0.2988

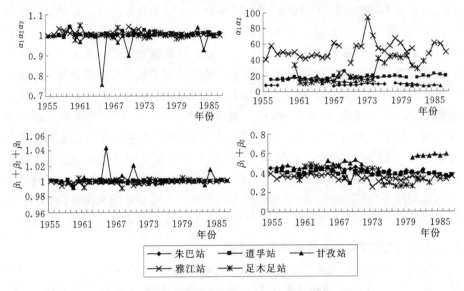

图 3.14　水力几何关系中系数积和指数和的年际变化

理论上，水力几何关系式的系数积和指数和应该分别满足式（3.5）～式（3.8），从表 3.12、表 3.13 可以看出，雅砻江上游支流及大渡河支流足木足河的各站的水力几何关系的系数积和指数和为 1 的关系。

3.2.5　各水文站横断面的宽深比与流量的关系

由式（3.1）和式（3.2）可知，各水文站横断面的宽深比与流量的关系可以表示为

$$B/H = \alpha_1 Q^{\beta_1} / \alpha_2 Q^{\beta_2} = \alpha_1 / \alpha_2 Q^{\beta_1 - \beta_2} \tag{3.9}$$

取多年平均数值，泥渠河朱巴站、鲜水河道孚站、雅砻江甘孜站和雅江站、大渡河支流足木足河足木足站宽深比随流量的变化可表示为

泥渠河朱巴站：

$$B/H = 54.65 Q^{-0.181} \quad Q \in [7.48, 387] \tag{3.10}$$

鲜水河道孚站：

$$B/H = 182.67 Q^{-0.276} \quad Q \in [18.5, 1060] \tag{3.11}$$

雅砻江甘孜站：

$$B/H = 178.15 Q^{-0.147} \quad Q \in [39.6, 1770] \tag{3.12}$$

雅砻江雅江站：

$$B/H = 28.46 Q^{-0.078} \quad Q \in [97.8, 4050] \tag{3.13}$$

足木足河足木足站（1961—1974 年）：

$$B/H = 31.99 Q^{-0.003} \quad Q \in [34.1, 1410] \tag{3.14}$$

足木足河足木足站（1975—1983 年）：

$$B/H=23.76Q^{-0.126} \qquad Q\in[39.1,1960] \tag{3.15}$$

这些横断面的宽深比与流量关系曲线如图 3.15 所示。由图 3.15 可以看出，南水北调西线调水河流的断面宽深比随着流量的增大而逐渐减小，其中，宽深比减小最为缓慢的是足木足站（1961—1974 年），而道孚站减小的最明显。

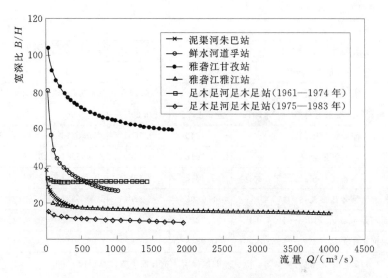

图 3.15 断面宽深比与流量关系曲线

3.2.6 断面水力几何形态关系参数（指数）对比

为了了解南水北调西线调水河流（长江上游的雅砻江支流和大渡河支流）的水力几何形态特征，将其与国内外一些河流的水力几何形态指数加以比较，国内外各河流的断面水力几何形态指数具体数值见表 3.14（钱宁等，1987；Stewardson，2005；Jowett，1998；林承坤等，1995；黎明等，2000；贾良文等，2002；冉立山等，2009）。

表 3.14 南水北调西线调水河流与世界上一些河流水力几何形态关系指数值的比较

河 流 名 称	河宽指数 β_1	水深指数 β_2	流速指数 β_3	β_1/β_2	β_3/β_2
美国中西部常流性河流	0.26	0.40	0.34	0.650	0.850
美国半干燥地区季节河流	0.29	0.36	0.34	0.805	0.944
美国怀特河	0.38	0.33	0.27	1.152	0.819
美国 158 处水文站	0.12	0.45	0.43	0.267	0.956
英国 Ryton 河 206 个断面	0.16	0.43	0.42	0.372	0.977

河　流　名　称	河宽指数 β_1	水深指数 β_2	流速指数 β_3	β_1/β_2	β_3/β_2
英国南部 3 条小河	0.13	0.42	0.44	0.310	1.048
欧洲莱茵河（10 个断面）	0.13	0.41	0.43	0.371	1.049
澳大利亚东南部 17 条河流	0.11	0.28	0.52	0.393	1.857
新西兰 73 条河流	0.18	0.31	0.43	0.581	1.387
黄河下游（弯曲河床）	0.16	0.30	0.54	0.533	1.800
黄河下游（游荡河床）	0.28	0.18	0.54	1.556	3.000
长江张家洲河段（进口）	0.20	0.51	0.30	0.392	0.588
长江荆江段 3 个断面	0.08	0.46	0.46	0.174	1.000
下荆江河道	0.06	0.55	0.38	0.109	0.691
珠江三角洲网河型水道马口、三水断面	0.145	0.205	0.65	0.707	3.171
泥渠河朱巴站	0.1249	0.3031	0.5713	0.4121	1.8849
鲜水河道孚站	0.0616	0.3409	0.5971	0.1807	1.7515
雅砻江甘孜站	0.1778	0.3287	0.4987	0.5409	1.5172
雅砻江雅江站	0.1408	0.2204	0.6381	0.6388	2.8952
足木足河足木足站（1961—1974 年）	0.2217	0.2306	0.5472	0.9614	2.3729
足木足河足木足站（1975—1983 年）	0.0848	0.214	0.7018	0.3963	3.2794

注　表中 β_1/β_2、β_3/β_2 的值均由 β_1、β_2、β_3 的值保留 4 位有效小数计算得出。

　　通过表 3.14 与世界各地河流对比，可以得出调水区河流的横断面水力几何形态关系参数有如下的变化规律。

　　（1）河宽指数 β_1 值泥渠河朱巴站的与英国南部小河的基本相当，而水深指数 β_2 值泥渠河朱巴站明显小于英国南部小河，这主要是因为泥渠河是鲜水河的支流，河流断面基本呈宽浅的梯形或矩形形态，而且水深对流量的影响相对较小，流速指数 β_3 泥渠河朱巴站比英国南部河流的要高，说明泥渠河的流速对流量的影响比较明显。

　　（2）鲜水河道孚站的河宽指数 β_1 值和 β_1/β_2 值相对较小，明显小于国外的和我国的黄河、珠江等河流的河宽指数 β_1 值，基本上与长江的荆江和下荆江河道的相当。说明该断面的河宽都比较窄，水面宽随着流量的增加较为缓慢。主要是因为鲜水河是山区型河流，两岸是高山，因此，流量对水面宽的影响较小，与之相适应，水深指数远远大于河宽指数，$\beta_2>\beta_1$，这正好表明鲜水河河道河床横断面水深随流量的增加要比水面宽度的增加大得多，鲜水河河道属于窄深的河道。

　　（3）雅砻江甘孜站的河宽指数 β_1 值和 β_1/β_2 值与黄河下游的（弯曲河床）

比较接近，甘孜站的 β_1 值和 β_1/β_2 值明显高于长江下游荆江河道的相应值，而远低于美国各河流的 β_1 值和 β_1/β_2 值，这主要由于甘孜站所在断面正好处于雅砻江上游的河道弯曲的部分。

（4）雅砻江雅江站的河宽指数 β_1 值和 β_1/β_2 值与珠江的值比较接近，雅江站的 β_1 明显大于长江下游荆江河段的 β_1 而且明显小于美国中西部常流性河流的 β_1 值，与世界其他河流的 β_1 值相差不大；与世界其他河流的 β_2 值相比，雅江站的 β_2 值较小，表明雅江站河段的断面水深随流量的变化较世界上许多河流要小，说明雅江站河道的水深较为稳定，冲淤不是很明显，河道较为稳定；雅江站的 β_3 值比世界其他河流的 β_3 值要大很多，故流速随流量的变化率要比其他河流大，主要是河道阻力与水流含沙量有关，雅砻江上游以水量大而含沙量小为特征，因此流量的增加会引起流速的较大变率，同时与汛期水面比降变陡也有关。

（5）足木足河足木足站（1961—1974 年）β_1 值与长江张家洲河段（进口）的 β_1 值比较接近，远高于南水北调西线其他河流的 β_1 值，而 β_2 值与雅江站的 β_2 值基本相当，说明足木足河在 1961—1974 年间河宽对流量的影响较为显著，而水深指数 β_2 值低于世界其他国家河流的 β_2 值，与雅江站的 β_2 值基本相当。

（6）足木足河足木足站（1975—1983 年）β_1 值与长江下游荆江河段的 β_1 值比较接近，与道孚站的 β_1 值略高，低于南水北调西线其他河流的 β_1 值，而 β_2 值与雅江站和足木足河（1961—1974 年）的 β_2 值基本相当，而足木足河 1975—1983 年的 β_3 值是南水北调西线其他河流的 β_3 值的最大值，说明足木足河在 1975—1983 年间河流流速对流量的影响较为显著。

3.3　沿程水力几何形态关系变化规律

为了更清楚的探究水力几何形态关系中各系数和指数的沿程变化规律，选取南水北调西线调水区干支流上各断面的水力几何形态关系中系数和指数（表 3.12 和表 3.13 中部分数据）点绘成图 3.16 和图 3.17。干支流的先后顺序为泥渠河的朱巴站、鲜水河的道孚站和雅砻江的雅江站。

由图 3.16 可以看出，河宽系数 α_1 由朱巴站到道孚站是骤然增加的，然后由道孚站到雅江站又有所降低，但是总的趋势是增加的；水深系数 α_2 正好与河宽系数 α_1 相反，水深系数由朱巴站到道孚站是略微降低的，而由道孚站到雅江站是骤然增加的，由支流到干流的沿程变化是增加的趋势；流速系数 α_3 和过水断面面积系数 α_4 的沿程变化趋势是相反的，其中流速系数是沿程逐渐降低的，而面积系数则沿程逐渐增加，而且面积系数增加的趋势比流速系数降

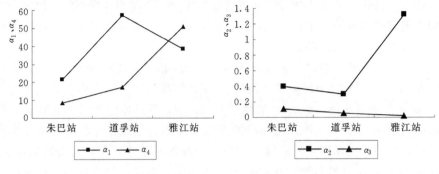

图 3.16　系数的沿程变化

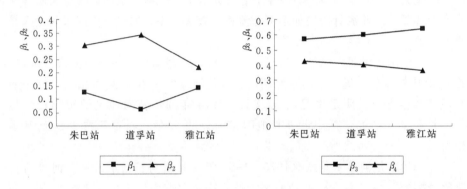

图 3.17　指数的沿程变化

低的趋势更为显著。

　　由图 3.17 可以看出，指数的沿程变化基本与系数的沿程变化呈相反的趋势，河宽指数 β_1 由朱巴站到道孚站呈逐渐降低的趋势变化，而由道孚站到雅江站又增加的趋势；水深指数 β_2 正好与其相反，β_2 由朱巴站到道孚站呈增加的趋势，经道孚站到雅江站又呈减少的趋势变化，总的趋势是降低的；流速指数 β_3 和过水断面面积指数 β_4 呈相反的变化趋势，其中 β_3 沿程逐渐增加，而 β_4 沿程逐渐减小。

3.4　横断面特点

　　为了研究各断面的形状变化特点，按照每 5 年选取 1 年的原则，朱巴站选取的是 1972 年 6 月 7 日、1975 年 5 月 2 日、1980 年 5 月 8 日、1985 年 4 月 19 日和 1987 年 4 月 9 日实测的大断面数据，道孚站选取的是 1965 年 5 月 26 日、1970 年 1 月 3 日、1975 年 4 月 6 日、1980 年 3 月 26 日、1985 年 4 月 24 日和 1987 年 10 月 12 日实测的大断面数据，甘孜站选取的是 1965 年 3 月 27 日、

1970 年 4 月 2 日、1980 年 6 月 6 日、1985 年 4 月 23 日和 1987 年 12 月 7 日实测的大断面数据,雅江站选取的是 1965 年 3 月 4 日、1970 年 6 月 1 日、1975 年 5 月 7 日、1980 年 3 月 11 日、1985 年 2 月 2 日和 1987 年 1 月 6 日实测的大断面数据,足木足站选取的是 1965 年 3 月 10 日、1970 年 12 月 30 日、1974 年 4 月 19 日、1975 年 4 月 13 日、1980 年 4 月 8 日和 1983 年 3 月 14 日实测的大断面数据。根据这些实测的数据资料,绘制泥渠河朱巴站、鲜水河道孚站、雅砻江甘孜站、雅砻江雅江站和足木足河足木足站等水文站的大断面图,具体见图 3.18。

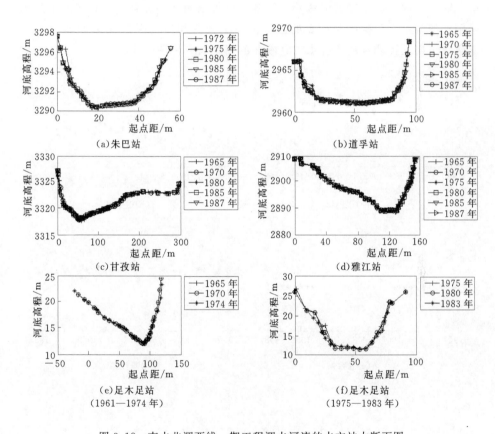

图 3.18 南水北调西线一期工程调水河流的水文站大断面图

从图 3.18 中可以看出,朱巴站和足木足站(1975—1983 年)的断面呈梯形,其中朱巴站的断面是不对称梯形,足木足站(1975—1983 年)的断面是对称的梯形,道孚站的断面是典型的矩形断面,而且左右岸较为对称,甘孜站、雅江站和足木足站(1961—1974 年)的断面是呈非对称 V 字形状,其水深最深处(中泓线)靠近河道的左岸。

3.5　断面河相关系

断面河相关系通常采用河宽的方根与平均水深之比来表示，即

$$\zeta = \frac{\sqrt{B}}{H} \tag{3.16}$$

式中：B 和 H 一般采用平滩流量下的河宽和平均水深。

从图 3.18 中可以看出，南水北调西线一期工程调水河流的断面基本上是单一断面，河道两岸没有河漫滩，因此，计算断面河相关系式（3.16）中的 B 采用年实测水文数据中河面宽的最大值 $B_{\max}$ 及其相应的平均水深 H。南水北调西线一期工程调水河流各水文站断面的河相关系见图 3.19。

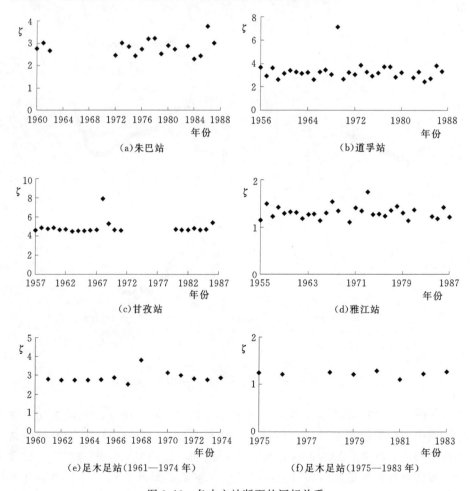

图 3.19　各水文站断面的河相关系

由图 3.19 可见，各水文站点断面的 ζ 值逐年变化较为平稳，根据各水文站点 ζ 的逐年值，统计出其多年平均值，见表 3.15。

表 3.15　　　　　　南水北调西线一期工程调水河流断面的 ζ 值

站点	泥渠河朱巴站	鲜水河道孚站	雅砻江甘孜站	雅砻江雅江站	足木足河足木足站(1961—1974年)	足木足河足木足站(1975—1983年)
ζ	2.83	3.31	4.88	1.31	2.90	1.23

各水文站点断面的 ζ 平均值约在 1.2～4.8 之间，根据已有的研究结果，我国长江荆江河段（弯曲型河道）的 $\zeta = 2.3 \sim 4.5$，汉江下游弯曲型河道的 $\zeta = 2.0$，调水河流的水文站点断面除甘孜站断面之外，其余均属于弯曲型河道。

3.6　河道横向稳定性

河道横向稳定性一般采用河床横向稳定系数 ψ 来表征。横向稳定系数 ψ 可以用枯水期河流的最小宽度 B_{min} 与丰水期河流的最大宽度 B_{max} 之比来表示，即

$$\psi = \frac{B_{min}}{B_{max}} \tag{3.17}$$

结合断面实测资料可计算得到河道断面横向稳定系数 ψ，南水北调西线调水区水文站点断面的横向稳定系数的计算结果如图 3.20 所示。

从图 3.20 中可以看出，各水文站点的横向稳定系数逐年变化较为平稳（个别年份除外），其中朱巴站的横向稳定系数约在 0.6～0.8 的范围内变化，多年平均的横向稳定系数为 0.69（见表 3.16），道孚站的横向稳定系数基本上在 0.7～0.9 之间变化，除 1969 年的横向稳定系数为 0.967，主要是因为该年内只有 19d 的实测数据，很难包含枯水期和丰水期的河宽资料；甘孜站的横向稳定系数在 0.4～0.8 之间变动，1965 年和 1984 年的横向稳定系数较小，分别为 0.33 和 0.305，其中 1965 年的枯水期河宽只有 58m，而 1984 年的丰水期的河宽竟然达到了 274m，故所求得的横向稳定系数比其他的年份要小很多；雅江站的横向稳定系数逐年的变化总体较为平稳，基本上在 0.6～0.8 的范围内变动；足木足站在 1961—1974 年间的横向稳定系数变化基本上在 0.4～0.6 之间变动，唯独 1968 年的横向稳定系数达到了 0.722，其原因跟道孚站的基本一致，也是由于这一年的实测数据较少，而足木足站在 1975—1983 年间横向稳定系数基本在 0.6～0.8 之间变动，而且变化较为平稳，各站点的多年平均横向稳定系数具体见表 3.16。

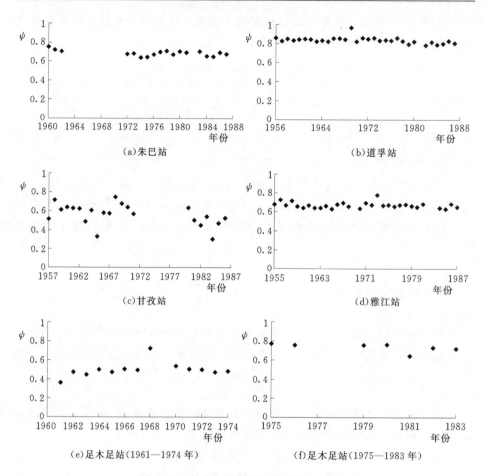

图 3.20　各水文站断面的横向稳定系数

表 3.16　　　　　南水北调西线一期工程调水河流断面横向稳定系数

站　　　点	$B_{\min}$	$B_{\max}$	ψ
泥渠河朱巴站	29.6	43.2	0.69
鲜水河道孚站	70.0	84.1	0.83
雅砻江甘孜站	90.5	165.6	0.55
雅砻江雅江站	78.7	118.0	0.67
足木足河足木足站 （1961—1974 年）	49.6	100.8	0.49
足木足河足木足站 （1975—1983 年）	42.7	58.1	0.73

　　一般情况下，如果断面的横向稳定系数 $\psi < 0.3$ 时，河道断面的横向是不

稳定的，从表 3.16 可以看出，南水北调西线调水区各河流断面横向的稳定系数均大于 0.3，所以说，调水河流的断面横向上是稳定的。

3.7　小结

本章在 Leopold 所提出的水力几何形态关系的基础上，研究了各水文站点断面的水力几何形态的年际变化、水力几何形态与水文要素之间的关系、水文站点横断面的特点及其稳定性，初步得出了如下结论。

（1）水文站点断面水力几何关系中系数 α 和指数 β 在年际上都具有一定上下波动的趋势，年际变化大致可以归纳为 2 种类型：①趋势平稳型，朱巴站、道孚站和雅江站水力几何形态关系中的河宽系数和河宽指数上下波动较为平稳，没有增加或减少的趋势；②趋势相反型，甘孜站、足木足站的系数与指数呈相反的趋势变化，比如甘孜站的河宽系数总体上呈年际减小的变化趋势，而河宽指数则呈年际增大的变化趋势；足木足站的系数总体上呈年际增大的变化趋势，而指数则呈年际减小的变化趋势。

（2）通过建立系数与指数的相关关系，结果表明，水力几何形态关系中系数与指数具有较好的负相关关系，即具有相反的变化趋势。

（3）通过调水区各水文站点的水文数据统计分析，计算各水文站点断面的水力几何关系中系数积与指数和，符合系数积与指数和为 1 的变化规律。

（4）经分析，调水河流的河道基本属于弯曲型河道，河道的横断面呈单一断面，主要呈矩形、梯形和三角形，河两岸的滩地较少。道孚站的断面是典型的矩形断面，而且左右岸较为对称；朱巴站的横断面是不对称梯形，足木足站（1975—1983 年）的断面是对称的梯形；甘孜站、雅江站和足木足站（1961—1974 年）的断面是呈非对称三角形，其水深最深处（中泓线）靠近河道的左岸。

第4章 调水河流径流补给来源的初步分析

选取南水北调西线一期工程下游的朱倭、朱巴、绰斯甲和足木足4个水文站（1960—1996年）的径流资料及其同期的降水、气温等数据，采用灰色关联分析方法，对调水河流的径流补给来源进行了初步分析，此外，还采用同位素水文学方法对调水区河流水的氢氧同位素的含量以及氘过量参数来表征径流中大气水、地表水和地下水等各种水的成分组成，以此来初步判断河流内径流补给来源的可能性。

4.1 概述

河川径流的多少及其变化规律，对于河流的水资源开发利用（跨流域调水工程）具有重要的现实意义。河川径流的多少主要取决于它的主要补给来源，只有弄清楚其补给来源，才能为河川径流的可持续开发利用提供依据。

河川径流处于一个陆地水循环过程中，主要补给来源有大气降水、高山融雪、地下水等，但河川径流主要由哪些成分来补给，还有待于进一步研究。对于资料较为短缺的地区，如流域平均降水量、高空温度等数据缺乏，而且已有的冰川水文站点数量太少，因此传统的河川径流的补给来源的研究方法有较大的局限性（汤奇成等，1992）。同时径流的分割方法没有重大的突破，主观的因素还起主要作用，所以必须寻求新的方法来研究径流的补给来源。

河流系统作为一个开放的生态系统，其中有的信息是已知的，可以通过测量来获得，即白信息，如河流的流域面积、某断面的流量、各雨量站的降水量等，而有的信息是无法通过测量或其他手段获得的，即黑信息，如河流是怎样形成的等，而有的信息是介于"黑"和"白"之间的，即灰信息，如河流的流量主要是由大气降水、高山融雪和地下水中的哪个来补给的，而且与他们的哪个关系更密切等。可见，河流系统同时也是一个灰色系统（夏军，2000），这样河川径流的补给来源就可以通过灰色系统理论中的灰关联分析方法来寻求解答。

研究河川径流的补给来源，主要是研究天然水循环中各种不同形式的水在河川径流中比例分配情况，而环境同位素技术以 ^2H、^3H、^{18}O 具有良好的标记作用正好解决这一问题。自20世纪70年代以来，国外在水文学研究中已广泛使用环境同位素的方法，解决越来越多的水文学课题，并在这一领域发展很快，已形成一个新的边缘学科——同位素水文学（魏忠义，1982）。本章利用灰色关联分析和同位素水文学的氢氧同位素示踪技术来分析南水北调西线一期工程调水河流径流补给来源（门宝辉，2007），为开发长江上游的水资源提供科学依据，为南水北调西线工程的实施提供参考。

4.2 灰色系统理论

4.2.1 产生和发展

经典控制理论、现代控制理论和模糊控制理论有一个共同点，就是它们研究的对象系统必须是白色系统（信息完全确知的系统），而事实上，无论是自然系统还是社会系统，宏观系统还是微观系统，无生命系统还是有生命系统，其信息总是不完全的，就像模糊理论的产生一样，灰色系统理论也应运而生了。

灰色系统理论是由我国控制论学者邓聚龙教授于 20 世纪 80 年代初提出并创立的。1982 年，北荷兰出版公司出版的《系统与控制通讯》杂志上发表了邓聚龙教授的第一篇灰色系统论文 "The Control Problems of Grey Systems"（灰色系统的控制问题）。1982 年邓聚龙教授在《华中工学院学报》上发表了第一篇中文灰色系统论文 "灰色控制系统"。这标志着灰色系统理论的问世。1985 年，邓聚龙教授出版了第一部灰色系统专著《灰色系统（社会经济）》。1985—1992 年，邓聚龙教授又先后出版发行了有关灰色系统的六部著作：《灰色控制系统》、《灰色预测与决策》、《灰色系统基本方法》、《多维灰色规划》、《灰色系统理论教程》和《灰数学引论——灰色朦胧集》。1985 灰色系统研究会成立，1989 年海洋出版社出版英文版《灰色系统论文集》，同年，英国科技信息服务中心和万国学术出版社联合创办国际性刊物，"The Journal of Grey System"（灰色系统学报），该刊被《英国科学文摘》（SA）、《美国数学评论》（MR）等权威性检索机构列为核心期刊（刘思峰，2003）。这些专著和论文构成了灰色系统理论的基本体系。

灰色系统理论是把部分信息已知而部分信息未知的系统称为灰色系统，并把一般系统论、信息论和控制论的观点和方法应用到社会、经济等抽象系统，结合数学方法，发展了一套解决信息不完全问题的理论与方法。灰色系统理论以 "小样本"、"贫信息" 不确定系统为研究对象，主要通过对部分已知信息的生成、开发、提取有价值的信息，实现对系统运行行为演化规律的正确描述和有效监控（刘思峰等，2004）。灰色系统理论认为任何随机过程都是在一定的幅值和一定时区变化的灰色量，并把随机过程看成灰色过程，是控制论观点和方法的延伸，它从系统的角度出发来研究信息间的关系，即研究如何利用已知信息去揭示未知信息，也即系统的"白化"问题（邓聚龙，1990）。灰色系统理论自问世以来深受各界研究人员和实际工作者的喜爱，已获得了广泛的应用。由于成果显著而备受国内外学术界的瞩目（孙晓东，2006）。

灰色系统理论从产生开始得到了迅速的发展，初步建立起一门新学科的体系结构，尤其是在众多科学领域中的成功应用，赢得了国际学术界的肯定和关注。灰色系统理论的创立催生了"灰色水文学"、"灰色地质学"、"灰色统计学"、"灰色育种学"、"灰色控制"、"灰色医学"等一批新兴交叉学科，推动了科学事业的发展（刘思峰，2004）。

目前，国内外 300 多种期刊发表与灰色系统理论相关的论文，许多国际会议把灰色系统理论列为讨论专题。国际著名三大检索（SCI、EI、CPCI - S）已检索我国学者的灰色系统理论相关论著 3000 多次。灰色系统理论的应用范围已拓展到工业、农业、社会、经济、能源、地质、石油、化工、气象、环境、水利、国防等众多领域，成功地解决了生产、生活和科学研究中的大量实际问题，取得了显著成果。

4.2.2　灰色关联分析法

一般较为复杂的复合系统（如社会系统、经济系统、农业系统、生态系统等）的运动发展变化都包含有许多种因素，多种因素共同作用的结果决定了该系统的发展态势。我们常常希望知道众多的因素中，哪些是主要因素，哪些是次要因素，哪些因素对系统发展影响大，哪些因素对系统发展影响小，哪些因素对系统发展起推动作用需加强，哪些因素对系统发展起阻碍作用需抑制……

数理统计中的回归分析、方差分析、主成分分析等都是用来进行系统特征分析的方法。但数理统计中的分析方法往往需要大量数据样本，而且样本数据要服从某个典型分布（如正态分布）。灰色关联分析方法弥补了采用数理统计方法作系统分析所导致的缺憾。

灰色关联分析是灰色系统理论的重要组成部分之一，而且是灰色系统分析、建模、预测、决策的基石（邓聚龙，1988）。灰色关联分析是对运行机制与物理原型不清楚或者根本缺乏物理原型的灰关系序列化、模式化，进而建立灰关联分析模型，使灰关系量化、序化、显化，能为复杂系统的建模提供重要的技术分析手段（肖新平等，2005）。灰色关联分析是一种新的因素分析方法，它对系统动态过程量化分析以考察系统诸因素之间的相关程度，是一种定量与定性相结合的分析方法。其基本思想是根据事物或因素的序列曲线的相似程度来判断其关联程度的，若两条曲线的形状彼此相似，则关联度大；反之，关联度就小。灰色关联分析是在由系统因素集合和灰色关联算子集合构成的因子空间中来进行研究的，灰色关联是指事物之间的不确定关联，是系统因子之间、因子对系统主行为之间的不确定关联。关联分析的实质是整体比较，是有参考系的、有测度的比较。距离空间中的"距离"是比较的测度，但是这种比较只限于两点之间的比较，是两两比较，点集拓扑是整体比较，是邻域的比较，但是没有测度，因而，距离空间与点集拓扑空间的结合，构成有参考系的、有测度的整体比较，这便是灰色关联分析空间（邓聚龙，2002）。灰色关联分析对样本量的多少和样本有无规律都同样适用，而且计算量小，十分方便，更不会出现量化结果与定性分析结果不符的情况。

灰色关联分析方法的计算过程如下（夏军，1999、2000）。

设灰色系统有 n 个灰因子数列，序列的长度为 m，即

$$\left.\begin{array}{l} X_1 = \{X_1(1), X_1(2), \cdots, X_1(m)\} \\ X_2 = \{X_2(1), X_2(2), \cdots, X_2(m)\} \\ \vdots \\ X_n = \{X_n(1), X_n(2), \cdots, X_n(m)\} \end{array}\right\} \tag{4.1}$$

若要以 X_j 为母序列（参考序列），分别计算序列 $X_i (i \neq j)$ 相对于 $X_j(k)$ 之间的关联系数和关联度。

（1）进行数据预处理（可公度化或无因次化）。

为了使数据序列之间具有可比性（可公度），需要对数据进行无因次化处理。无因次化可以有多种形式，主要进行均值化处理。

$$X_i^{(1)}(k) = \frac{X_i^{(0)}(k)}{\overline{X}_i^{(0)}} \tag{4.2}$$

式中：$\overline{X}_i^{(0)} = \dfrac{1}{m} \sum_{k=1}^{m} X_i^{(0)}(k)$

（2）以 $X_i^{(1)}(k)$ 为母序列，求对应时刻与各数据序列的差值 $\Delta_{ij}(k)$：

$$\Delta_{ij}(k) = X_{ik}^{(1)} - X_{jk}^{(1)} \quad k = 1, 2, \cdots, n, j \neq i \tag{4.3}$$

（3）找出 $|\Delta_{ij}(k)|$ 的最大值 Δ_{max} 与最小值 Δ_{min}

（4）求 X_i 对各数据序列每个时刻的关联系数 $\xi_{ij}(k)$：

$$\xi_{ij}(k) = \frac{\Delta_{min} + \eta \Delta_{max}}{\Delta_{1j}(k) + \eta \Delta_{max}} \tag{4.4}$$

式中：$\eta \in [0, 1]$，一般可取 0.5。

（5）计算各数据序列对 X_i 的关联度。取等权的形式为

$$r_{ij} = \frac{\sum_{k=1}^{m} \xi_{1j}(k)}{m} \quad j = 1, 2, \cdots, m \tag{4.5}$$

（6）对关联度的大小进行排序，即可知道各数据序列对母序列的关联程度。

4.3　同位素水文学方法

同位素水文学可定义为使用同位素方法和核技术研究水圈中水的起源、存在、分布、运动和循环，以及与其他地球圈层的相互作用，属于原子核层面上的水文学（任立良等，2011）。

同位素水文学是 20 世纪 50 年代发展起来的一门新兴学科，它主要利用同位素技术解决水文学中的一些关键问题。随着质谱仪技术的不断完善，精确测定水样中稳定同位素含量成为可能，从而使稳定同位素技术能广泛地应用于现代水文学中。同位素技术在水文学方面的应用主要有天然降水同位素分布，水体蒸发过程中同位素的变化，地下水年龄、补给来源的测定，流域产流机制的研究，流量过程线划分等（胡海英等，2007）。

为了在全球范围内调查环境同位素，1961 年开始，国际原子能机构（International Atomic Energy Agency，IAEA）和世界气象组织（World Meterorological Organization，WMO）在全球范围内启动了降水中同位素观测计划（global network of isotope in precipitation，GNIP；http：//isohis. iaea. org）。起初，全球 GNIP 只有 60 个国家的 100 余个观测站，到 2002 年，发展到 101 个国家的 800 多个观测站，但地理分布相当不均，50％以上的站点位于 30°～60°N，60％的站点位于海拔小于 200m 以下的低地（李政红等，2004）。在最初阶段，GNIP 最初的核心内容是对大气降水中氚（T）含量的监测。在环境同位素中，T 同位素的利用最早、最广泛（宋献方等，2007）。

我国对降水中稳定同位素的研究起步比较晚。20 世纪 70 年代，我国登山队登上世界最高峰——珠穆朗玛峰，登山队员和科学考察队员采集了珠峰高海拔地区的冰雪样品，为青藏高原珠穆朗玛峰高海拔地区降水同位素的研究提供了可能。1985 年以前，全球降水同位素监测网（GNIP）在中国境内只有香港一个站点（李政红等，2004），自 1988 年开始，才陆续在齐齐哈尔、和田、银川、石家庄、天津、拉萨、昆明、长沙、贵阳、南京、福州、海口、桂林、西安、广州等城市建立长期观测站，开始进行水样收集与降水中稳定同位素的研究工作。中国学者启动了 TNIP（Tibetan Plateau Network for Isotopes in Precipitation）计划，对 20 多个站点的降水中稳定同位素变化进行监测，研究青藏高原不同地区降水中稳定同位素的气候意义，为青藏高原冰芯研究提供科学依据；后来，TNIP 计划又被进一步发展为 CNIRP（China Network of Isotopes in River and Precipitation）计划。

4.3.1　水中氢氧同位素

同位素是指原子核内质子数相同而中子数不同的一类原子，它们具有基本相同的化学性质,并在化学元素周期表中占据同一位置。水是由氢和氧两种元素组成的,氢的稳定同位素有氢(H)、氘(D),放射性同位素为氚(T),氧的同位素有三种,分别为 ^{16}O、^{17}O、^{18}O。同位素地球化学把同种元素的两种不同同位素原子数目比,称为同位素比值(用 R 表示),例如:D/H、$^{18}O/^{16}O$ 等(张本仁,2005)。为了便于比较,国际上规定统一采用待测样品中某元素的同位素比值与标准物质的同种元素的相应同位素比值的相对千分差作为量度(Craig H,1961a),记作为 δ 值,一般可表示为

$$\delta(\permil) = \frac{R_x - R_S}{R_S} \times 1000 \qquad (4.6)$$

式中:R_x 为待测定样品中同位素比值;R_S 为标准物质的同种元素同位素比值。

对于水中氢和氧来说,式(4.6)可以用式(4.7)和式(4.8)来表示,即

$$\delta D(\permil) = \frac{(D/H)_{待测} - (D/H)_{标准}}{(D/H)_{标准}} \times 1000 \qquad (4.7)$$

$$\delta^{18}O(\permil) = \frac{(^{18}O/^{16}O)_{待测} - (^{18}O/^{16}O)_{标准}}{(^{18}O/^{16}O)_{标准}} \times 1000 \qquad (4.8)$$

目前水中氢氧同位素标准是 VSMOW(Vienna Standard Mean Ocean Water),该标准是由国际原子能机构 IAEA 于 1968 年定义的标准海洋水确定的,这种水来源于海洋蒸馏水并经过修订与 SMOW(Standard Mean Ocean Water)具有相近的同位素组成,这个标准的氢氧同位素比值为(http://en.wikipedia.org/wiki/Vienna_Standard_Mean_Ocean_Water):$(D/H) = (155.76 \pm 0.1) \times 10^{-6}$,$(T/H) = (1.85 \pm 0.36) \times 10^{-17}$,$(^{18}O/^{16}O) = (2005.20 \pm 0.43) \times 10^{-6}$,$(^{17}O/^{16}O) = (379.9 \pm 1.6) \times 10^{-6}$。这一标准的同位素组成相当于整个地球水的平均同位素组成。根据式(4.7)和式(4.8)可知,待测样品的 δD 为正时,表示样品比标准富 D,相反表示贫 D;样品的 $\delta^{18}O$ 为正时,表示样品比标准富 ^{18}O,相反表示贫 ^{18}O。定义 δ 值的目的在于:①因为自然界的稳定同位素组成的变化很微小,用 δ 值可以明显表示变化的差异;②便于全世界范围内数据大小的对比。

研究表明,大气降水中 $\delta^{18}O$ 的变化主要和瑞利分馏过程中水汽凝结的热动力学有关,而导致温度降低水汽凝结的主要地理因素是海拔和纬度。BW 模型(Bowen G J、Wilkinson B H,2002)认为大气降水中的 $\delta^{18}O$ 作为纬度和海拔的函数可以通过模拟获得,刘忠方等利用 BW 模型,结合我国现有的 55 个站点降水和冰芯中 $\delta^{18}O$ 的资料,建立了我国降水中 $\delta^{18}O$ 与纬度和海拔定量关系的模型

（刘忠方等，2009），并利用 ArcGIS 平台，研制出我国高分辨率的降水中 $\delta^{18}O$ 的空间分布图，从新的角度展示了我国大气降水中 $\delta^{18}O$ 的空间分布特征。

不同水体在形成的过程中，由于处于不同的物理、化学背景条件下，它们所含的各种同位素原子数目也会发生相应的变化，同位素组成（δ 值）也随之改变。根据同位素组成特征可以确定地下水的补给源区、具体的补给位置、高度，鉴别出不同时间、空间的雨水、雪融及其他地下水贡献的数量，进而确定研究区内大气降水、地表水、地下水的动态循环关系。

章申等（1973、1978）对西藏南部珠穆朗玛峰地区冰雪水中氘和重氧及水体中氢氧同位素进行了研究，1979 年，章申对珠穆朗玛峰高海拔地区冰雪中的 Hg、As、Sb、Cu、Cr 和 Zn 等微量元素进行了研究，结果表明，珠峰高海拔地区冰雪中 Hg、Cu 和 Sb 的含量基本上与地球极地冰雪相同，As 和 Cr 的含量比南极冰雪稍高，Zn 的含量相当于美国降水的含量。珠峰高海拔地区冰雪中微量元素的富集系数除 Zn 外与南北极大气气溶胶相仿（章申，1979）。张榕森等采用质谱分析法测定并分析了珠穆朗玛峰高海拔地区冰雪水中氘和重氧（^{17}O、^{18}O）的含量（张榕森等，1979）。于津生等通过分析 1979 年 8 月 1 日至 10 月 26 日采集的天然水样（溪水、井水、湖水、雪、粒雪、温泉、自来水等）的 $\delta^{18}O$ 与海拔高度的关系，发现西藏东部和川黔西部的大气降水同位素具有明显的高度效应，$\delta^{18}O$ 值与海拔之间呈负相关关系。卫克勤等（1983）通过分析西藏羊八井地热水的氢氧同位素氘（D）和 ^{18}O 的含量，认为羊八井地热水的同位素是世界地热田中最低的，δD 的值为 $-150‰ \sim -160‰$，$\delta^{18}O$ 值为 $-17‰ \sim -20‰$。周锡煌等（1985）收集了长江、珠江和钱塘江三条河的河水水样，对水中氢的同位素氘的季节性变化进行了分析，发现河水中氘的含量大约在 5 月出现最高值，9 月出现最低值。周锡煌等（1989）利用 1985 年 12 月至 1986 年 2 月采集的太平洋赤道区水样，测定了洋水的氢氧同位素 δD、$\delta^{18}O$ 的值，测定的结果均比标准的平均洋水高。顾镇南等（1989）测定了长江沿岸三个城市上海、南京、武汉从 1982 年 10 月至 1983 年 9 月年度中每月长江水中氢氧同位素的组成，经分析发现长江水中氢氧同位素具有明显的季节性变化，5 月江水中同位素的含量最高，10 月最低。姚檀栋等（1991）以 1989 年 5 月 13 日至 6 月 11 日采集的雪样为样本，分析了青藏高原唐古拉山地区降雪中氧的同位素 $\delta^{18}O$ 的分布特征，并分析了温度这一气象因子对 $\delta^{18}O$ 的影响。田立德等（1998）通过分析 1996 年 6—8 月我国西部 6 个站点（希夏邦马、拉萨、沱沱河、德令哈、天山站、雪崩站）共 315 个水样的 δD 值，认为我国西部地区降水 δD 的空间变化很大，而且 δD 对温度变化的敏感性很强。余武生等（2004）根据青藏高原西部阿里地区狮泉河气象站和改则气象站取得的降水水样和降水气象资料，分析了该区域降水中 $\delta^{18}O$ 的变化特征，认为在长时间尺度上，狮泉河和改则两站点历次降水中 $\delta^{18}O$ 和气温之间都有较好的正相关，尤其是降水中月平均 $\delta^{18}O$ 与月平均降水温度之间相关性更加显著，降水中 $\delta^{18}O$ 主要受"温度效应"的影响。余武生等（2006）对慕士塔格地区2002 年和 2003 年的降水水样的氧同位素 $\delta^{18}O$ 值进行了分析，发现慕士塔格地区夏季历次降水中 $\delta^{18}O$ 与温度具有一定的正相关关系，温度是控制该地区降水中 $\delta^{18}O$ 变化的主导因素。余武生等（2009）根据青藏高原西部阿里地区狮泉河和改则二站点降水中 $\delta^{18}O$ 实测值和相关气象资料，发现在一定程度上，温度能够影响狮泉河和改则二站点降水中 $\delta^{18}O$ 变化。贾国栋等（2011）从 IAEA/WMO 官方网站下载 1986—1988 年间石家庄、太原地区降水同位素资料，分析得到石家庄地区大气降水中的 δD 介于 $-9.5‰ \sim -113.2‰$ 之间，均值为 $-49.7‰$；$\delta^{18}O$ 介于 $-1.46‰ \sim -16‰$ 之间，均值为 $-7.4‰$。太原地区在此期间大气降水中 δD 的变化范围为 $-10.4‰ \sim -94.3‰$，均值为 $-51.195‰$；$\delta^{18}O$ 的变化范围为 $-1.09‰ \sim -13.8‰$，均值为 $-7.247‰$。章斌等（2012）根据 GNIP 提供的福州站点降水同位素观测数据（1985—1992年），分析得出福州降水 δD 和 $\delta^{18}O$ 变化区间分别为 $-82.68‰ \sim -17.18‰$ 和 $-11.94‰ \sim -3.77‰$，降水较丰富的雨季（3～9 月）和降水较贫乏的旱季（10 月至次年 2 月）δD、$\delta^{18}O$ 加权平均值分别为 $-44.70‰$、$-6.71‰$ 和 $-37.68‰$、$-6.38‰$，年内加权平均值为 $\delta D = -43.48‰$，$\delta^{18}O = -6.65‰$，温度和降雨量是控制局域降水同位素丰度的主要影响因子。

4.3.2　大气降水线

经过蒸发（升华）、凝结（凝华）等水的相态变化，形成大气中的云，云内的云滴经过凝结（凝华增长）和重力冲并增长进而降落到地面的过程称为大气降水，降水的类型很多，较为常见的有液态的水、固态的雪、冰雹等。降落到下垫面的降水，扣除灌层截留等损失之后，会形成地表径流和地下径流，最常见的就是河川径流和湖泊内的水体等。

地球上任何一个区域的大气降水的 δD、$\delta^{18}O$ 一般都呈线性相关，这一规律是由 Friedman（1953）根据芝加哥的一组样品分析首先提出的，可以用如下的形式来表示。

$$\delta D = a\delta^{18}O + b \qquad (4.9)$$

式中：a 为线性方程的斜率；b 为线性方程的截距。

在全球水循环蒸发、凝结过程中出现的同位素分馏，大气降水中的氢、氧同位素组成的变化，可以用 $\delta D = 8\delta^{18}O + 10$ 数学方程表示，称之为全球大气降水线（Global Meteoric Water Line，GMWL），又称为 Craig 方程（Craig H. 1961b），在 $\delta D \sim \delta^{18}O$ 图形中（见图 4.1），它是一条斜率为 8，截距为 10 的直线，这是 Craig 于 1961 年在《Science》上发表的论文"waters Isotopic varia-tions in meteoric"中给出的，时隔十余年之后，Yurtsever Y. 于 1975 年和 Gat J.R. 于 1981 年对 Craig 全球大气降水进行了修正（Yurtsever Y.，1975；Gat J.R.，1981），修正后是全球大气降水线方程如下式所示。

$$\delta D = (8.17 \pm 0.08)\delta^{18}O + (10.56 \pm 0.64) \tag{4.10}$$

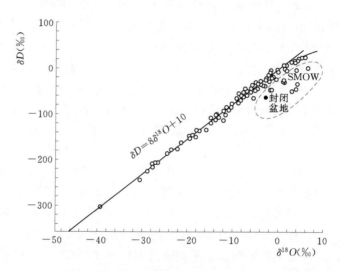

图 4.1　全球大气降水线（见 Craig，1961）

Yurtsever Y.（1975）在研究干旱和热带地区的大气降水线时，发现该地区的雨水的 δD 和 $\delta^{18}O$ 之间的线性关系的斜率小于 8，通过分析 15 个热带海岛台站雨水氢氧同位素得到当地的大气降水线的线性方程为：$\delta D = 6.17\delta^{18}O + 3.97$。卫克勤等通过分析 1979 和 1980 年北京地区降水中氢氧同位素的含量，得到北京地区的大气降水线为 $\delta D = 7.3\delta^{18}O + 9.7$，并估算出氘在该地区大气层中的平均停留时间为 1.3～1.4 年（卫克勤等，1982a）。郑淑慧等采集了 1980 年北京、南京、广州、昆明、拉萨等地的大气降水，得出我国大气降水线的方程为 $\delta D = 7.8\delta^{18}O + 8.2$，这一结果与全球大气降水线较为接近，但也有一些差别（郑淑慧等，1983）。四川省地矿局成都水文地质队于 1987 年对四川黄龙—九寨沟旅游地质景观及矿泉水资源调查研究后得到该地区的大气降水线为 $\delta D = 7.86\delta^{18}O + 15.07$（四川省地矿局成都水文地质队，四川黄龙—九寨沟旅游地质景观及矿泉水资源调查研究报告，1987）。张洪平根据全国 17 个大气降水同位素观测台站 217 个大气降水水样，经测定分析得到全国大气降水线为 $\delta D = 7.83\delta^{18}O + 8.16$，并对降水同位素的影响因素进行了归纳和总结，主要包括温度效应、纬度效应、大陆效应、高程效应、雨量效应和季节效应等六大效应（张洪平，1989）。可见不同的地区大气降水线与全球大气降水线相比略有差异，即使是同一地区如果采用不同时期降水同位素的数据所得的大气降水线也不相同（表4.1），这种不同地区的大气降水线称为地区（或区域）大气降水线（Local Meteoric Water Line，LMWL），这一差异反映出各地大气降水云气形成时，水汽的来源及降水云气在运移过程中环境条件的变化，所导致的气、液相同位素分馏的不平衡程度的差异。大气降水线的斜率 a 和截距 b 包含了关于水汽起源和运动等方面的信息，在海水蒸发过程中，除了温度和风速外，相对湿度也起着重要作用，它决定着水汽同位素的组成特征。通过氢氧同位素组成的研究，结合该地区的大气降水线，可以判断该地区天然水主要的来源，刘昭（2011）在研究雅鲁藏布江拉萨—林芝段时，通过测定天然水的 δD 和 $\delta^{18}O$，所得的 $\delta D \sim \delta^{18}O$ 散点基本在西南降水线附近出现，从而判断该地区的天然水的主要补给来源是大气降水。根据2010年长沙地区的降水数据，吴华武等分析了降水中氢氧同位素与气温和降水的关系，发现随着降雨量的减小，大气降水线方程的斜率和截距均减小，较低的斜率和截距主要是由于雨滴降落过程中受到不平衡的二次蒸发引起的同位素分馏导致。斜率和截距越小，反映雨滴在降落过程中受到的蒸发作用越强烈，表明小降雨事件的雨滴在降水过程中受到云下二次蒸发而发生强烈的同位素动力分馏效应，使得大气降水线的斜率和截距变小。根据降水量 $P>25mm$ 的16个降雨量资料，得出长沙地区的大气降水线方程为 $\delta D = 8.55\delta^{18}O + 19.6$（吴华武等，2012）。

表4.1 世界各地的大气降水线

	国家、地区或城市	大气降水线	引自文献
国外	北半球	$\delta D=(8.1\pm0.1)\delta^{18}O+(11\pm1)$	Thatcher L. L. 1965
	澳大利亚和新西兰	$\delta D=(8\pm1.3)\delta^{18}O+(16\pm2.3)$	
	南美洲	$\delta D=(7.9\pm1.7)\delta^{18}O+(8\pm2.7)$	
	非洲	$\delta D=(7.7\pm1)\delta^{18}O+(14\pm4.8)$	
	西太平洋区（18个站平均）	$\delta D=7.6\delta^{18}O+8.25$	章新平等，2009
	印度洋区（8个站平均）	$\delta D=7.98\delta^{18}O+6.93$	
	中亚区（8个站平均）	$\delta D=8.24\delta^{18}O+14.48$	
	曼谷	$\delta D=7.56\delta^{18}O+6.68$	章新平等，2011（计算数据来源 GNIP）
	新德里	$\delta D=7.17\delta^{18}O+4.39$	
	绫里	$\delta D=7.54\delta^{18}O+9.33$	
	关岛	$\delta D=7.01\delta^{18}O+6.10$	
	东京	$\delta D=6.87\delta^{18}O+4.70$	
	浦项	$\delta D=8.08\delta^{18}O+12.92$	

续表

国家、地区或城市	大气降水线	引自文献
东部季风区	$\delta D = 7.46\delta^{18}O + 0.9$	柳鉴容等,2009
东北地区	$\delta D = 7.20\delta^{18}O - 2.39$	李小飞等,2012
松辽平原	$\delta D = 7.03\delta^{18}O - 4.38$	王凤生,1997
长白山地区	$\delta D = 7.77\delta^{18}O + 9.11$	
西部地区	$\delta D = 7.56\delta^{18}O + 5.05$	黄天明等,2008
河南省	$\delta D = 7.9\delta^{18}O + 9.48$	孙佐辉,2003
西北地区	$\delta D = 7.38\delta^{18}O + 7.16$	高志发,1993
西安	$\delta D = 7.25\delta^{18}O + 7.7$	
银川	$\delta D = 6.48\delta^{18}O - 7.06$	
兰州	$\delta D = 7.65\delta^{18}O + 10.04$	
张掖	$\delta D = 7.02\delta^{18}O + 2.25$	
格尔木	$\delta D = 7.49\delta^{18}O + 13.6$	
乌鲁木齐	$\delta D = 8\delta^{18}O + 13.2$	
天山南侧	$\delta D = 8.06\delta^{18}O + 10.7$	
塔克拉玛干	$\delta D = 6.92\delta^{18}O - 6.31$	
西南地区蒙自(雨季)	$\delta D = 7.99\delta^{18}O + 7.64$	章新平等,2009
西南地区蒙自(旱季)	$\delta D = 9.13\delta^{18}O + 15.07$	
西南地区腾冲(雨季)	$\delta D = 8.32\delta^{18}O + 10.89$	
西南地区腾冲(旱季)	$\delta D = 8.48\delta^{18}O + 15.57$	
蒙自	$\delta D = 8.12\delta^{18}O + 10.63$	章新平等,2012
腾冲	$\delta D = 8.58\delta^{18}O + 15.63$	
思茅	$\delta D = 8.28\delta^{18}O + 11.46$	
长江流域	$\delta D = 7.8\delta^{18}O + 9.6$	吴华武等,2011
四川九寨沟地区	$\delta D = 7.43\delta^{18}O + 6.59$	尹观等,2000
四川黄龙地区	$\delta D = 7.64\delta^{18}O + 6.17$	王海静等,2012
北京	$\delta D = 7.3\delta^{18}O + 9.7$	卫克勤等,1982a
潮白河流域	$\delta D = 6.68\delta^{18}O + 1.91$	宋献方等,2007
桂林	$\delta D = 8.42\delta^{18}O + 16.28$	涂林玲等,2004
上海	$\delta D = 8.2\delta^{18}O + 15.8$	卫克勤等,1982b
台湾	$\delta D = 8.0\delta^{18}O + 16.5$	谢越宁等,1983
厦门	$\delta D = 8.16\delta^{18}O + 10.68$	蔡明刚等,2000
西藏东部	$\delta D = 8.2\delta^{18}O + 19$	卫克勤等,1983

(国内)

续表

国家、地区或城市	大气降水线	引自文献
沱沱河站	$\delta D=8.25\delta^{18}O+9.22$	章新平等，1996
德令哈	$\delta D=5.86\delta^{18}O-27.28$	
西宁站	$\delta D=6.96\delta^{18}O-30.19$	
德令哈	$\delta D=8.47\delta^{18}O+15.2$	田立德等，2001
沱沱河	$\delta D=8.21\delta^{18}O+17.46$	
拉萨	$\delta D=7.90\delta^{18}O+6.29$	
齐齐哈尔	$\delta D=7.64\delta^{18}O-0.73$	章新平等，1998
和田	$\delta D=8.44\delta^{18}O+11.15$	
银川	$\delta D=8.08\delta^{18}O+14.13$	
石家庄	$\delta D=6.27\delta^{18}O-5.52$	
天津	$\delta D=5.52\delta^{18}O+6.63$	
拉萨	$\delta D=8.29\delta^{18}O+16.31$	
昆明	$\delta D=8.08\delta^{18}O+14.13$	
长沙	$\delta D=8.47\delta^{18}O+15.46$	
贵阳	$\delta D=8.83\delta^{18}O+22.15$	
桂林	$\delta D=8.39\delta^{18}O+16.78$	
南京	$\delta D=8.43\delta^{18}O+17.46$	
福州	$\delta D=8.84\delta^{18}O+16.49$	
海口	$\delta D=7.89\delta^{18}O+11.04$	
香港	$\delta D=8.19\delta^{18}O+12.05$	
腾冲	$\delta D=8.71\delta^{18}O+19.78$	
宜昌	$\delta D=8.45\delta^{18}O+11.6$	武亚遵等，2011
福州	$\delta D=8.19\delta^{18}O+11.73$	章斌等，2012
甘肃黑河流域中游临泽戈壁	$\delta D=7.516\delta^{18}O+13.43$	余绍文等，2012
石家庄	$\delta D=7.26\delta^{18}O+4.10$	贾国栋等，2011
太原	$\delta D=6.42\delta^{18}O-4.66$	
河北沧州	$\delta D=7.41\delta^{18}O+0.53$	王仕琴等，2009
河北衡水	$\delta D=7.08\delta^{18}O+0.96$	
河北太行山石门流域	$\delta D=7.34\delta^{18}O-0.244$	李发东等，2005
香港	$\delta D=8.02\delta^{18}O+10.55$	章新平等，2011(计算数据来源 GNIP)
桂林	$\delta D=8.38\delta^{18}O+16.76$	
昆明	$\delta D=6.56\delta^{18}O-2.96$	
石家庄	$\delta D=6.07\delta^{18}O-5.76$	
乌鲁木齐	$\delta D=6.98\delta^{18}O+0.43$	
拉萨	$\delta D=8.08\delta^{18}O+12.37$	

国内

续表

	国家、地区或城市	大气降水线	引自文献
国内	拉萨河地区	$\delta D = 7.2\delta^{18}O + 12.36$	宁爱凤等,2000
	雅鲁藏布江中、下游地区	$\delta D = 7.54\delta^{18}O + 15.92$	王军等,2000
	雅鲁藏布江流域	$\delta D = 7.54\delta^{18}O + 15.76$	高志友等,2007
	长江源区风火山流域夏季大气水线	$\delta D = 9.04\delta^{18}O + 18.77$	刘光生等,2012

4.3.3　氘过量参数

为了量化和比较不同地区或区域的大气降水和全球大气降水的同位素的不同组成的差异，Dansgaard W 于 1964 年提出了氘过量参数（用 d 表示）的概念，并定义为：$d = \delta D - 8\delta^{18}O$，$d$ 值的大小相当于该地区的大气降水斜率（$\Delta\delta D/\Delta\delta^{18}O$）为 8 时的截距值（Dansgaard W. 1964）。因此，某一地区的大气降水的 d 值，实际上反映了它与全球大气降水同位素分馏的差异程度。进一步分析，还可以看出，一个地区的大气降水的同位素组成总是随时间、空间的变化而异。然而，大气降水的氘过量参数 d 值，总是恒定在一个很小的区间范围内，它不受季节、高度等环境因素的影响。这是大气降水氘过量参数 d 值的一个重要的特性。不同地区的大气降水的 d 值，可以较直观地反映该地区大气降水蒸发、凝结过程的不平衡程度。d 值实际上是一个大气降水的重要的综合环境因素指标。

影响大气降水氘过量参数 d 的因素非常复杂，它的变化完全依赖于水的蒸发凝结过程中的同位素分馏的实际条件，目前，仅了解到某些局部的规律：①海水在平衡条件下蒸发。大部分岛屿和滨海地区，海面上的饱和层蒸汽与海水处于同位素平衡状态，这时的 d 值接近于零。但是当海洋高空不平衡蒸气与海面附近的饱和层蒸汽相混合产生降水时，d 值变小，有时出现负值。②海水蒸发速度快，不平衡蒸发非常强烈。空气相对湿度低的地区，发现了降水中最大的氘过量参数，其 d 值高达 37‰（王恒纯，1991）。

随着同位素水文学的发展，近年来，氘过量参数的研究越来越受到学者的关注。尹观等（1988，2000，2001）、石辉等（2003）将氘过量参数赋予新的内涵，突破大气降水 d 值的局限，把它延伸到其他水体领域中去，使氘过量参数成为水文地质实际应用研究中一个极为有价值的定量指标。

王玉娟等测定了四川盆地东南部的卤水中氢氧同位素的含量，根据氘过量参数的演变原理分析了该地区卤水的氘过量参数的变化规律（王玉娟等，2008）。刘延峰等根据开都河水及其两岸地下水中的氢氧稳定同位素资料及氘过量参数 d 值，分析了焉耆盆地内不同水体的 d 值的分布规律，结果表明，焉耆盆地内地下水和地表水同源于山区的降水和冰雪融水，地下水与地表水之间的直接水力联系较弱（刘延峰等，2009）。余婷婷等通过分析拉萨河流域地表径流中氢氧同位素 δD、$\delta^{18}O$，发现拉萨河流域以大气降水补给较为明显，其中河水偏正的 d 过量参数特征指示了冰雪融水的补给特征（余婷婷等，2010）。陈新明等通过 2009 年 12 月 18—28 日在长江上游重庆到下游上海干流江段取样分析氘过量参数，发现重庆至宜昌江段的氘过量参数大部分小于全球大气降水线的氘过量参数 10‰，波动达到 3‰～12‰，而长江中下游地区的氘过量参数基本稳定在 10‰（陈新明等，2011）。根据 2010 年 1 月至 2011 年 2 月长沙地区日降水中 δD、$\delta^{18}O$ 资料分析表明，长沙地区降水中的氘过量参数具有明显的季节性变化规律，夏半年（5～9 月）降水中氘过量参数 d 值偏低，这与受夏季风的影响的来自低纬度海洋性气团具有湿度大等性质有关；而冬半年（10 月至翌年 4 月）d 值偏高，主要与大陆性气团的性质有关（吴华武等，2012）。

赋予氘过量参数新内涵的基本思路是：任何一个地区，一旦当地的大气降水线被准确确定，大气降水氘过量参数 d 值也随之而定；并且在这一区域内，d 值不受季节、高度和其他因素的影响，理论上维持恒定值不变。然而，大气降水补给到地下含水层后，情况就发生了变化，由于水/岩作用，水体与含氧岩石发生同位素交换，导致地下水体的 $\delta^{18}O$ 升高。在大多数情况下，岩石中的含氢的化学组分很少，不足以影响地下水中的 δD 值，但其 $\delta^{18}O$ 却会有明显的变化。根据 d 值的定义：$d=\delta D-8\delta^{18}O$ 可以看出，当 δD 值不变，$\delta^{18}O$ 值升高，d 值就变小。而直接与岩石发生交换的地下水，其氧同位素组成升高的程度，取决于岩石的含氧化合物的化学组分、含水层的温度和地下水在含水层内滞留时间的长短。在同一地区，同一含水层内，地下水的 $\delta^{18}O$ 与滞留时间关系密切。滞留时间越长，水的 $\delta^{18}O$ 值越高。根据大气降水方程的总体变化规律，在一固定的大气降水区域内，无论季节不同或高度不同的大气降水的 d 值都保持相对恒定，因此，在一个含水层不同部位，不同季节补给的水都应遵循这一规律，补入到含水层内的地下水的 $\delta^{18}O$ 变化，只受地下水与岩层中的氧同位素交换时间长短的影响。也就是说，地下水的 d 值与水的滞留时间存在直接的相关性。基于上述分析，可以看出，地下水的氘过量参数（d）在赋予新的内涵后，将成为研究水/岩作用、地下水动力学的一个十分重要的参数指标。同样，在研究地表径流组成的动态演化方面，该参数也必然可以发挥极重要的作用。

氘过量参数（d）的含义为：$d=10$ 为全球大气降水的平均值；$d>10$ 意味着降水云气形成过程中气、液两相同位素分馏不平衡的程度偏大，$d<10$ 除了有蒸发作用的影响外，主要在岩溶地区广泛存在碳酸盐与水发生的氧同位素交换，使岩溶水富含有 ^{18}O，导致水的 d 值下降。氧同位素交换程度越高，d

值越低。

4.3.4 氢的放射性同位素氚

氚是氢元素的一种放射性同位素，化学符号为 T，原子量为 3.016049。天然水中的氚主要来源有两种：一种是天然氚，即同温层宇宙射线产生的中子与氮原子的相互作用而产生的氚；另一种是人工氚，也就是热核试验和核设施泄漏而产生的氚。天然氚生成于大气层上部 $10\sim20km$ 的高空，是宇宙射线的快中子冲击大气层中稳定的氮原子发生核反应生产的，其反应方程式如下：

$$^{14}_{7}N + ^{1}_{0}n \rightarrow ^{3}_{1}T + ^{12}_{6}C \tag{4.11}$$

已知近数万年来宇宙射线的强度基本保持恒定，因此，天然氚的产生较为稳定，自然界中的天然氚在长期积累和衰变过程中已经达到了自然平衡状态；其浓度在 $5\sim10TU$ [TU 为氚含量单位，$1TU = (T/H) \times 10^{18}$]，构成了大气降水天然氚的浓度场。人工氚主要是由人类在大气层内进行核试验爆炸产生的。第一次核试验始于 1952 年末，而大气降水中大量的人工氚首次显现在 1953 年初，渥太华测定降水中的氚值为 26.4 TU，北半球大气降水氚浓度在 1963 年达到高峰，渥太华氚值为 2900TU。1964 年暂停大气层核试验后，大气降水中人工氚浓度开始下降（吴秉钧，1986；王凤生，1997）。氚原子在高空生成后，即同大气中的氧原子结合产生 HTO 水分子，并以大气降水或水汽的形式到达地表，随着普通水分子一起渗入地下，成为地下水的组成部分，参加自然界的水循环。氚和氕的质量相差较大，HTO 和 H_2O 之间的同位素效应明显，在蒸发凝结过程中可发生明显的同位素分馏。但是，在含水层中水同岩石矿物之间基本不存在氢同位素交换，故在研究地下水时一般可不考虑氚的同位素分馏问题。由氚组成的水分子也和其他稳定同位素水分子一样，在天然水循环的过程中，印上了各种环境因素影响的特征标记，成为追踪各种水文地质作用的一种理想示踪剂。

地下水的氚浓度及其变化主要与地区的自然地理及水文地质条件、补给来源、含水层结构、埋藏条件及水交替强度等有关。潜水和浅层承压水属于现代循环水，一般都含有一定数量的氚，而深层承压水属于停滞水，一般不含或含极少量氚。地下水的氚浓度及其变化与地区的自然地理及水文地质条件有关。在少雨的干旱地区，大气降水中的氚将富集。同样，蒸发作用强烈的地区也有利于地下水中氚的富集。岩性也影响地下水中氚浓度。在黄土状亚黏土和中细砂岩含水层中氚的含量明显减少。地下水的氚浓度也与补给来源密切相关。如果地下水直接由大气降水补给时，其氚浓度则反映大气降水的氚浓度变化特征。但由于含水层中的水流混合而叠加时间延迟，与同期大气降水相比，其氚浓度减小，变幅减弱，并且在时间上存在滞后性。如果地下水由河或湖水补给时，则其氚浓度与河水或湖水的氚浓度变化相近。利用这种相关关系，往往可以判断地下水的补给来源、地下水与其他水体之间的水力联系，计算补给量和混合比，计算地下水在含水层中的滞留时间等。在同一地下水系统，地下水的氚浓度一般随含水层埋藏深度增加而减少，常常呈现出垂直分带现象。不仅如此还与径流和水的交替强度有关。径流强、水交替迅速的含水层，其地下水的氚浓度往往高于径流弱、水交替缓慢的含水层。

氚在大气层高空中产生到进入地下成为地下水的组成部分以前，由于不断地产生放射性衰变而达到动态平衡。氚进入地下水以后，其浓度将随时间的推移而减少。也就是说，深入地下以后的氚浓度主要取决于氚的放射性衰变（李学礼，1988）。因为氚具有放射性计时作用，而成为水文地质研究中一种重要的定年技术手段。卫克勤等（1980）根据 1978 年全国 38 个气象站提供的降水水样和长江、黄河等 9 条河流的 18 个取样点的河流水的水样，分析了氢的同位素氚的含量分布规律，降水中氚的含量基本符合世界降水中氚的分布规律，即随着纬度的降低，降水中氚的含量呈下降趋势。卫克勤等（1983）通过分析西藏羊八井地热水的氢氧同位素氚（T）的含量，推测 1980 年羊八井盆地大气降水的氚含量约为 150～200TU，其地热水主要是由大气降水补给的。王平等（1983）经分析得到阿尔泰山哈拉斯冰川区大气降水中氚浓度平均为102.8TU，与天山中段乌鲁木齐河源 1 号冰川区大气降水（雪）中氚的平均浓度 106.7TU 较为接近。吴秉钧（1986）依据北半球（20°～53°N）45 个国家的 700 多个实测数据，计算了我国 1953—1982 年间降水中的氚值，分析表明我国降水中氚的分布特征与北半球氚的分布特征基本一致。降水中的氚值大小受纬度效应和雨量效应两种因素控制，同纬度地区，氚值是降雨量的一次函数。高平印等（1987）利用 1981 年 1 月 7 日—1985 年 5 月 31 日兰州的降水水样，采用液体闪烁法测定了水样中氚的含量，分析表明，每次降水中氚含量各不相同，不仅随年、季、月变化，而且在同一天不同时间的降水中氚含量也不一样，并研究的兰州降水中氚的半衰期为 82.3±3 个月。黄麒等（1989）根据 1985 年青海湖（湖水、河水、井水）水样的测定，经计算得到青海湖区天然水氚的平均含量为 342±33TU，河水与井水氚的平均含量为 316±30TU，湖水中氚的平均值为 363±34TU。

1990 年 2 月，在昆明云南省环境监测中心站液闪实验室，对云南省丽江县（中美两国合作的全球内陆降水背景点）1988—1989 年的雨水做了氚浓度的分析测定，分析结果为 1988 年氚的浓度为 392TU，为异常年，1989 年雨水中氚浓度为 82TU，为正常年（刁仁平，1991）。王凤生（1997）根据 1982—1993 年吉林省大气降水氢氧同位素测试数据分析，吉林省大气降水氚浓度场高值区分布于松辽平原，其氚浓度为 40～70TU；中值区分布在长白山区，氚浓度为 30～50TU；低值区仅分布在东部沿海或近海地区，氚浓度小于 30TU。

大气降水氚浓度场的上述分区是氚的时间效应和空间效应综合作用的结果。另外，本区大气降水氚浓度具有明显的"颤抖性"和"不均一性"，同一年内的时间地点差异，可使降水氚浓度相差 1～5 倍。松辽平原氚变化较小，其范围为 30～80TU；长白山区氚变化较大，其范围为 20～100TU，其中以 30～40TU 占优势，这与山区气候多变因素有关。

我国大陆大气降水中氚的空间分布，主要受形成降雨的云气团的来源、大气中氚浓度和环流季风的控制。人为活动形成的氚和各地的自然气候、热力、动力条件是重要的影响因素。我国大气降水氚分布特征是，东南沿海区降雨氚含量最低。由南向北逐渐增高，1996—1998 年的平均结果是：海口至哈尔滨氚浓度由 1.44Bq/L 上升至 3.84Bq/L；东南向西北由 1.44Bq/L 上升至张掖氚浓度为 7.08Bq/L；再向西北到乌鲁木齐氚又降低为 4.08Bq/L。这种分布特征反映出我国大气降水氚含量主要受氚的成因和水汽来源及运移方向两方面因素的制约（刘进达，2001）。任天山等（2005）通过分析我国 20 世纪 90 年代初期（1991—1993 年）全国范围内 64 条江河、24 个湖泊水库、44 个泉水、122 个井水等共 387 个水样的氚的含量，研究地表水、地下水中氚含量的分布变化规律，结果表明 20 世纪 90 年代初我国江河和湖泊水氚浓度的总体平均值分别为 4.67Bq/L 和 4.55 Bq/L；泉水和井水分别为 2.38Bq/L 和 4.04Bq/L；地表水氚浓度和泉水氚浓度之间有显著差异，而与井水之差异无统计学意义。经分析认为，20 世纪 90 年代初我国地表水氚浓度已接近全球大气层核试验前天然氚浓度。我国江河水、湖泊水、井水氚浓度呈现西、北高，东、南低的地区分布，而泉水氚浓度则无明显的地区分布趋势。王新娟等（2006）对从北京市永定河地区 15 个地下水的取样点所取的水样进行氚含量分析，发现该地区的浅层孔隙水和基岩裂隙水的氚含量都在 14.99～30.56TU 之间，深层孔隙水基本在 0.51～4.71TU 之间。张琳等（2008）对长期观测的昆明、石家庄、乌鲁木齐、张掖、成都、香港、海口站点氚浓度水平、分布和变化规律进行总结，认为我国大气降水氚浓度自 20 世纪 90 年代后逐渐恢复至自然水平值，如果没有新的 T 被引入，将来大气降水中的 T 和目前大气降水中的 T 差异会很小；从我国的氚浓度的记录上看个别地区氚浓度有上升趋势，因此加强核电监控尤为重要；我国大气降水氚浓度呈现纬度增加而升高的分布，与经度无明显相关性；大气降水氚浓度与降水成因有明显相关性，表现为一定的降水量效应。大气降水氚浓度呈春夏高，秋冬低的季节性规律。

4.3.5　径流补给来源的混合比法

水的蒸发、凝结等相态变化是自然界氢、氧同位素分馏的一种主要方式，也是造成地球表面的各种水体的同位素组成差别且有一定规律性分布的重要原因。

不同水体，尤其是地表径流，在水循环中，由于蒸发、凝结过程中的动力同位素分馏效应，使得各种水体都保留有与之成因相关的同位素标记特征。借助于这种标记特征分布的规律性，研究径流补给来源组成，进而探讨径流形成的时域、空间的动态演化规律及其过程成为可能。

如果某种物质由两种同位素组成，根据同位素质量平衡原理，可以表示如下：

$$M_总 \delta_总 = M_1\delta_1 + M_2\delta_2 \qquad (4.12)$$

式中：M_1、M_2 分别为两种同位素的质量数，$M_总 = M_1 + M_2$；δ_1、δ_2 分别为这两种物质的同位素组成；$\delta_总$ 为 $M_总$ 物质的同位素组成。

将式（4.12）中的质量数 M 用水量 W 来代替，即可得到径流补给来源的混合比计算式。

$$W_总 \delta_总 = W_1\delta_1 + W_2\delta_2 \qquad (4.13)$$

利用式（4.13）及同位素组成式（4.7）、式（4.8），可以计算径流的补给来源组成及其径流的混合比。

4.4 调水河流径流补给来源分析

4.4.1 灰色关联分析法的应用

4.4.1.1 数据资料

根据南水北调西线一期工程调水区的实际情况，选取了调水河流坝址下游的朱倭、朱巴、绰斯甲、足木足等 4 个水文站逐年的平均流量资料，各水文站的基本情况见表 4.2。

表 4.2　　　　　南水北调西线一期工程调水区水文站基本情况

河流	水文站	纬度	经度	集水面积/km²	多年平均流量/(m³/s)	资料年限/(年-月)
达曲	朱倭	31°40′N	100°16′E	3072	44.9	1963-01—1996-12
泥渠河	朱巴	31°26′N	100°41′E	6860	62.4	1960-01—1996-12
绰斯甲河	绰斯甲	31°49′N	101°41′E	14794	179.7	1960-01—1996-12
足木足河	足木足	32°00′N	102°01′E	19896	238.8	1960-01—1996-12

为了分析河流流量与水循环中的哪些成分有关，选用了各站每年 4—6 月的平均流量、各站附近雨量站的年降水量及每年 4—6 月的降水量，以及调水区域内色达气象站的 4 月、5 月月平均气温之和（反映春季融雪的温度条件）等作为因子序列。各序列的过程如图 4.2 所示。

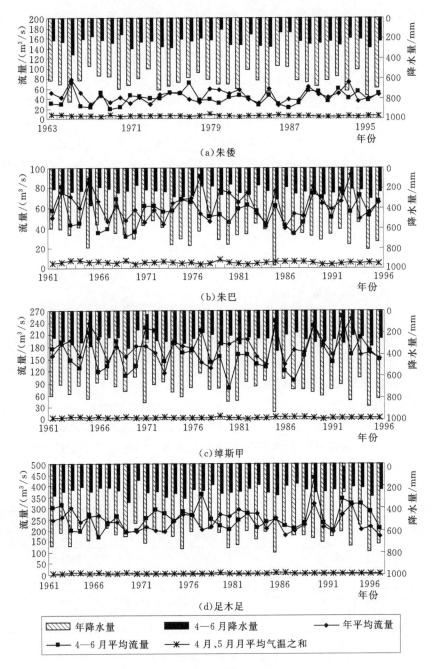

图 4.2 各水文站各序列逐年变化过程

4.4.1.2 计算结果

以朱倭、朱巴、绰斯甲和足木足 4 站的逐年平均流量为母序列 X_i，（$i=$

92

1，2，3，4），以各站每年 4—6 月的平均流量为 X_5，年降水量为 X_6，每年 4—6 月的降水量为 X_7，4 月、5 月月平均气温之和为 X_8，依据灰色关联分析的计算步骤得到计算结果见表 4.3。

表 4.3 河流补给来源的灰色关联法计算结果

母序列 　关联度　 因子序列	X_5	X_6	X_7	X_8
X_1	0.6534	0.7781	0.7295	0.6768
X_2	0.6378	0.7345	0.7530	0.5966
X_3	0.6606	0.6794	0.7745	0.6533
X_4	0.6286	0.7184	0.6703	0.6551

从表 4.3 中可以看出，对于朱倭站来说，各因子序列对母序列的关联度为：$r_{16}=0.7781>r_{17}=0.7295>r_{18}=0.6768>r_{15}=0.6534$，说明达曲的径流与年降水量的联系较为密切，其上下波动与逐年降水量的波动较为一致，而与 4—6 月的月平均流量的关联度比与 4—6 月的降水量还小，并且与 4 月、5 月月平均气温的关联度最小，说明达曲的径流应该由大气降水来补给，而不是高山融雪补给的。朱巴站和足木足站与朱倭站的规律基本相同。而绰斯甲站各因子序列对母序列的关联度的排序有些变化，即 $r_{37}=0.7745>r_{36}=0.6794>r_{35}=0.6606>r_{38}=0.6533$，表明绰斯甲河的径流与 4—6 月降水量的关联度较大，而与年降水量的关联度次之，并且与 4 月、5 月平均温度的关联度最小，仍然说明绰斯甲河的补给来源也是大气的降水。

4.4.2 氢氧同位素分析方法的应用

4.4.2.1 水样的采集

调水河流的水样分别于 2004 年 8 月 4—9 日、2009 年 7 月 6—15 日采集，采样点分布南水北调西线调水区 6 条河流（达曲、泥渠河、色曲、杜柯河、玛柯河、阿柯河）的干流和支流，同时还采集了河流附近的地下水的水样，见图 4.3。

同一样品均做氢、氧同位素含量测定，同位素值相对于标准平均海水（VSMOW）给出。

采样方法：河水主要是把塑料瓶直接放在水—空气界面之下，装满水把空气全部赶走后封好，保持实验室分析前不再与空气接触。井水的取样，是将井水提上来后，然后采用河水的取样方法。

4.4.2.2 调水区河流水的氢氧同位素

利用两次在调水区采集的水样，采用质谱仪技术进行氢的同位素氘（D）

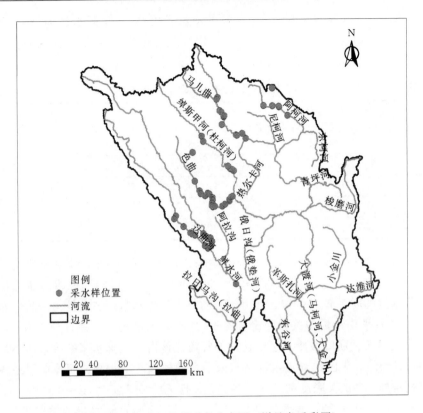

图 4.3　调水区水样采集分布图（详见书后彩图）

和氧的同位素[18]O 含量的测定，利用式（4.7）和式（4.8）分析计算得到各河流水的氢氧同位素 δD 和 $\delta^{18}O$ 的大致范围，其中达曲的 δD 介于 $-106.394‰$ ～ $-112.011‰$ 之间，均值为 $-108.737‰$，$\delta^{18}O$ 介于 $-14.965‰$ ～ $-16.44‰$ 之间，均值为 $-15.5577‰$；泥渠河的 δD 介于 $-113.407‰$ ～ $-121.793‰$ 之间，均值为 $-117.502‰$，$\delta^{18}O$ 介于 $-13.359‰$ ～ $-17.111‰$ 之间，均值为 $-15.4983‰$；绰斯甲的 δD 介于 $-94.559‰$ ～ $-120.543‰$ 之间，均值为 $-111.199‰$，$\delta^{18}O$ 介于 $-13.673‰$ ～ $-16.76‰$ 之间，均值为 $-15.5349‰$；足木足河的 δD 介于 $-84.713‰$ ～ $-107.42‰$ 之间，均值为 $-95.2045‰$，$\delta^{18}O$ 介于 $-12.559‰$ ～ $-15.911‰$ 之间，均值为 $-13.8442‰$。将各河流水的氢氧同位素的含量绘制成 $\delta D\sim\delta^{18}O$ 散点图（见图 4.4），参照长江流域的大气降水线方程见式（4.14）（吴华武等，2011），分析调水河流径流的补给来源。

$$\delta D=7.8\delta^{18}O+9.6 \tag{4.14}$$

从图 4.4 可以看出，调水区的河流水的 $\delta D\sim\delta^{18}O$ 的散点基本位于长江流域大气降水线方程式（4.14）的附近，可以判断该地区的河流水主要由大气降

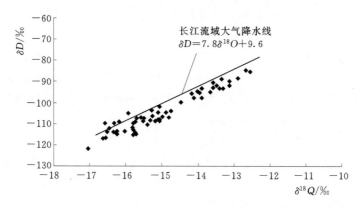

图 4.4 调水区大气降水线

水补给的。

4.4.2.3 氚过量参数 (d) 的计算结果及分析

根据上面介绍的氚过量参数 (d) 的定义,计算得到各河流所采集水样的氚过量参数 d 见图 4.5。

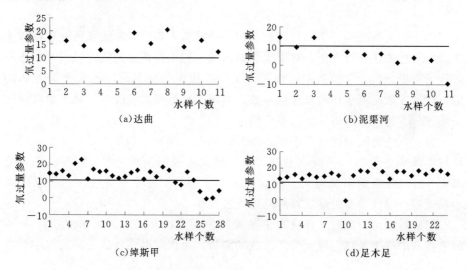

图 4.5 各河流的氚过量参数 d 计算结果分布情况

从图 4.5 各河流的氚过量参数 (d),可以初步确定各河流的补给来源。对于达曲,河流水样的氚过量参数 d 的范围是 11.59～20.657,均大于 10,说明达曲河流中的水主要是大气降水补给的;对于泥渠河,河流水样的氚过量参数 d 除 65 号水样(泥渠河右岸靠近坝址的支流)和 67 号水样(泥渠河右岸支流)分别为 14.63 和 14.455 外,其余水样的氚过量参数均小于 10,这说明泥渠河中的水主要由地下水来补给的;对于绰斯甲河,绰斯甲河的上游主要有两大支流，分别是色曲和杜柯河，色曲的水样共有 13 个，编号分别为：13、46、47、48、49、50、54、59、60、61、62、63、64。只有 58 号、61 号和 64 号水样的氚过量参数 d 小于 10，分别为 7.751、3.874 和 4.51；另外 62 号和 63 号水样的氚过量参数 d 出现负值，主要是因为我们在取水样的地段，正在进行开挖金矿，由于淘金作业将此处的河水与地下水混合了，故出现这种情况；此外其他水样的氚过量参数 d 均大于 10。所以，色曲的河水也主要是由大气降水来补给的，杜柯河河流水样的氚过量参数 d 的范围是 11.273～22.687，均大于 10，说明杜柯河河流中的水主要是大气降水补给的；对于足木足河，其上游支流较多，当时水样主要采集于调水工程所涉及的玛柯河和阿柯河，玛柯河河流水样的氚过量参数 d 的范围是 12.993～18.562，均大于 10，说明玛柯河河流中的水主要是大气降水补给的，阿柯河河流水样的氚过量参数 d 的范围是 13.201～22.37，均大于 10，说明阿柯河河流中的水主要是大气降水补给的。

4.5 小结

由于河流系统是一个部分信息已知部分信息未知的开放的灰色系统，故本文采用灰色关联分析方法，对南水北调西线一期工程调水河流的径流补给来源进行了初步分析。同时利用同位素水文学方法中的氢氧同位素含量的分析测定，计算各条河流水样的氚过量参数，对河川径流与大气降水、地下水之间的关系进行了初步的分析，得到如下结果。

（1）灰色关联分析结果表明，朱倭、朱巴、绰斯甲和足木足等 4 站的径流均与年降水量或 4—6 月降水量的关联度最大，说明调水河流径流补给来源是以大气降水补给的可能性大，同时径流与 4 月、5 月月平均气温的关联度最小，说明，径流受高山融雪补给的可能性很小。

（2）对调水河流的水样进行了氢氧同位素分析，调水河流水的 $\delta D \sim \delta^{18}O$ 的散点基本位于长江流域大气降水线的附近，可以判断该地区的河流水主要由大气降水补给的。

（3）通过氚过量参数分析，结果表明除泥渠河外，其余河流水样的氚过量参数均大于 10，说明这些河流的补给来源是大气降水的可能大，而泥渠河水样的氚过量参数大多数均小于 10（只有 2 个水样的氚过量参数大于 10），表明泥渠河的补给来源除大气降水外，还有可能受地下水的补给。

第5章　调水河流河道内径流变化的影响因素分析

以泥渠河为例，利用朱巴站 1961—2010 年的降水、径流等水文资料及色达的气温等气象资料，通过计算水文和气象要素的变差系数、完全调节系数、集中度和集中期、峰型度、丰枯率以及气候倾向率等参数，分析了南水北调西线一期工程调水区影响径流变化的水文与气候因子，结果表明：年平均气温呈上升趋势，其线性变率为 0.3℃/10a，50 年共上升了 1.5℃，而且尤以 20 世纪 80 年代以后上升趋势最为显著；年蒸发量呈增加趋势，其线性变率为 7.6mm/10a；年平均降水量及春、冬及非汛期降水逐年增加，其中年平均降水气候倾向率达 9.2mm/10a；调水区泥渠河的年平均径流及春、夏、冬、非汛期流量呈逐年增加趋势，其中以春季和非汛期尤为明显。虽然气温升高、蒸发量增大，但这不是影响径流的直接因素，其增量还不足以抵消降水对径流的增加，降水是影响调水区径流量多少的主要气候因子。

5.1　概述

目前对南水北调西线工程的研究主要集中坝址断面水文资料的推求、径流特性分析、调水规模的确定，调水对下游水文情势及生态环境的影响以及调水河流下游生态需水量等方面的研究。由于调水工程坝址断面所在位置没有水文站点，需要将下游水文站点的水文资料（主要是径流、水位等）展延到坝址断面上（高治定等，2001；门宝辉等，2006a）；调水工程的水源主要来源于河川径流，因此，分析径流的特性及其变化趋势显得非常重要；门宝辉等（2005）采用分形理论的 R/S 分析法对径流的变化趋势进行了预测，采用灰色关联分析法对径流的补给来源进行了初步分析（门宝辉，2007），采用混沌理论的重构相空间的方法对径流的混沌特性进行了探讨（门宝辉，2009）。调水工程的主要功能是要进行对外供水，其调水的规模主要决定于调水河流河川径流量的多少，韩振强等（1998）、张玫等（2001、2002）等通过分析调水河流的水资源特性，初步估算了调水工程的可调水量；吴险峰等以河道生态环境用水为约束条件，考虑当地的工农业、生活用水等因素，对西线调水工程可调水量进行分析和计算（吴险峰等，2002）；范可旭等（2009）通过分析径流的丰枯变化及水位的变动，对调水河流下游的水文情势进行了初步研究；李道峰等（2002）在分析南水北调西线工程水量调出区气候特征的基础上，分析了调水工程对库区与坝址下游临近河段局地气候的影响。

随着人们对生态与环境的关注以及生态需水理论的逐步发展，南水北调西线工程调水区下游生态需水的研究成为一个热点。河流生态需水量是河流生态系统能够维持和发挥其生态服务功能的主要保证，也是保证河流能够得以演进的最主要因子之一。门宝辉等采用 Tennant 法（门宝辉等，2008）、保证率法（门宝辉等，2005）、生态水力半径法（Men baohui 等，2009；Liu changing 等，2007）对调水区下游河道内的基本生态需水量以及输沙需水量等进行了初步研究；郑超磊等（2010）利用朱巴站的径流资料从保护生物多样性的角度对泥渠河的河道内最小生态需水量进行了计算；舒畅等（2010）从河流水文情势变化的角度，利用变异性范围法对泥渠河朱巴站的河道内生态需水量进行了估算；吉利娜等（2006）、刘苏峡等（2006）利用湿周法对调水河流下游河道内生态需水进行了讨论。

综上所述，关于南水北调西线工程调水规模的确定、调水对生态环境的影响以及生态需水量的研究，都离不开对河川径流变化的研究，水作为生态系统最活跃最重要的因子之一，研究径流的变化与哪些因素有关，其他因素对其变化是怎样影响的，即有哪些气候因子对径流的影响起主要决定作用，就显得尤为重要，目前，关于南水北调西线调水区径流变化与其影响因子（气温、降水量、蒸发量等）的关系研究尚未见报道，故本章在上述研究的基础上，对泥渠河的径流、降水变化及其与气温等相互的关系进行初步分析，为西线一期工程的前期论证、规划设计以及工程可调水量、生态需水量等方面的研究提供科学依据。

5.2　数据资料

朱巴站是泥渠河上唯一的水文站（朱巴站的位置见图 2.1），于 1960 年开始进行观测，距今已有 50 多年的水文资料，本书采用朱巴站的逐月平均流量资料（1961—2010 年）和逐月降水量资料（1961—2010 年），该数据资料由国家水文局提供（已进行了水文数据的三性审查）；气温资料采用距离泥渠河较近的色达站的月平均气温资料，该数据在国家气象科学数据共享服务网上下载。所选取的数据资料详细情况见表 5.1。

表 5.1　　　　　　　　　　选取的数据资料基本情况

站名	站点类别	纬度	经度	数据类别	资料年限/(年-月)
朱巴	水文站	31°40′N	100°16′E	月平均流量、月降水量	1960 - 01—2010 - 12
色达	气象站	32°17′N	100°20′E	月平均气温	1961 - 01—2010 - 12

5.3　研究方法

在分别求取南水北调西线一期工程调水区泥渠河朱巴站的流量年平均值、年降水量和色达气象站年平均气温值的基础上，计算径流年内分配变差系数（Coefficient of Variation，C_V）、径流年内分配完全调节系数（Coefficient of Regulation，C_R）、差积曲线、集中度和集中期、径流量的峰型度与年丰枯率、气候倾向率等统计特征量，同时利用高桥浩一郎公式计算朱巴站的蒸发量。

5.3.1　变差系数

为了反映径流序列相对均值的偏离程度，可以用变差系数 C_V 来表示（汤奇成等，1992；门宝辉等，2006b）。径流年内分配的变差系数（C_V）一般可以利用式（5.1）来计算（郑红星、刘昌明，2003）。

$$C_V = \frac{\sigma}{\overline{R}} = \frac{\sqrt{\dfrac{1}{12}\sum_{t=1}^{12}(R_t - \overline{R})^2}}{\dfrac{1}{12}\sum_{t=1}^{12}R_t} \tag{5.1}$$

式中：R_t 为年内各月径流量；σ 为标准差；$\overline{R}$ 为年内月平均径流量。

由式（5.1）可以看出，C_V 值越大即表明年内各月径流量相差悬殊，径流年内分配越不均匀。

5.3.2　完全调节系数

径流年内分配完全调节系数（C_R）是年内分配不均匀性另一个特征指标（卢路等，2011）。C_R 值越大，月径流量序列间的差异越大，径流年内分配不均匀程度越高。年内分配完全调节系数 C_R 的取值范围一般为 $0 \leqslant C_R < 1$。通常采用式（5.2）来进行计算。

$$C_R = \frac{\sum_{t=1}^{12}\psi_t(R_t - \overline{R})}{\sum_{t=1}^{12}R_t} \tag{5.2}$$

$$\psi_t = \begin{cases} 0, & R_t < \overline{R} \\ 1, & R_t \geqslant \overline{R} \end{cases} \tag{5.3}$$

式中：R_t 为年内各月径流量；$\overline{R}$ 为年内月平均径流量。

5.3.3　差积曲线

为了消除年径流量、降水量单位和量纲的差异以及 C_V 值的影响，本章用标准化 $(K_i-1)/C_V$ 来表示径流量和降水量的多年变化情况。同时，还采用差积曲线（门宝辉等，2006b）来反映径流量的阶段性变化趋势，其纵坐标为 $\sum(K_i-1)/C_V$。

5.3.4　集中度和集中期

借鉴年降水量年内分配的向量法定义降水集中度和集中期的方法，定义表征单站径流时间分配特征的参数径流集中度和集中期。径流集中度指各月径流量按月以向量方式累加，其各分量之和的合成量占年径流量的百分数，集中度反映了径流量在年内的集中程度，当集中度等于 100% 时为最大极限值，表明该流域全年的径流量集中在某一个月内。当集中度为 0% 时是最小极限值，说明全年的径流量平均分配在 12 个月中，即每个月的径流量都相等。集中期是指径流向量合成后的方位，反映全年径流量集中的重心所出现的月份，以 12 个月分量和的比值正切角度表示（汤奇成等，1982）。

单站降水集中度与降水集中期的计算原理和方法是把一年内所有降水日均看作向量，一年天数（365 天）看作一个圆周（360°），将某雨日降水量作为该日降水矢量的模，该日日序（从 0 算起）与 0.986° 的积为该日降水矢量方向，将一次连续降水过程按日降水矢量累加，得到一次降水过程矢量，定义矢量模为降水过程集中度，矢量方向为过程降水集中期。然后将一年中 M 次降水过程求和，合矢量模与年降水量的比值为年降水集中度，合矢量方向为年降水集中期（ZHANG Lujun、QIAN Yongfu，2003）。同理，根据径流年内分配的特点及其与降水补给来源的关系，把一年内所有月的径流量看作向量，月径流量的大小作为该月径流矢量的模，即径向距离；所处的月份（或日期）作为径流矢量的方向，用圆周（把圆周的度数 360° 作为一年天数 365 日，1 日相当于 0.9863°）方位来表示，将一年中各月径流矢量求和，合矢量模与年径流的比值为年径流集中度（Runoff Concentration Degree，简称 RCD），合矢量方向为年径流集中期（Runoff Concentration Period，简称 RCP），一般采用式（5.4）、式（5.5）进行计算。

$$RCD = \frac{\sqrt{R_x^2+R_y^2}}{\sum\limits_{t=1}^{12} R_t} \tag{5.4}$$

$$RCP = \arctan\left(\frac{R_x}{R_y}\right) \tag{5.5}$$

$$R_x = \sum_{t=1}^{12} R_t \sin\theta_t \quad R_y = \sum_{t=1}^{12} R_t \cos\theta_t \tag{5.6}$$

式中：R_x、R_y 分别为 12 个月的分量之和所构成的水平、垂直分量；R_t 称第 t 月的径流量；θ_t 为第 t 月径流的矢量角度，t 为月序（$t=1$，2，3，…，12）。

从径流年内集中程度、集中期计算原理可以看出，RCD 很好地表达了径流年内的非均匀分布特性，当径流量集中在某一月内时，则它们合成向量的模与年径流总量之比为 1，即 RCD 为极大值，如果每个月的径流量都相等，则它们各个分量累加后为 0，即 RCD 为最小极限值，表明全年的径流量均匀地分配在 12 个月中。RCP 则客观地反映了一年中最大径流量出现的时间。

由上可知，集中度的计算通过一些简单的数学处理，就可计算出集中度，并方便地计算出集中期。值得注意的是一般在计算年径流量的月平均值时，系用 12 个月的月均值的再平均，当采用月为计算时段时，每个月的天数是不同的，因此，必须做一定程度的概化处理，采用杨远东（1984）的文献中的 B 情况来概化，具体见表 5.2。

表 5.2　　　　　　　　全年各月包含的角度及月中代表的角度值

月份	1	2	3	4	5	6	7	8	9	10	11	12
各月包含的角度	0～30～60～90～120～150～180～210～240～270～300～330～360											
各月中代表角度	15	45	75	105	135	165	195	225	255	285	315	345

5.3.5　峰型度与丰枯率

在分析径流量年内变化时，采用峰型度 α 值和丰枯率 β 值（汤奇成等，1992）进行分析。峰型度 α 反映了河流径流总量中季节积雪融水占高山冰雪融水加上雨水量的比重大小，而丰枯率 β 则反映径流年变化过程中汛期与非汛期径流量的比值关系，也是地下水补给量占年径流量比重大小的一种指标。

$$\alpha = Q_{5-7}/Q_{8-10} \tag{5.7}$$

$$\beta = Q_{5-10}/Q_{11-4} \tag{5.8}$$

式中：Q_{5-7} 为每年 5—7 月径流总量；Q_{8-10} 为每年 8—10 月径流总量；Q_{5-10} 为每年 5—10 月径流总量；Q_{11-4} 为每年 11 月至翌年 4 月径流总量。

5.3.6　气候倾向率

气候因子随着时间在上下波动，但长时间尺度上具有一定的趋势性。气候倾向率（李林等，2004）就是反映气候因子随一定时间尺度变化的大小。

设某气象或水文要素序列资料为一个时间序列，可表示为 X_1，X_2，X_3，…，X_n，它可以用一多项式来表示：

$$\hat{X}(t) = a_0 + a_1 t + a_2 t^2 + \cdots + a_p t^p \tag{5.9}$$

式中：t 为时间，单位为年，一般用 a 表示。

一般说来，某一要素的气候趋势可用曲线方程、抛物线方程或直线方程来拟合，其趋势变化率方程可表示为

$$\frac{\mathrm{d}\hat{X}(t)}{\mathrm{d}t} = a_1 \tag{5.10}$$

将 $a_1 \times 10$ 称作气候倾向率，而 a_1 可用最小二乘法或正交多项式确定：

$$\sum_{t=1}^{n}\left[X(t) - \hat{X}(t)\right]^2 = \min \tag{5.11}$$

5.3.7　蒸发量的计算

根据目前调水区泥渠河上朱巴站的降水量和色达气象站的平均气温，采用高桥浩一郎公式（门宝辉等，2006b）来计算各月及年蒸发量（E）。

$$E = \frac{3100P}{3100 + 1.8P^2 \exp\left(-\dfrac{34.4T}{235 + T}\right)} \tag{5.12}$$

式中：E 为月蒸发量；P 为月降水量；T 为月平均气温。

由式（5.12）可以看出所计算的蒸发量有以下特征（李林等，2004）：①蒸发量不可能大于降水量，这个限制在陆地绝大部分地区是正确的，因长时间而言，若某地没有其他水分来源，则降水应是供给蒸发的唯一来源，若蒸发大于降水，则必须有外部水源供给，如在我国西北沙漠中的绿洲等地区；②蒸发在降水量小时也很小，并随着降水量的增多而增加，但降水量很大时，蒸发量相对于降水反而减少，因为降水量很小时，提供的水分较少，而降水量很大时，可能空气易饱和，蒸发量反而减少。由此可见，该公式虽然是经验公式，但在物理上考虑了降水和气温两个影响实际蒸发的最主要的物理因子，并有实际观测资料做依据，因此反映出的蒸发特征是与调水区的实际状况相吻合的，因此适宜于该地区计算蒸发量时应用。

5.4　泥渠河地表水资源的变化特征

南水北调西线一期工程调水区地表水资源即径流量的年际变化不仅与水资源的开发利用（调水工程的可调水量）有密切的关系，直接影响着调水工程受水区供水的保证率，而且与径流量的补给来源密切相关。

5.4.1　径流量年际变化

1961—2010 年泥渠河朱巴站年平均流量的变化曲线图见图 5.1（a），泥渠河流量丰枯交替比较频繁，而且在年际的正常波动中显示出略微的上升趋势。50 年间出现了 5 次丰枯水循环。若以流量距平百分率的绝对值≤20% 为正常

年，距平百分率＞20％和＜20％分别为丰水年和枯水年，则50年中正常年份
有26年，丰水年和枯水年分别为13年和11年（见图5.2）。在50年中正常年
份居多，约占50％，枯水年份和丰水年份基本相等，各占25％。但丰水年份
主要集中在20世纪80年代以后，80年代以前只出现3次丰水年份。相反枯
水年份在20世纪60—70年代出现了5次，占枯水年份的50％。从年平均流
量的差积曲线［图5.1（b）］可以看出，20世纪60年代前期流量呈增加趋势，
到1966年达到极值，然后逐渐减少，到70年代末期降到极小值，进入80年代
开始逐渐升高，到2005年又达到极大值。通过计算朱巴站流量的气候倾向率得
出，流量以0.33 m³/(s·10a)的速率增加，50年累计增加径流量0.52亿 m³，
较平均值增加2.6％。另外，经计算，春、夏、秋、冬四季及汛期和非汛期流量
分别以每＋4.99m³/(s·10a)、＋0.29m³/(s·10a)、－5.30m³/(s·10a)、
＋4.07m³/(s·10a)、－3.81m³/(s·10a)、＋7.44m³/(s·10a)的速率增加
或减少，其中春季流量增加的最为显著，相反秋季流量减少的也最显著，而汛
期和非汛期的流量呈相反的变化趋势，汛期的流量逐年减少，相反非汛期流量
增加趋势显著（图5.3）。

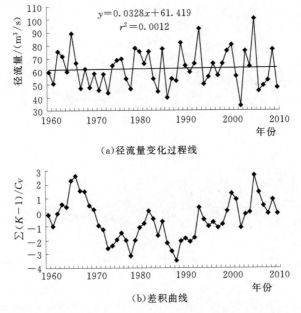

图5.1 泥渠河朱巴站年平均径流量变化过程线及差积曲线

5.4.2 径流量年内变化

　　地表水资源即流量的年内变化主要取决于径流的补给来源。通常情况下，
高山冰雪融水和雨水混合补给型河流的流量年内变化相对稳定，而以雨水补给

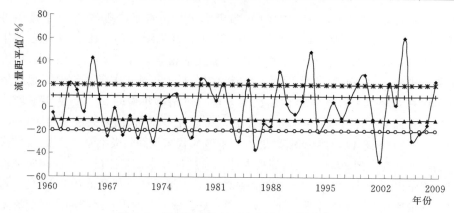

图 5.2　泥渠河朱巴站逐年径流距平值变化

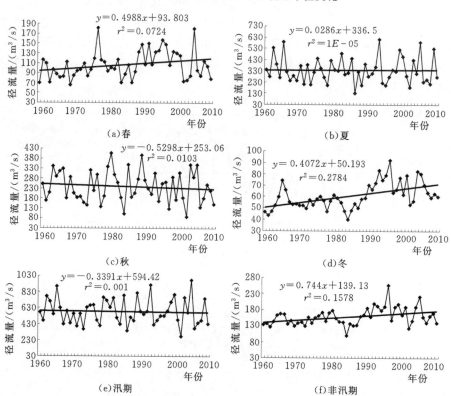

图 5.3　泥渠河朱巴站春、夏、秋、冬四季及汛期和非汛期年平均流量变化曲线

为主的河流年内变化较为不稳定。

（1）流量的年内变化特征。从泥渠河朱巴站 1961—2010 年中 50 年多年平均流量的年内变化可以看出（见图 5.4），泥渠河流量年内分配呈"双峰型"分布，其流量 1—2 月处于最低值，3—4 月开始缓慢上升，至 5—6 月急剧增

加，7月达到极大值，8月有所减少回落，但9月出现第二个峰值，10月后开始明显减少，直至12月再次出现极小值，但是仍比1—2月的流量大。由此可见，泥渠河的流量主要集中在5—10月的汛期，其流量占全年流量的80%，大约为非汛期流量的5倍多，这种年内变化特征说明了泥渠河为雨水补给为主的河流（见表5.3）。流量年内分配的"双峰型"分布中，其第一个峰值显然与其流域降水量在7月达到最大密切相关，而9月出现的第二个峰值，可能是泥渠河流量补给中有一定量的高山冰雪融水，在一些年份发生的冰湖决堤导致9月出现洪峰所引起的。

表5.3　　　　　　　　　泥渠河径流年内分配统计表　　　　　　　　　　%

起讫年份	1月	2月	3月	4月	5月	6月	7月	8月	9月	10月	11月	12月
1960—1969	2.3	2.0	2.4	4.2	5.3	11.8	20.0	14.6	17.9	11.2	5.3	3.0
1970—1979	2.3	2.3	2.9	5.1	7.7	13.1	17.0	15.4	14.1	11.3	5.8	3.2
1980—1989	2.1	2.0	2.4	4.1	6.5	10.2	20.6	13.2	18.2	12.1	5.6	3.0
1990—1999	3.0	2.7	3.1	5.8	8.1	11.7	17.8	14.9	13.1	10.2	5.8	3.9
2000—2009	2.9	2.5	2.9	4.9	6.4	13.7	18.2	15.4	15.7	9.9	5.3	3.4
多年平均值	2.5	2.3	2.8	4.8	6.8	12.1	18.4	14.7	15.8	10.9	5.6	3.3

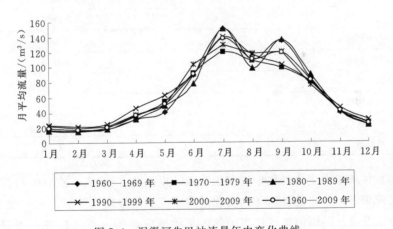

图5.4　泥渠河朱巴站流量年内变化曲线

（2）径流年内变化的变差系数。根据式（5.1）计算得到泥渠河朱巴站自1960—2009年共50年的径流年内变差系数见图5.5（a），经统计得到泥渠河各年代的径流年内变差系数见表5.4。从图5.5（a）中可以看出，径流年内的变差系数呈逐年递减的趋势变化。从表5.4的统计数据中看出，泥渠河各年代径流的年内变差系数基本在0.2左右波动，变化较为平稳。

（3）径流年内变化完全调节系数。根据式（5.2）和式（5.3）计算得到泥渠河朱巴站自1960—2009年共50年的径流年内完全调节系数见图5.5（b），经统计得到泥渠河各年代的径流年内完全调节系数见表5.4。从图5.5（b）中可以看出，径流年内的完全调节系数与变差系数具有较为相近的变化规律，也呈逐年递减的趋势变化。从表5.4的统计数据中看出，径流的年内完全调节系数基本在0.3左右波动，各个年代内的完全调节系数变化较为平稳。

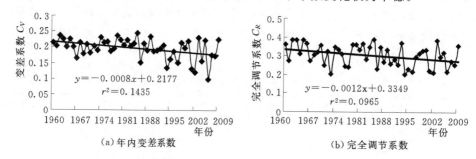

图5.5 泥渠河朱巴站径流的年内变差系数和完全调节系数

表 5.4 泥渠河径流的年内变差系数及调节系数

起讫年份	径流的年内变差系数 C_V	径流年内完全调节系数 C_R
1960—1969	0.2065	0.3365
1970—1979	0.2068	0.2972
1980—1989	0.2101	0.3257
1990—1999	0.1829	0.2751
2000—2009	0.1756	0.2874
多年平均值	0.1964	0.3044
最大值	0.2452	0.3880
最小值	0.0981	0.2027

（4）径流年内变化的集中度和集中期。根据式（5.4）～式（5.6）计算得到泥渠河朱巴站逐年的径流年内变化的集中度和集中期（见图5.6）。由图5.6（a）可以看出：泥渠河流域径流的年内集中度呈逐年递减的趋势，在1973年和1996年出现了该流域50年间的两个次极小点，其集中度分别为0.2976和0.3051，1994年集中度出现的最小点，其值为0.2956，1962年出现了集中度最高值0.5846。

经统计分析（见表5.5），年内分配集中度在30%～50%之间，最大集中度为58%，说明泥渠河径流量年内分配较为均匀。集中期最早出现在6月初，最晚出现在9月初。主要集中期是8月上中旬，50年来集中期变化较为平稳[图5.6（b）]。

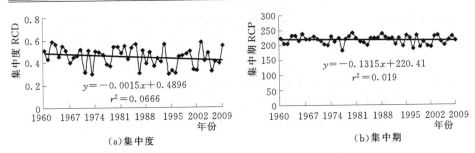

（a）集中度　　　　　　　　　　　　　　　　（b）集中期

图 5.6 泥渠河朱巴站径流的集中度和集中期

表 5.5 泥渠河径流的年内集中度和集中期

起讫年份	集中度 RCD	集中期 RCP
1960—1969	0.4920	8 月 15—16 日
1970—1979	0.4403	8 月 5—6 日
1980—1989	0.4801	8 月 15—16 日
1990—1999	0.4110	8 月 6—7 日
2000—2009	0.4311	8 月 7—8 日
多年平均值	0.4509	8 月 11—12 日
最大值	0.5846	9 月 2—3 日
最小值	0.2956	6 月 2—3 日

（5）流量峰型度与年丰枯率。由泥渠河流量峰型度 α ［图 5.7（a）］和丰枯率 β ［图 5.7（b）］的多年变化情况得知，其峰型度除年际间正常的波动外，

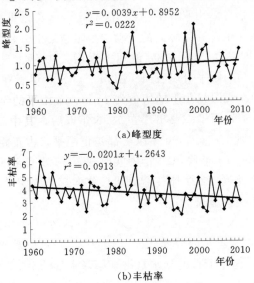

（a）峰型度

（b）丰枯率

图 5.7 泥渠河朱巴站峰型度和丰枯率变化曲线

呈现出逐年略微升高的趋势，这说明在泥渠河年径流总量中，季节性融水占高山冰雪融水量和雨水量总和的比重在逐年增加，同时年丰枯率却表现为逐年减少趋势，也就是说汛期径流总量与非汛期径流总量的比值在下降，汛期径流总量占年径流总量的比重也在下降。泥渠河流量峰型度和丰枯率的这一变化特征，说明该流域雨水对调水区流量的补给在减少而积雪融水对流量的补给在增加，这与全球气候变暖，温度逐渐升高，冰川逐渐退缩有一定的关系。

5.5　气候因子对地表水资源的影响分析

5.5.1　影响地表水资源变化的主要气候因子分析

影响地表水资源及流量的气候因子可由水量平衡方程来确定（门宝辉等，2006）：

$$B=P-E-Q-W \tag{5.13}$$

式中：B 为水量平衡；P 为流域平均降水量；E 为流域蒸发量；Q 为河流流量；W 为土壤蓄水量，单位均为 mm。

根据物质总量收支平衡原理，当流域处于稳定状态时，多年水量平衡 $\sum B$ 应该为零，则流量可表示为

$$Q=P-E-W \tag{5.14}$$

式中：W 为气温和降水量的函数，由此可直观的反映出气温、降水量以及蒸发量是影响流量的主要气候因子。以下就气温、降水和蒸发量变化趋势进行分析。

（1）气温变化趋势。由调水区年平均气温年际变化可见 ［图 5.8（a）］，调水区年平均气温在正常的年际间的波动中呈略微的上升趋势，其气候倾向率为 0.299℃/10a，即以 0.299℃/10a 的速率递增，50 年上升了 1.5℃。同时，通过分析年平均气温的距平可以看出 ［图 5.8（b）］，尽管在长达 50 年的年平均气温距平序列中，气温正距平的年份为 24 年，负距平的年份均为 22 年，正负波动基本相当，但正距平主要出现在 1986 年以后，其中 20 世纪 80 年代出现 4 次，90 年代出现 7 次，2000 年以后都是正距平，占正距平的 83%，而负距平主要出现在 60—70 年代，20 年中共出现了 13 次负距平，占负距平总数的 59%。说明南水北调西线一期工程调水区气候逐年变暖尤其是进入 20 世纪 80 年代以来的趋势更为显著。

（2）降水量年内及年际变化。从泥渠河朱巴站各年代的降水量年内分配统计（见表 5.6）及降水量年内分配状况（见图 5.9）可以看出，年内降水量主要集中在 6—9 月，这 4 个月的降水量占全年降水量的 73.7%，而其余 8 个月的降水量只占了 26.3%，可见，该地区的降水主要集中于夏季的丰水季节，另外，可利用降水系数（可利用降水系数等于降水量与蒸发量的差值和降水量

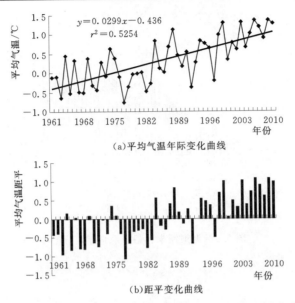

（a）平均气温年际变化曲线

（b）距平变化曲线

图 5.8　调水区泥渠河年平均气温年际变化曲线及距平变化曲线

的比）与降水量的分布较为相近（见图 5.10）。泥渠河年内降水量的集中度基本在 0.64 左右波动，而且各年代间的变化较为平稳（见图 5.11），降水量的集中期出现于每年的 6 月中下旬（见表 5.7）。

表 5.6　　　　　　　　　泥渠河降水量年内分配统计表　　　　　　　　　　%

起讫年份	1月	2月	3月	4月	5月	6月	7月	8月	9月	10月	11月	12月
1960—1969	0.3	0.6	1.3	3.3	10.3	23.7	18.1	17.2	17.8	2.9	1.0	3.6
1970—1979	0.3	0.6	1.9	5.7	11.5	17.8	17.6	14.2	18.7	7.5	0.9	3.3
1980—1989	0.5	0.4	3.0	4.3	9.6	20.1	19.9	15.9	17.7	4.9	0.6	3.2
1990—1999	0.5	0.9	2.1	4.1	11.2	20.1	19.2	14.2	15.5	7.2	0.9	4.1
2000—2009	0.5	0.8	2.1	5.3	11.1	21.4	18.9	16.7	12.9	5.9	0.7	3.7
多年平均值	0.4	0.7	2.1	4.6	10.8	20.5	18.8	15.6	16.4	5.8	0.8	3.6

表 5.7　　　　　　　　　泥渠河降水量的年内集中度和集中期

起讫年份	集中度 PCD	集中期 PCP
1960—1969	0.6797	6 月 17—18 日
1970—1979	0.5935	6 月 22—23 日
1980—1989	0.6467	6 月 20—21 日
1990—1999	0.6210	6 月 19—20 日
2000—2009	0.6374	6 月 15—16 日
多年平均值	0.6348	6 月 19—20 日
最大值	0.7624	7 月 8—9 日
最小值	0.5039	6 月 4—5 日

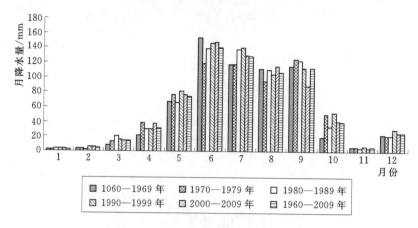

图 5.9　泥渠河朱巴站降水量年内分配

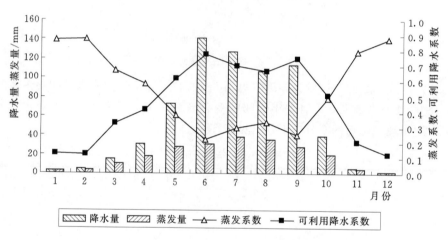

图 5.10　调水区泥渠河多年平均降水量、蒸发量、蒸发系数及可利用降水系数年内变化

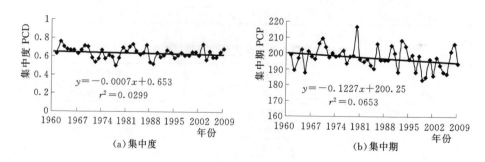

(a) 集中度　　　　　　　　　　(b) 集中期

图 5.11　泥渠河朱巴站降水量的集中度和集中期

从调水区朱巴站年降水量年际变化趋势可看出［见图 5.12（a）］，1961—

110

2010 年之间，调水区年降水量呈逐年增加的趋势。其增幅达 9.2mm/10a。从年际间的波动来看，自 1961 年以来，调水区泥渠河流域年降水量大致出现了 7 次多雨、少雨的循环，这与年流量的波动颇为相似。另外，从降水量距平变化曲线看 [见图 5.12 (b)]，50 年来降水距平百分率为正、负值的年份基本持平，其中正距平 17 次，负距平 21 次。而春、夏、秋、冬四季及汛期、非汛期降水量则分别以 + 5.98mm/10a、+ 5.21mm/10a、− 2.65mm/10a、+0.66mm/10a 及 +4.41mm/10a、+4.80mm/10a 的速率增加或减少，这一变化规律与年径流量的变化规律基本相同，而且四季中仅有秋季降水量呈减少趋势（见图 5.13）。

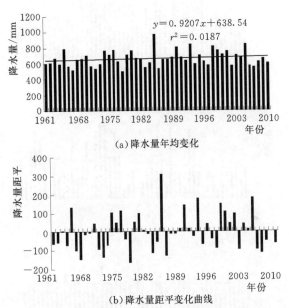

图 5.12　调水区朱巴站年降水量年际变化曲线及降水量距平变化曲线

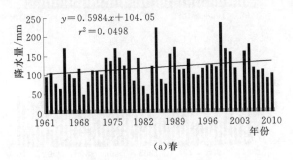

图 5.13（一）　调水区朱巴站春、夏、秋、冬及汛期和
非汛期降水量年际变化曲线

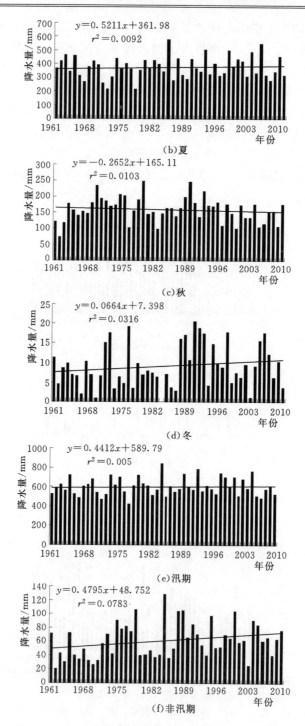

图 5.13（二）　调水区朱巴站春、夏、秋、冬及汛期和
非汛期降水量年际变化曲线

（3）蒸发量的年内和年际变化。根据式（5.12）计算得到调水区泥渠河1961—2010 年蒸发量，经统计得到多年平均月蒸发量年内变化如图 5.10 所示。从图 5.10 中可以看出，蒸发量年内变化与降水量的分布较为相近，蒸发也主要集中于每年的 6—9 月，而蒸发系数与可利用降水系数的变化正好相反。蒸发量的年际变化曲线见图 5.14 (a)，由图可知，调水区年蒸发量表现出逐年略微增加的趋势，其气候倾向率为 7.6mm/10a。从距平变化来看 [见图5.14 (b)]，负距平主要出现在 20 世纪 60 年代，10 年中共出现 8 次负距平。而 90 年代以后只出现 4 次负距平，说明蒸发量的增加主要表现在近 20 多年。

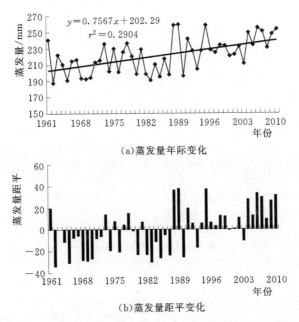

（a）蒸发量年际变化

（b）蒸发量距平变化

图 5.14 调水区泥渠河蒸发量年际变化曲线及距平变化曲线

5.5.2 气候因子对地表水资源的影响

（1）气温对地表水资源的影响。气温作为热量指标对流量的主要影响表现为四个方面：一是影响冰川和积雪的消融；二是影响流域总蒸散量；三是改变流域高山区降水形态；四是改变流域下垫面与近地面层空气之间的温差从而形成流域小气候。但调水区毕竟是以雨水补给为主的河流，因而流量的变化主要依赖于降水量的变化，而气温变化对其影响相对较小。

（2）降水量对地表水资源的影响。由泥渠河年流量和调水区年降水量归一化处理后的变化曲线可以看出（图 5.15），流量和降水量的变化规律非常接近，丰水阶段与降水量偏多的阶段是一致的，枯水阶段与降水量偏少的年份也是一致的。同时，流量最大的年份也恰好是降水量较多的年份，如 2005 年流

量为 $100.5 m^3/s$，降水量为 $844mm$，其中径流量是 50 年来最大值，而且降水量也是 50 年来的次大值。而在流量偏枯的年份，也正是降水量稀少旱象较为严重的年份，如 1968—1975 年。还可看出，降水量对流量的影响存在着一定的持续性，而流量对降水量的响应有着一定的滞后性，具体地说，在连续几年少雨后出现多雨年，流量虽有回升，但因受前期影响而回升速率较降水量缓慢。同样，在多雨年份后出现少雨年后。流量的下降速度同样较降水量迟缓。

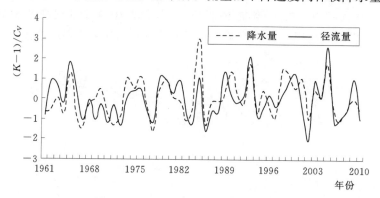

图 5.15　泥渠河年径流量和年降水量归一化年际变化曲线

为进一步说明径流与降水量的关系，表 5.8 列出了四季、汛期、非汛期及年径流与降水量的相关关系（黄嘉佑，2000）。

表 5.8　　　　　　　　　　　　降水量与径流量的相关系数

径流量＼降水量	春	夏	秋	冬	汛期	非汛期	全年
春	0.36 * * *	0.03 * * *	−0.198	0.43 * * *	0.07	0.30 * * *	0.14
夏	0.32	0.62 * * *	−0.13	0.01	0.58 * * *	0.14	0.57 * * *
秋	0.23	0.51 * *	0.27 * *	0.06	0.59 * * *	0.23	0.60 * * *
冬	0.30	0.15	0.19	0.35	0.30	0.20	0.33
汛期	0.36	0.67 * * *	−0.003	0.07	0.67 * * *	0.23	0.68 * * *
非汛期	0.35	0.20	0.18	0.41 * * *	0.35	0.28	0.39
全年	0.39	0.66 * * *	0.02	0.13	0.69 * * *	0.26	0.70 * * *

注　上标为 *、* * 和 * * * 的相关系数分别通过了 0.05、0.02 和 0.01 信度的检验。

由表 5.8 中数据可以看出流量与降水量还存在以下三方面关系：首先，冬季的径流量与不同时段的降水量相关系数很低，而且都不显著，这是符合实际情况的，因为冬季调水区的河流结冰，所以冬季的流量对各时段的降水并不响应；但是冬季的降水却对春季和非汛期的径流量影响较大，相关系数达到了

0.01 信度的显著性水平，原因是春季和非汛期的流量主要是由冬季的降水
（降雪）经融化形成的。其次，四季降水中夏季降水量与冬季、非汛期以外的
季节及汛期流量的关系十分显著，而秋季径流与春季、冬季及非汛期以外的各
时段降水量相关关系均较显著，说明夏季降水量的多少在很大程度上决定着流
量的丰枯，而秋季流量对降水量的响应最为敏感，这一关系与流量和降水量的
变化情况也恰好是吻合的，降水量、径流的减少分别以夏、秋季最为显著。第
三，除夏季和冬季以外，各季节流量不仅与同期降水量有着良好的相关关系，
而且与前期降水量的关系也较为显著，如春季径流不仅与当年春季降水量的相
关关系达到了 0.01 信度的显著性水平，甚至与上年冬季降水量的相关关系同
样也通过了 0.01 信度的检验，说明降水量对径流的影响具有一定的持续性，
这与年降水量对年流量影响的持续性也是一致的。

（3）蒸发量对地表水资源的影响。如上所述，流域蒸发量是地表水资源平
衡中的主要支出项，根据式（5.13）、式（5.14）可知，径流量、降水量和蒸
发量三者之间存在相互消长的关系。在降水量一定的情况下，蒸发量的增大，
可能加大地表水资源的消耗，从而导致河流流量的减少，但受土壤蓄水量的影
响。泥渠河自 1961 年以来蒸发量的逐年增加，由图 5.14（a）可知，蒸发量
的气候倾向率为 7.6mm/10a，而降水量 [见图 5.12（a）] 的气候倾向率为
9.2mm/10a，可见降水量的气候倾向率大于蒸发量的气候倾向率，所以即使
蒸发量的增加也不足以使径流量减少，所以从径流量的年际变化 [见图 5.1
（a）] 来看，径流量的变化趋势是增加的。

5.6 小结

（1）南水北调西线一期工程调水区的泥渠河年流量以每 0.33m³/（s·10a）
的速率微弱增加，50 年累计增加径流量 0.52 亿 m³，较平均值增加 2.6%。另
外，春、夏、秋、冬四季及汛期、非汛期流量分别以每 +4.99m³/（s·10a）、
+0.29m³/（s·10a）、−5.30m³/（s·10a）、+4.07m³/（s·10a）、−3.81m³/
（s·10a）、+7.44m³/（s·10a）的速率增加或减少，其中春季流量增加的最为
显著，相反秋季流量减少的也最显著，而汛期和非汛期的流量呈相反的变化趋
势，汛期的流量逐年减少，相反非汛期流量增加趋势显著。

（2）调水区泥渠河流域气候变化表现出气温升高、降水量增加、蒸发增大
等复杂趋势。其中年平均气温以 0.299℃/10a 的速率升高，50 年平均累计上升
了 1.5℃；同时降水量也呈逐年增加的趋势，其增幅达 9.2mm/10a，而春、夏、
秋、冬四季及汛期、非汛期降水量则分别以 +5.98mm/10a、+5.21mm/10a、
−2.65mm/10a、+0.66mm/10a 及 +4.41mm/10a、+4.80mm/10a 的速率增

加或减少，这一变化规律与年径流量的变化规律基本相同，而且四季中仅有秋季降水量呈减少趋势；蒸发量以每 10 年 7.6mm 的速率递增，但蒸发量的增幅小于降水量的增幅，对于以降水补给为主的泥渠河，降水量是影响其径流变化的主导气象因子，气温的变化只能对径流的变化起辅助的作用，是间接的影响因子之一。

第6章 调水河流径流序列的分形特征及其趋势分析

本章在简单介绍分形理论的产生和发展、分形的定义及其特征的基础上，利用 ArcGIS 扩展模块 HawthsTools 中的 Line Metrics，计算南水北调西线调水河流上朱巴、道孚、甘孜、雅江和足木足等水文站月流量序列的分维数，探讨流量与其分维数的关系，并采用赫斯特提出的分形统计方法——重标度极差法对以上 5 个水文站历史流量序列的赫斯特系数 H 进行了计算，并对流量的未来变化趋势进行相应的分析，希望通过分形的方法对河流流量变化分析提供新的途径。

6.1 概述

水文系统是一个十分庞大的复杂的系统，一般认为由陆地深层子系统、陆地表层子系统、海洋子系统和大气子系统等组成，其中陆地表层子系统又分为河流、湖泊、土壤、植被、社会等子子系统。表征河流子系统的变量主要有流量、水位、泥沙、水温、水质等，而这些变量之间纷繁复杂的关系就构成了河流系统。人们对河流系统的了解主要是通过观测河流某个断面的水位、流量等变量随着时间的变化，这些变量的时间序列观测，也就是我们常说的水文观测。自从有了水文观测记录以来，人们就试图通过研究水文要素时间序列来了解水文系统的演化过程，但是至今从中所得到的有用信息仍是非常有限的。由于非线性科学的发展，国内外学者纷纷将分形特征分析、混沌特征分析以及复杂性分析方法引入到水文时间序列要素的研究中来（佟春生等，2004），为从单一要素时间序列的变化规律来探求整个系统的演变过程提供了新的途径。

分形理论是非线性科学研究中十分活跃的一个分支，主要研究自然界非线性系统中出现的不光滑和不规则的现象及其内在的变化规律，为描述和研究复杂几何形体的变化规律指明了方向（Mandelbrot B B，1982；Falconer K J，1990；Falconer K J，1985；Barnsley M，1988），分形理论的数学基础是分形几何。分形一般指整体的组成部分与整体以某种方式相似的形态，其理论的主旨和精髓就是自相似性。这种自相似性不局限于几何形态的相似而具有更广泛深刻的含义。衡量自相似性的定量参数是分维数，即其自由度。在水文系统中存在很多的自相似性，例如流域水系是一种分枝形态，大流域和小流域的水系在一定程度上存在着自相似性，因此，水系就是一种分形（冯小庆、严宝文，2009），就时间而言，水位、流量、含沙量等时间序列在一定范围内具有分形特性，在统计意义上来说，其整体的复杂性是由于部分的复杂性所导致和反映的。因此，可通过分形理论来分析河流系统中水位、流量、降水、蒸发等时间序列变化过程的复杂性（李扬、严宝文，2009）。

在本章中，应用分形理论的分维数的概念及赫斯特提出的重标极差分析法（Rescaled Range Analysis）即 R/S 分析方法对南水北调西线一期工程调水区河流水文站的月流量序列进行研究，研究其分形维数，用分维数对流量时间序列演进过程的复杂程度进行定量描述，研究其赫斯特系数 H 的变化规律及其河流流量序列的未来发展变化趋势，为河流系统的流量序列的预测及生态流量的计算提供数据支撑。

6.2　分形理论

6.2.1　产生和发展

纵观人类科学的发展历程，几何学总是起着先导性作用。19 世纪经典数学研究的对象是欧几里得的规则几何学和牛顿的连续动力系统。直到 20 世纪前叶，自然界的几何描述几乎无例外地建立在欧几里得空间的基础之上。欧氏几何给我们提供了关于现实的理想化描述。例如，直线、正方形、椭圆、球等几何图形，它们的维数都是整数。传统几何都是以规则、光滑、可微的空间形态为研究对象。而且长期以来，数学已广泛涉及到那些可以用经典的微积分进行研究的集类和函数类，而那些不够光滑和规则的集和函数却被认为是病态的不值得研究，而且不被重视。虽然欧氏几何对标准几何体的研究已日臻完美，然而，客观存在的大自然本来就是千姿百态千变万化的。比如，天空中变幻莫测的白云的边界、远处连绵起伏的山脉轮廓、陆地与海洋相交的奇形怪状的海岸线、闪电的分叉、遍布全身的血管、高度无规则的材料裂纹等，展现了层出不穷的不规则几何形状。并且，大量的不同类型的极不规则的几何对象常常出现在自然科学的不同领域中，如数学中解决非线性时出现的吸引子，流体力学中的湍流，物理学中临界现象与相变，化学中酶与蛋白质的构造，生物中细胞的生长，工程技术中的信号处理和噪声分析、自然界中的河流水系等。人们试图将它们纳入经典几何的欧氏空间中来研究，但由此导出的模型无论在理论上或是在实践中，均难以处理所接触到的实际情形。客观世界的不规则性需要人们去确切了解和研究，而对这类"不光滑集"必须且可以进行详细的数学描述已为人们所意识到，于是，分形几何学应运而生（胡晓梅，2006）。

分形的英文单词 fractal 来源于拉丁文 fractus，由 Mandelbrot 于 1975 年引入。国内对 fractal 的译法很多，如"碎片"、"碎形"、"分维数"和"分维"，等等。近几年来人们开始使用"分形"这一译法。

关于分形的产生可以追溯到 1872 年 Weierstrass 证明了一种处处连续却处处不可导的函数，这一结果在当时曾引起了极大的震动，人们认为 Weierstrass 的函数是极为"病态"例子。即使这样，人们仍从不同方面推广这类函数，并对其性质作了深入研究，获得了一些成果。如 Peano 于 1890 年构造了能够填充平面的曲线，Von Koch 于 1904 年构造了对后来分形理念影响巨大的 Von Koch 曲线等。20 世纪的前半叶，由于维数理论得到了进一步的发展并日臻成熟，人们对分形集的性质作了更深入的研究。Besicovitch 及其他学者就在这段时间研究曲线的维数、分形集的局部、分形集的结构、S-集的分析，等等，他们的研究成果极大地丰富了分形几何理论。1967 年，美国科学家 Mandelbrot（曼德尔布罗特）在《Science》上发表的"How long is the coast of Britain, Statistical self-Similarity and Fractional Dimension"的论文，开创了分形几何学。到 1975 年，Mandelbrot 将前人的研究结果进行总结，集其大成，发表了划时代的专著《分形：形状、机遇和维数》（Fractal：Form, Chance, and Dimension）一书，该书第一次系统地阐述了分形几何的思想、内容、意义和方法，标志着分形几何作为一门独立的学科正式诞生，到 1982 年，他又发表另一部关于分形的著作《大自然的分形几何》（The Fractal Geometry of Nature），该书被分形界的学者视为"圣经"，这部著作的出版标志着分形理论作为独立的学科已经形成。此后，由于分形理论极强的应用性，它在物理相变理论、材料的结构与控制、力学中的断裂与破坏、模式识别、自然图形的模拟等领域取得了令人瞩目的成果。尤其是近几十年由于非线性应用学科和计算机技术的发展，分形的数学理论在分形维数的估计与算法、分形集的生成结构、分形的随机理论、动力系统的吸引子理论、分形的局部结构等方面得到了深入的发展，国际学术刊物《混沌、孤子和分形》和《分形》的先后创刊，标志着分形已经有了自己学科之间相互交流的平台。

6.2.2 分形的定义

从分形的产生一直发展到现在，关于分形的准确定义还没有达成一致，仍有许多争议，Mandelbrot、Falconer、Edgar 等人都对分形进行了定义，这些学者给出的分形定义能够描述分形的某些特征，但都不能完全准确地包含分形的所有性质。不过，了解他们对分形的定义对于我们理解分形的概念有很大的帮助。

曼德尔布罗特于 1982 年在《The Fractal Geometry of Nature》（Mandel-brot B B，1982）中给出分形的定义如下：

定义 1：设集合 $F \subset R^n$ 的 Hausdorff 维数是 D。如果 F 的 Hausdorff 维数 D 严格大于它的拓扑维数 $D_T = n$，即 $D > D_T$，我们称集合 F 为分形集，简称为分形。用数学公式表示为

$$F = \{D : D > D_T\} \tag{6.1}$$

曼德尔布罗特又于 1986 年在《Self-affine fractal sets，in Fractals in Physics》（Mandelbrot B B，1986）中对分形进行了这样的诠释：

定义 2：局部与整体以某种方式相似的形叫分形。（英语原文：A fractal is a shape made of parts similar to the whole in some way.）

这个定义虽然体现了大多数奇异集合的特征，尤其反映了自然界很广泛一类事物的属性：局部与局部、局部与整体在形态、功能、信息与空间等方面具有某种意义上的自相似性，但是该定义只强调了分形的自相似特征，因此，只适用于自相似分形。

Falconer 于 1985 年在《The Geometry of Fractal Sets》（Falconer K J，1985）中对分形提出了一个新的认识，即不对分形做精确的定义，而是把分形看成是具有某些性质的集合，他认为集合 F 是分形，应该具有如下五方面的性质。

定义 3：如果 F 具有如下性质，则 F 是分形。

（1）F 具有精细结构，即有任意小比例的细节。

（2）F 是如此的不规则，以至它的局部和整体都不能用传统的几何语言描述。

（3）F 通常有某种自相似的形式，可能是近似的或是统计意义上的。

（4）一般地，F 的"分形维数"（以某种方式定义的）大于它的拓扑维数。

（5）在大多数情况下，F 可以非常简单的方法定义，并且可由迭代产生。

Edgar 于 1990 年在《Topology and Fractal Geometry》 （Edgar G A，1990）中对分形做了如下的定义：

定义 4：分形集就是比在经典几何考虑的集合更不规则的集合。这个集合无论被放大多少倍，越来越小的细节仍能看到。

虽然定义 3 和定义 4 不严密，但确实使我们很容易理解什么是分形。粗略地说，分形就是对没有特征测度值（特征测度值是指能代表集合各种测度的一个特征值，如一个球，可以用它的半径作为长度的特征值），但具有一定意义下的自相似特征的集合。也就是说分形是具有不规则特性的集合，但是这种不规则性（粗糙性）具有层次性，即在不同层次（测度）下均能观察

到。事实上，不规则几何的抽象化经常比在经典几何中光滑曲线和光滑平面的规整几何更能精确地符合自然世界。正如 Mandelbrot 所说："云彩不是球面，山峰不是圆锥，海岸线不是圆圈，闪电不按直线前进。"它们都可能是分形。

6.2.3　分形的基本特征

从上面介绍的分形定义可以看出，分形的基本特征主要有自相似性、标度不变性和分维数等。

6.2.3.1　自相似性

从 Mandelbrot 和 Falconer 对分形的定义可以看出，自相似性是分形的一个非常重要的基本特征。它是指复杂系统的总体与部分、这部分与那部分之间的精细结构或性质所具有的相似性，或者说从整体中取出的局部能够体现整体的基本特征，即在不同放大倍数上的性状相似。

自相似性往往以统计方式表示出来，即当改变尺度时，在该尺度包含的部分统计学的特征与整体是相似的。这种分形是数学分形的一种推广，称为统计分形或无规则分形，尤其当研究的对象是一个随机过程时，具有此性质的随机过程称为自相似随机过程。

6.2.3.2　标度不变性

对一个具有自相似性的物体或者系统必定满足标度不变性，或者说这种系统没有特征长度。所谓标度不变性是指在分形上任选一局部区域，并对它进行放大处理，这时得到的新图形又会显示出原图所具有的形态特征。因此，对于分形，不论将其放大或者缩小，其形态特征、复杂程度、不规则性等方面均不会发生变化。

6.2.3.3　分维数

在欧氏空间中，维数是描述空间中一个点的位置所需要的独立坐标数目或连续参数的最小数目。对于普通的几何对象，具有整数维数，即称为欧氏维数，如零维的点、一维的线、二维的面、三维的体，以及四维的"时空"。1919 年 Hausdorff 提出了维数可以是分数的概念，突破了长期在人们心目中形成的维数只能是欧氏空间整数维的观点。后来，人们在研究分形的过程中，又相继提出了分数维数、相似维数、分形维数、豪斯道夫维数、容量维数、量规维数和盒维数等（谢和平，1996；谢和平等，1997；陈颙等，2005；Xie Heping，1993）。

6.2.4　重标极差分析法

分形理论主要探讨和刻画自然界中复杂事物的客观发展规律及其内在联系。赫斯特（Hurst H E，1951）于 1951 年研究尼罗河水库水流量和贮存能力的关系时，发现用有偏的随机游走（分形布朗运动）能够更好地描述水库的长期存贮能力，并在此基础上提出了重标极差分析法即 R/S 分析方法来建立 Hurst 系数 H，将其作为判断时间序列数据遵从随机游走还是有偏的随机游走的指标。在 1969 年，分形几何学的创始人曼德尔布罗特（Mandelbrot B B）提出了经典的 R/S 分析法（Mandelbrot B B、Wallis J R，1969a），该方法已于 2000 年在理论上得到了证实（Benassi A 等，2000）。

目前，标准统计分析方法（黄嘉佑，2000）的适用范围是：假设所研究的系统是随机的且其极限分布服从正态分布。实际的动力学系统常常是介于随机性与确定性之间的一大类非线性系统，比如水文时间序列一般呈偏态分布（如皮尔逊 Ⅲ 型分布）。利用传统的标准统计方法对这一类系统进行统计分析时其方法已不再有效，此时需要引入一类非参数统计方法；R/S 类分析法就是一种已经被广泛使用的非参数统计方法；R/S 分析法最大的优点是不必假定时间序列测度的分布特征，而且不论是正态分布还是非正态分布。R/S 分析的结果都是稳健的。

R/S 分析法是通过计算非线性时间序列的赫斯特系数 H 值，来判断时间序列的分形特性及长程相关性，以此区分时间序列的随机性与非随机性，并最终确定趋势性的持续与强度。

R/S 分析的基本思想是，改变所研究对象的时间尺度的大小，研究其统计特性变化规律，从而可以将小尺度的规律用于大的时间尺度范围，或者将大的时间尺度得到的规律用于小尺度。其基本原理如下（Donald L、Turcotte，1997；李后强、汪富泉，1993）。

设在时刻 t_1，t_2，$\cdots$，t_N 处取得的相应时间序列为 ξ_1，ξ_2，$\cdots$，ξ_N，该时间序列的时间跨度为

$$\tau = t_N - t_1 \tag{6.2}$$

在时间 τ 内，该时间序列的平均值为

$$\langle \xi \rangle_N = \frac{1}{N} \sum_{i=1}^{N} \xi_i \quad N = 2,3,4,5,\cdots \tag{6.3}$$

式中：N 为时间序列的长度。

在 t_j 时刻，物理量 ξ 相对于其平均值 $\langle \xi \rangle_N$ 的累积偏差为

$$X(t_j, N) = \sum_{i=1}^{j} \{\xi_i - \langle \xi \rangle_N\} \quad 1 \leqslant j \leqslant N \tag{6.4}$$

式（6.4）中 $X(t, N)$ 不仅与 t 有关，而且还与 N 的取值（即时间序列的范围）有关。每一个 N 值对应一个 $X(t, N) \sim t$ 序列，不同的 N 值有不同

的 $X(t,N) \sim t$ 序列。把同一个 N 值所对应的最大 $X(t)$ 值和最小 $X(t)$ 值之差称为域，并记为 R：

$$R(t_N - t_1) = R(\tau)$$

$$= \max X(t,N) - \min X(t,N) \quad t_1 \leqslant t \leqslant t_N \quad N = 2,3,4,5,\cdots$$

$$(6.5)$$

Hurst 利用的标准偏差：

$$S = \left(\frac{1}{\tau} \sum_{i=1}^{N} \{\xi_i - \langle \xi \rangle_N\}^2 \right)^{1/2} \quad t_1 \leqslant t \leqslant t_N \quad N = 2,3,4,5,\cdots \quad (6.6)$$

引入无量纲的比值 R/S，对 R 进行重新标度，即

$$\frac{R}{S} = \frac{\max X(t,N) - \min X(t,N)}{\left(\frac{1}{\tau} \sum_{i=1}^{N} \{\xi_i - \langle \xi \rangle_N\}^2 \right)^{1/2}} \quad (6.7)$$

Mandelbrot 通过对尼罗河最低水位等自然事件的分析，证实了 Hurst 的研究，并得出了更广泛的指数律（Mandelbrot B B、Wallis J R，1968、1969b、1969c），即

$$R/S = (\tau/2)^H \quad (6.8)$$

式（6.8）中的 H 称为赫斯特系数，$H \approx 0.72$，H 的标准偏差约为 0.09。上述分析方法被称为 R/S 分析法。

赫斯特系数 H 的取值范围为 [0，1]，而且 H 的取值不同，它表示的物理意义就不同。当 $H = 0.5$ 时，标志着此时间序列是随机的，事件是随机的和不相关的，现在的发展情况不会影响未来的变化。但是，当赫斯特在研究江河的流量、泥浆的沉积等自然现象之后，发现当 $H > 0.5$ 时，意味着持久性，即为一个状态持续性的或趋势增强的序列，若序列此前一个期间是向上（下）发展变化的，那么，它在下一个期间将继续是正（负）的，即向相同方向发展，而且发展趋势明显。趋势增强行为的强度或持久性，随 H 接近 1 的程度而增强。H 越接近 0.5，其噪声就越大，未来发展变化趋势也就越不确定。持久性序列是分数布朗运动或有偏随机游走，偏倚的强度取决于 H 与 0.5 的贴近程度。当 $0 \leqslant H < 0.5$ 时，系统是一逆状态持续性的或遍历性的时间序列，它经常被称为"均值回复"的，即若系统此前一时期均是向上走的，那么，在下一期间均多半向下走，反之亦然，这种逆状态持续性行为的强度取决于 H 与 0 的远近程度，若 H 越接近零，则越成负相关性。这种时间序列具有比随机序列更强的突变性或易变性，因为它是由频繁出现的逆转构成的。因此 R/S 分析在时间序列中具有很强的预测预报作用。

对赫斯特经验公式（6.8）两边取常用对数得

$$\lg(R/S) = H(\lg\tau - \lg2) \tag{6.9}$$

以 $\lg(R/S)$ 为纵坐标，以 $\lg\tau$ 为横坐标，其图形在双对数坐标系中为一簇斜率为 H，过定点（$\lg2$，0）的直线。然而对于某些自然现象（研究对象）而言，不仅赫斯特系数 H 值不同，而且描述其本质特征的 $\lg(R/S)\sim\lg\tau$ 直线也并不一定过定点（$\lg2$，0），而是随具体研究对象来确定，即赫斯特经验公式中的常数 1/2 应是一个不确定的量。因此，引入一个反映自然现象本身特性的参数 d，赫斯特经验公式可以改写为

$$R/S = (d\tau)^H \tag{6.10}$$

式中：d 表示不依赖于 H 的变量，为自然现象的固有特性。式（6.10）即为修正后的赫斯特经验公式。对式（6.10）两边取常用对数得：$\lg(R/S) = H(\lg\tau + \lg d)$，在双对数坐标系 $\lg(R/S)\sim\lg\tau$ 中，H 表示直线的斜率，$\lg d$ 表示在 $\lg\tau$ 轴上的截距。当 $d=1/2$ 时，式（6.10）就退化为赫斯特经验公式（6.8）。

6.3 数据资料

根据南水北调西线水文站点的分布及其水文数据的基本情况，选取鲜水河支流泥渠河上的朱巴站、鲜水河上的道孚站、雅砻江上的甘孜和雅江站以及大渡河上的足木足站的月流量资料（门宝辉等，2005、2006a；门宝辉，2009），各站流量资料的基本情况见表6.1，各站的流量时间序列变化见图6.1。

表6.1 南水北调西线一期工程调水区各水文站流量资料基本情况

水系	河名	流入何处	站名	站别	坐标 东经	坐标 北纬	集水面积/(km²)	资料采用的年限/(年-月)
雅砻江	泥渠河	鲜水河	朱巴	基本水文	100°41′	31°26′	6860	1960-01—1999-12
	鲜水河	雅砻江	道孚	基本水文	101°04′	31°02′	14465	1956-01—1987-12（缺1969年）
	雅砻江	金沙江	甘孜	基本水文	99°58′	31°37′	32925	1956-01—1999-12
	雅砻江	金沙江	雅江	基本水文	101°02′	30°07′	65729	1953-01—1987-12（缺1969年）
大渡河青衣江	足木足河	大金川	足木足	基本水文	102°17′	31°56′	18345	1959-01—1999-12

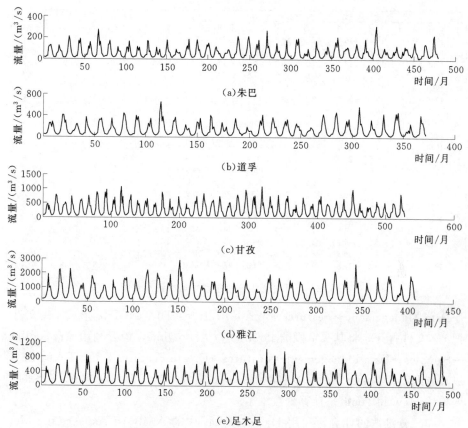

(a)朱巴

(b)道孚

(c)甘孜

(d)雅江

(e)足木足

图 6.1 南水北调西线一期工程调水区各水文站月流量序列变化

6.4 河流流量序列的分形特征分析

6.4.1 分维数的计算

本章采用 ArcGIS 的扩展模块 HawthsTools 中的 Line Metrics 来计算各水文要素时间序列的分维数。该分维数属于盒维数。

下面就以朱巴站的月流量系列分维数的计算为例，说明利用 ArcGIS 扩展模块 HawthsTools 中的 Line Metrics 计算分维数的步骤。

（1）数据准备。利用 Excel 将月流量时间序列资料录入整理，其形式如图 6.2 所示。

（2）数据格式的转换。首先，在 ArcMap 平台上利用 Tools→Add XY Data 将图 6.2 上的 Excel 数据导入到 ArcMap 中，然后利用 Data→Export Data 将刚刚导入的数据导出形成 shp 格式的文件，接着利用 ArcToolbox→Samples

序号	A	B	C	D	E	F	G	H	I	J	K	L	M	N
	年份	1月	2月	3月	4月	5月	6月	7月	8月	9月	10月	11月	12月	年平均流量
1														
2	1961	14.9	13.9	16.1	47.0	54.0	69.1	127.0	80.4	71.0	67.7	30.0	14.9	50.8
3	1962	13.8	12.8	13.3	28.5	67.2	148.0	211.0	178.0	112.0	61.2	36.2	20.4	75.6
4	1963	15.5	14.0	17.5	27.5	26.0	74.0	171.0	145.0	188.5	109.0	45.5	23.0	71.7
5	1964	18.3	16.5	21.0	40.0	36.5	57.5	117.5	94.0	157.5	91.0	41.6	25.0	59.9
6	1965	19.0	17.0	18.0	27.5	43.0	185.0	276.0	127.0	163.5	105.0	48.0	38.0	89.3
7	1966	20.5	19.0	23.0	29.5	28.5	46.5	136.5	138.0	172.0	110.5	48.0	26.3	66.8
8	1967	20.0	16.4	19.3	26.0	38.0	53.5	115.6	73.0	72.0	73.0	35.0	19.0	47.0
9	1968	16.0	14.0	17.5	36.0	59.0	110.5	112.0	66.5	166.6	80.5	38.5	23.0	61.8
10	1969	18.0	15.5	19.0	24.0	23.0	46.5	116.0	79.0	112.0	62.5	32.0	20.0	47.5
11	1970	16.0	14.0	17.0	29.0	39.0	40.0	169.0	166.5	66.5	77.0	39.0	22.5	58.5
12	1971	17.0	15.5	20.0	28.0	46.5	112.0	58.0	40.5	56.5	92.0	40.5	20.0	45.6
13	1972	16.7	15.0	19.2	30.1	48.3	106.0	179.0	99.0	69.3	58.3	30.4	18.1	57.8
14	1973	14.7	25.4	31.8	36.2	41.6	90.0	61.7	56.8	55.2	60.1	30.8	17.2	43.5
15	1974	12.8	13.6	16.4	23.5	44.1	103.0	124.0	90.9	185.0	90.4	46.1	26.3	64.8
16	1975	17.3	16.6	19.1	29.0	48.9	128.8	183.1	131.5	80.8	88.4	49.6	24.1	68.5
17	1976	17.1	15.7	20.0	32.4	67.1	98.8	136.0	119.0	152.0	98.0	48.1	27.3	69.6
18	1977	19.3	17.0	26.4	57.8	97.4	119.0	79.8	74.5	52.3	55.0	31.3	20.4	54.4
19	1978	14.8	14.5	17.3	42.8	56.1	56.8	58.2	86.4	88.4	65.9	36.3	17.8	46.4
20	1979	14.2	14.8	15.9	46.1	50.3	64.4	143.0	215.0	180.0	108.0	52.6	27.3	78.1
21	1980	16.9	16.2	19.8	39.3	34.9	61.8	97.6	182.0	215.0	134.0	57.8	28.2	75.6

图 6.2　朱巴站流量时间序列数据准备示意图

→Data Management→Features→Write Features To Text File 形成 txt 文件，把 txt 文件打开，将其头字段的 Point 改写为 Polyline，最后利用 ArcToolbox→Samples→Data Management→Features→Create Features From Text File 形成具有线特征的 shp 文件，这样数据的格式转换完毕，即可利用 ArcGIS 的拓展模块 HawthsTools 来计算分数维了。

（3）分维数的计算。利用 HawthsTools 中的 Analysis Tools→Line Metrics，即可计算出月流量时间序列的分维数，计算的分维数存储在 shp 文件的 Attribute Table 中的 FracDim 字段中。本书中把利用 HawthsTools 计算的分维数表示为 FD。

6.4.2　分维数的计算结果

根据上面介绍的利用 HawthsTools 计算分维数的方法，计算了鲜水河支流泥渠河朱巴、鲜水河干流道孚、雅砻江干流的甘孜和雅江，以及大渡河支流足木足河上的足木足等水文站的月流量序列的各月及年的分维数见表 6.2。

表 6.2　　　　　　　　　　各水文站月流量时间序列的分维数

时间	朱巴	道孚	甘孜	雅江	足木足
1月	1.0311	1.0401	1.0752	1.1369	1.0536
2月	1.0282	1.0410	1.0709	1.1182	1.0445
3月	1.0339	1.0438	1.0783	1.1337	1.0595
4月	1.0784	1.0780	1.2304	1.2880	1.1740
5月	1.1077	1.1365	1.3487	1.4848	1.3731

时间	朱巴	道孚	甘孜	雅江	足木足
6 月	1.2196	1.3799	1.7124	2.2670	1.4917
7 月	1.3496	1.5514	1.8691	2.4884	1.7410
8 月	1.3248	1.4272	1.8379	2.7003	1.6174
9 月	1.3104	1.4432	1.7475	2.3291	1.8373
10 月	1.1524	1.2296	1.4593	1.7917	1.4619
11 月	1.0710	1.0987	1.2119	1.3324	1.1579
12 月	1.0480	1.0625	1.1055	1.1931	1.0770
全年	1.1065	1.1456	1.2593	1.5139	1.1860

从表 6.2 的计算结果可以看出，朱巴站月流量序列的分维数在 1.0282～1.3496 之间，其中 7 月最大，2 月最小，全年流量序列的分维数是 1.1065；道孚站月流量序列的分维数在 1.0401～1.5514 之间，其中 7 月最大，1 月最小，全年流量序列的分维数是 1.1456；甘孜站月流量序列的分维数在 1.0709～1.8691 之间，其中 7 月最大，2 月最小，全年流量序列的分维数是 1.2593；雅江站月流量序列的分维数在 1.1182～2.7003 之间，其中 8 月最大，2 月最小，全年流量序列的分维数是 1.5139；足木足站月流量序列的分维数在 1.0445～1.8373 之间，其中 9 月最大，2 月最小，全年流量序列的分维数是 1.1860。

通过各水文站流量序列的分维数计算结果的分析可知，各序列的年内各月的分维数是变化的，而且最大分维数基本上出现在 7 月、8 月，最小分维数出现在 1 月和 2 月，说明各河流的流量序列的分维数年内变化的规律具有一定的相似性。

6.4.3 流量序列分维数的变化规律

6.4.3.1 分维数与流量序列的变化

从上面计算分析可知，各水文站的月流量序列的分维数中，基本上是 7 月、8 月的分维数最大，1 月、2 月的分维数最小，下面就将各站历年的 7 月（或 8 月、9 月）和 1 月、2 月的流量变化过程绘制在图 6.3 中，来分析分维数与流量时间序列变化之间的关系。

由图 6.3 中各水文站流量时间序列变化过程可以看出，7 月（或 8 月、9 月）的流量历年的上下变化要比 1 月、2 月的剧烈，可见，7 月（或 8 月、9 月）月的流量过程要比 1、2 月的复杂，在分维数上表现为 7 月（或 8 月、9 月）的分维数比 1 月、2 月的分维数大，可以用分维数来表征流量变化的复杂程度，流量变化越复杂，其分维数越大。

分析其原因，主要是因为 7 月（或 8 月、9 月）河流处于汛期，其流量变化受上游来水、流域内降水、蒸发、气温以及下垫面植被等因素影响，其影响因素较多，而且这些因素之间也存在相互影响、相互作用的复杂关系，而 1

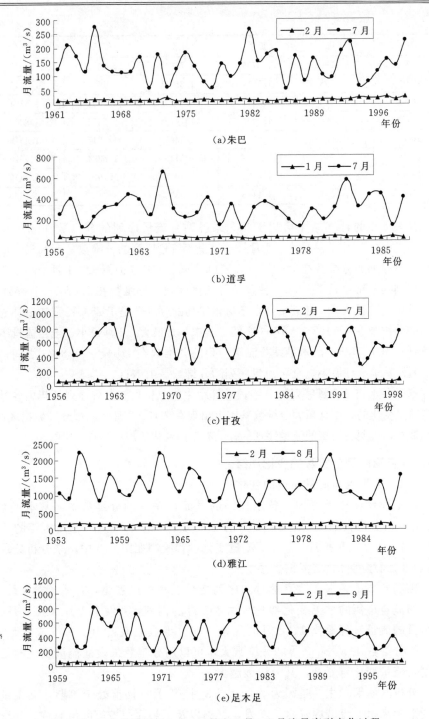

图 6.3　各水文站历年 1 月、2 月和 7 月、8 月流量序列变化过程

月、2月河流内的流量处于枯水期，其大小主要决定于当地的地下水对河川基流的补给，一般情况下，河川的基流变化较为平稳。

6.4.3.2 分维数与流量序列的关系

将各水文站历年月流量进行统计，得到多年平均月流量时间序列见图 6.4（a），把计算的月流量序列分维数（见表 6.1）绘制成分维数年内变化如图 6.4

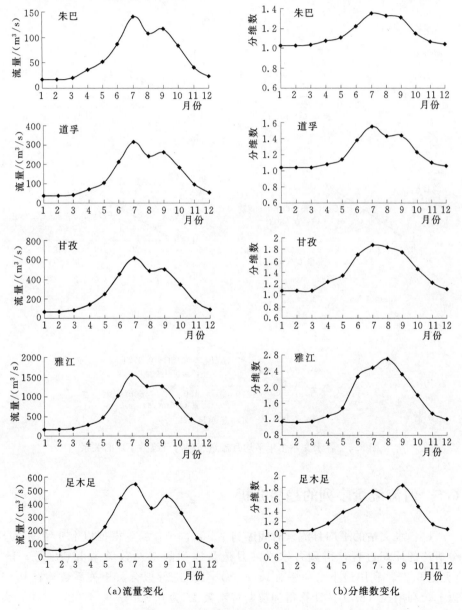

(a)流量变化　　　　　　(b)分维数变化

图 6.4 各水文站多年平均月流量变化与分维数年内变化

（b）所示，从图 6.4 中明显看到多年平均月流量过程与其分维数的年内变化具有高度的相似性。

　　为了研究各水文站流量序列与其分维数的关系，通过统计分析，发现多年平均月流量与其分维数呈较好的线性相关（见图 6.5），其相关系数的平方均达到 0.9 以上。

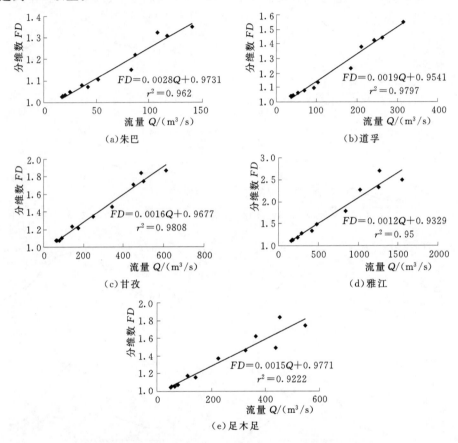

图 6.5　各水文站多年平均月流量序列与分维数 FD 的关系

6.5　河流流量序列的趋势分析

　　以各水文站的平均月流量时间序列 ξ_1，ξ_2，…，ξ_N，根据以上介绍的 R/S 分析法的计算过程，得到各水文站月流量序列的双对数关系 $\lg(R/S)\sim\lg\tau$（见图 6.2），利用最小二乘法对 $\lg(R/S)\sim\lg\tau$ 进行拟合，相关系数均在 0.95 以上，利用式（6.10）计算得到赫斯特系数 H 为 0.3384～0.4702，其中，大渡河支流足木足河上足木足站月流量序列的赫斯特系数最小为 0.3384，雅砻江干流上雅江站的月流量序列的赫斯特系数最大为 0.4702，但都小于 0.5，说明这 5 个站的月流量序列都具有反持续性。

表 6.3　　　　　　　　各水文站流量序列的赫斯特系数

河流的名称	水文站名称	赫斯特系数 H	$\lg(R/S) \sim \lg\tau$	相关系数 r
鲜水河支流泥渠河	朱巴	0.4487	$\lg(R/S) = 0.4487\lg\tau + 0.2077$	0.9746
雅砻江支流鲜水河	道孚	0.4698	$\lg(R/S) = 0.4698\lg\tau + 0.1542$	0.9795
雅砻江干流	甘孜	0.4271	$\lg(R/S) = 0.4271\lg\tau + 0.2225$	0.9669
雅砻江干流	雅江	0.4702	$\lg(R/S) = 0.4702\lg\tau + 0.1379$	0.9751
大渡河支流足木足河	足木足	0.3884	$\lg(R/S) = 0.3884\lg\tau + 0.2721$	0.9542

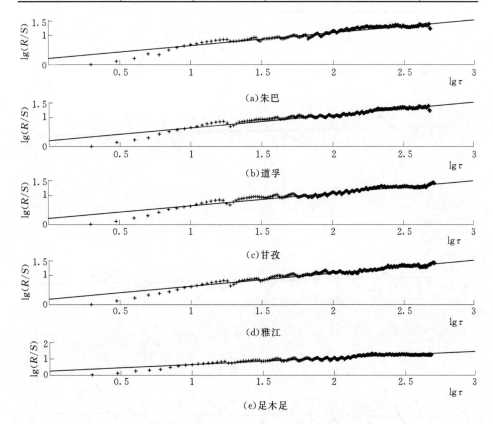

图 6.6　各水文站流量序列 R/S 分析的 $\lg(R/S) \sim \lg\tau$ 关系

由图 6.6 中可以看出，对 $\lg(R/S) \sim \lg\tau$ 拟和直线的斜率均小于 0.5，即赫斯特系数小于 0.5，根据赫斯特系数的规律可知，这 5 个水文站的径流未来趋势是与历史情况负相关，即具有逆持续性。为了分析径流序列的未来趋势，需要知道这些水文站历史流量时间序列的变化情况，故将各水文站年平均流量时间序列绘于图 6.7。

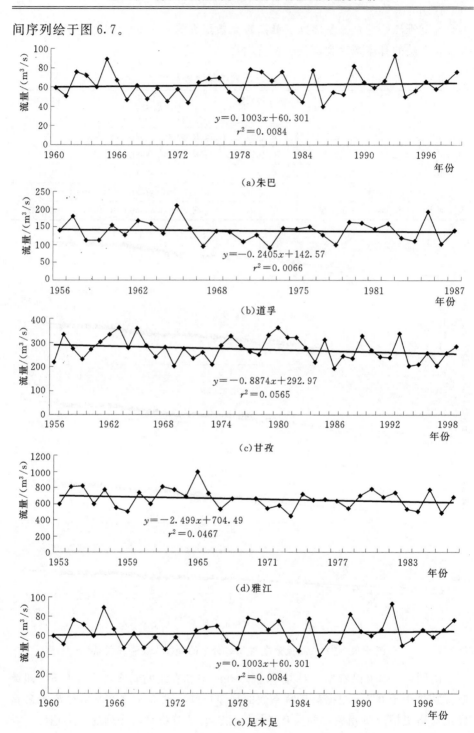

(a)朱巴

(b)道孚

(c)甘孜

(d)雅江

(e)足木足

图 6.7 各水文站历史年平均流量时间序列的变化趋势

从图 6.7 各水文站历史年平均流量序列变化可以看出，道孚站、甘孜站和雅江站在过去的 40 多年间来水是逐渐减少的，从趋势线的斜率可知，道孚的流量趋势线斜率是这三个站中最大的一个，甘孜站次之，雅江站的流量趋势线斜率最小，故雅江站的历史来水量减少的较为明显，由于这三站流量序列的赫斯特系数分别为 0.4698、0.4271、0.4702，均小于 0.5，所以这三站未来的径流将是增加的；朱巴站和足木足站的过去来水趋势是增加的，但是其赫斯特系数为 0.4487、0.3884 均小于 0.5，故其未来的趋势是减少的，即这两站的径流量将逐渐减少。

6.6　小结

通过计算各水文站月流量序列的分维数发现，分维数的大小可以表征流量变化的复杂程度，汛期流量序列的分维数大于枯水期的分维数；而且各水文站月流量序列与其分维数具有高度的线性相关性，这样，为通过分维数的大小来分析流量的变化提供了可能。

利用 R/S 分析法，得到了各水文站月流量序列的赫斯特系数，并结合这几个水文站过去 40 年间的来水趋势分析，预测了这些河流的未来流量变化情况，结果为道孚、甘孜、雅江的流量将会增加；而朱巴和足木足等断面的流量将会减少，这对西线调水工程的实施是不利的。

本书只是采用了 R/S 分析法对各水文站径流的未来趋势做了大致定性的判断，至于径流增加或减少多少没有做定量计算，这也需要将来的工作中加以探讨和研究。

第7章 河道内生态需水量计算方法介绍

自 Gleick 于 1998 年提出基本生态需水量的概念以来，关于生态和环境需水分配的研究越趋深入，生态需水量的计算方法，特别在河道内生态流量的估算已经出现相当多的计算方法。但是由于生态系统的复杂性以及人类对河流生态系统认识的有限性，目前还没有一种令人满意的通用的计算方法。

国内外目前河流生态需水计算方法大体上可分为四类：①水文学方法，主要包括 Tennant 法、流量历时曲线法、RVA 法、7Q10 法等；②水力学方法，主要有湿周法、R2CROSS 法、生态水力模拟法、径流与河床形态分析法等；③栖息地方法，常用的有河道流量增加法（IFIM）、有效宽度法（UW）、加权有效宽度法（WUW）、加权可利用栖息地面积法（WUA）等；④综合方法，主要有南非建筑块法（BBM）、澳大利亚整体法等。下面对各种计算方法的内容作简单介绍。

7.1 水文学方法

7.1.1 Tennant 法

Tennant 法又称蒙大拿（Montana）法，是田纳特于 1976 年提出来的，以平均年流量的百分比作为推荐流量，在不同的月份采用不同的百分比（Tennant D L，1976）。在 1964—1974 年间田纳特等人对美国的 11 条河流实施了详细的野外调查研究，来试验和验证蒙大拿法。这些河流分布在美国的蒙大拿、怀俄明和内布拉斯加州，其中 6 条河流在蒙大拿州，4 条河流在怀俄明州，1 条河流在内布拉斯加州，研究河段长度共计 315.4km（196 英里），研究断面总计 58 个，共有 38 个流量状态。他们研究在不同地区、不同河流、不同断面和不同流量状态下，物理的、化学的和生物的信息对冷水和暖水渔业的影响。

田纳特等用观测得到的水文数据建立了河宽、水深和流速等栖息地参数与流量的关系，通过研究这些关系，发现了其中的某些规律。这些水文参数在流量从零至平均流量 10% 的范围变化时，比其他任何流量范围内的变化都要快。野外调查试验统计分析得到如下规律（王西琴，2007）。

（1）平均流量的 10% 覆盖了 60% 的底质，此时平均水深是 0.3m，平均流速是 0.23m/s。研究表明这一流量是许多水生生物特别是鱼类健康的临界点或最低流量限制点，或者说 10% 的平均流量是生物能够存活的最小瞬时流量。

（2）从平均流量的 30% 到 100% 时，湿润底质增加了 40%，平均深度从 0.46m 增加到 0.61m，平均流速从 0.46m/s 上升到 0.61m/s，这是水生生物需求的从较好的到最佳的生存条件范围。然而，它是短时间最小的基流水量（10% 的流量）的 3～10 倍。

（3）流量从 100% 提高到 200%，湿润底质平均只提高 10%，平均水深从 0.61m 上升到 0.91m，平均流速从 0.61m/s 提高到 1.1m/s。1.1m/s 的平均流速对于大多数水生生物所要求的适宜生存条件可能过高，但对于输运泥沙、推移质和在浅水区划船有好处。

Tennant 法是脱离特定用途的综合型计算方法，是非现场测定类型的标准设定法，是在考虑保护鱼类、野生动物、娱乐和有关环境资源的河流流量状况下，按照年平均流量的百分数来推荐河流基流的（表 7.1）。

表 7.1　　　　　Tennant 法对栖息地质量和流量关系的描述

栖息地的定性描述	推荐的基流标准（平均流量百分数）	
	一般用水期（10月至翌年3月）	鱼类产卵育幼期（4—9月）
最大	200	200
最佳范围	60～100	60～100
很好	40	60
好	30	50
较好	20	40
一般或较差	10	30
差或最小	10	10
严重退化	<10	<10

Tennant 法是依据观测资料建立起来的流量和栖息地质量之间的经验关系。它仅仅使用历史流量资料就可以确定生态需水量，使用简单、方便，容易将计算结果和水资源规划相结合，具有宏观的指导意义，可以在生态资料缺乏的地区使用。该法不需要现场测量。在有水文站点的河流，年平均流量的估算可以从历史资料获得。在没有水文站点的河流，可通过可行的水文技术来获得。但由于对河流的实际情况作过分简化的处理，没有直接考虑生物的需求和生物间的相互影响，只能在优先度不高的河段使用，或者作为其他方法的一种粗略检验，因此，它是一种相对粗略的方法（徐志侠等，2003）。

Tennant 法主要缺点有：①适用条件有局限性。此方法计算结果的精度与对栖息地重要性认知程度有关。②比例确定困难。不同区域、不同需水类型、不同保护对象，生态健康程度与流量的比例关系不同，需要分析调整 Tennant 法中流量百分比标准是否符合当地河流情况。③Tennant 法根据多年平均流量的一定比例统一划定，没有考虑水量需求的年内变化问题，以及与水生生物生境要求的变化。没有从流域特性及成因规律分析流量的特点，忽略河流流量季节性变化是它的主要缺点。在实际应用时应根据本地区的情况对其进行适当改进（郑志宏等，2010）。

我国河流水生态系统大多具有明显的季节性特征。因此将河流生态需水按季节性划分为 4—6 月、7—10/11 月、11/12 月至翌年 3 月 3 个时段（或依据需要分多个时段）。时段划分依据河流或河段所处的自然地理特征进行，划分的阶段越多，计算结果越理想。改进可以从原方法中确定多年平均年流量的流量系列中找一典型年，要求典型年的年流量最接近多年平均流量，典型年来自河流本身一年流量过程，具有河流本身的季节丰枯特性。用典型年流量来代替多年平均流量，从而实现 Tennant 法反映河流流量的季节性（郑志宏等，2010）。

7.1.2　流量历时曲线法

流量历时曲线法是利用历史流量资料构建各月流量历时曲线，将某个累积频率相应的流量（Q_p）作为生态流量。Q_p 的频率 P 可取 90% 或 95%，也可根据需要作适当调整。Q_{90} 为通常使用的枯水流量指数，是水生栖息地的最小流量，为警告水资源管理者的危险流量条件的临界值。Q_{95} 为通常使用的低流量指数或者极端低流量条件指标，为保护河流健康的最小流量（SL/Z 479—2010）。这种方法是建立在至少 20 年的日流量数据的基础之上，一般需要 30 年以上的日流量系列。流量历时曲线法保留了仅采用水文资料的简单性，但它却更好地反映了径流年际、年内分布的不均匀性。

流量历时曲线法首先对历史流量系列进行从大到小排序，即

$$q_i, i=1,2,\cdots,N \tag{7.1}$$

式中：q_1、q_N 为序列中的最大、最小流量值。

然后利用式 (7.2) 计算流量系列的累积频率。

$$p_i = p(Q>q_i) = \frac{i}{N+1} \tag{7.2}$$

根据计算的累积频率值，绘制流量历时曲线。最后根据流量历时曲线，将某个累积频率相应的流量作为生态流量。

7.1.3　RVA 法

Richter 等在 1997 年提出 RVA（Range of Variability Approach）法建立河流流量管理模式，该方法自提出以来即受到广泛关注，在美国、加拿大、南

非、澳大利亚等国家的 30 多项研究中得到应用（王西琴，2007）。RVA 法不
同于一般的水文学方法，它使用流量大小、发生时间、频率、持续时间和变化
率五个方面的水文特征值对水体进行描述。RVA 法使用已有的历史流量数据
计算河流生态流量，在具有较长的历史流量资料的地区具备使用该类方法的
条件。

RVA 法建立在 IHA（Indicators of Hydrologic Alteration）法的基础上。
IHA 法根据河流的逐日水文资料，计算具有生态意义的关键水文特征值（表
7.2），并计算这些关键水文特征值年际的集中量数（例如中位数、平均值）和
离散量数（例如范围、标准偏差、变异系数），以对人类活动干扰前（资料系
列长度大于 20 年，选用资料时需考虑能反映河流的天然状况、未受到人类活
动干扰等因素）和干扰后的河流水流模式进行描述。IHA 法的 32 个水文特征
值分为 5 组，分别反映流量大小、发生时间、频率、持续时间和变化率等水文
特征。关键水文特征值的大小可以定义生境特征值如湿周等，特殊水文事件的
发生时间与特定生物的生命过程需求是否得到满足有关，特殊水文事件的发生
频率与生物繁殖或死亡事件有关，并进而影响种群动态变化，特定水文事件的
持续时间可决定某特殊生命循环是否能完成，水文值的变化率与生物承受变化
的能力有关。

表 7.2　　　　　　　　　　IHA 法的水文参数及其特征

水 文 参 数	特 征	参数个数
月平均值	数量、时间	12
年最小 1d、3d、7d、30d、90d 平均值	数量、持续时间	10
年最大 1d、3d、7d、30d、90d 平均值		
年最大一天发生日期	时间	2
年最小一天发生日期		
每年高流量脉冲、低流量脉冲次数和平均持续时间	数量、频率和持续时间	4
涨幅年平均值	频率、变化率	4
降幅年平均值		
上涨次数		
下降次数		

IHA 法可以反映人类活动对 32 个水文特征值的影响。RVA 法以 IHA 法
为基础计算河流生态需水，一般按照如下六步进行计算。①根据 IHA 法，给
出天然状况下河流水流的 32 个水文特征值；②根据河流天然状况下的 32 个水
文参数值，并参考有关生态资料，设定 32 个河流流量管理目标，即使未来 32
个水文参数目标值落在其自然变化范围内，例如落在平均值±1SD（标准偏

差）的范围内；③根据32个水文参数目标值，设计满足生态要求的新河流流量管理模式，并按设计指标进行实际操作；④对新流量模式下的生态因子（如鱼类种群、植物、水质、地貌过程和物种生境等）进行监测，并评价新流量模式下的生态响应；⑤在每年年末，仍使用32个水文参数描述该年实际水流变化特征，并将这些参数值与目标值进行比较；⑥根据生态监测和评价结果，重新设定流量管理目标和流量管理模式，即重复②～⑥。

RVA法具有可操作性，并可根据最新研究结果及时更新改进河流流量模式，因此可满足河流管理部门的需要。

7.1.4 7Q10 法

7Q10法是采用90％保证率最枯连续7d平均流量作为河流的最小流量设计值。该方法最初由美国开发，用于保证污水处理厂排放的废水在干旱季节满足水质标准，不代表河道内生态需水量。该法于20世纪70年代传入我国，主要用于计算污染物允许排放量。由于该标准要求较高，鉴于我国的经济发展水平和南北方河流水资源的差别等情况，对该方法进行了修改。《制订地方水污染物排放标准的技术原则和方法》（GB 3838—83）规定：一般河流采用近10年最枯月平均流量或90％保证率最枯月平均流量。另外，在法国对河流低限环境流量也做出规定：河流最低环境流量不应小于多年平均流量的1/10；如果河流多年平均流量大于80m³/s时，政府可以针对每条河流制定法规，但是最低流量的下限不得低于多年平均流量的1/20（张玫等，2005）。该方法的计算过程一般包括三步：①根据历年水文资料，选取历年最枯月径流；②将各年最枯月径流系列进行频率计算，绘制P-Ⅲ曲线；③从频率曲线上计算出90％保证率的流量。

该方法主要是为了防止河流水质污染而设定的，没有考虑水生物、水量的季节变化，计算的生态流量一般小于其他方法计算结果，只可维持低水平的栖息地。

7.2 水力学方法

7.2.1 湿周法

在计算生态流量的方法中，湿周法是利用湿周作为衡量栖息指标的质量，来估算河道内流量的最小值。该方法有这样一个假设，湿周与水生生物栖息地的有效性有直接联系，即保证好一定水生生物栖息地的湿周，也就满足了水生生物正常生存的要求（Gippel G J 等，1998）。

湿周法是根据河道的水力学特性参数，如湿周、平均水深、水面宽、流速等，由实测的河道断面湿周与断面流量之间的对应关系，绘制湿周（P）～流量（Q）关系曲线。在湿周～流量关系曲线上确定突变点的位置，突变点所对应的流量值即为河道最小生态环境需水量。

由水力学可知，通常湿周随着河流流量的增大而增加，然而当湿周超过某一临界值后，河流流量的迅速增加也只能引起湿周的微小变化，这个点就是湿周流量关系上的一个突变点，就是说，在突变点以下，每减少一个单位的流量，水面宽的损失将显著增加，河床特征将严重损失。注意到这一河流湿周临界值的特殊意义，只要保护好作为水生物栖息地的临界湿周区域，也就基本上能满足非临界区域水生物栖息保护的最低需求。

湿周～流量关系可从多个河道断面的几何尺寸～流量关系实测数据经验推求，或从单一河道断面的一组几何尺寸～流量数据中计算得出，也可以采用曼宁公式求得（崔树彬，2001；苗鸿等，2003；McCarthy J H，2003）。湿周法的断面一般选在单一河道断面的浅滩（McCarthy J H，2003；Steven J，1998；Gordon，2004），因为浅滩是最临界的栖息地，对于流量的变化，这些断面的河宽、水深和流速最敏感。当河流流量较少时，浅滩首先被暴露出来；而且浅滩通常是鱼类和大型无脊椎动物栖息的区域。因此，保护好浅滩栖息地也就满足了整个河流的要求。

湿周法操作简单，对数据要求不高，需要的费用较低，容易实现。与水文学方法相比，湿周法较多地考虑了生物区栖息地的要求和不同流量下的栖息地状况，而且该法还需要进行野外调查，以水力学公式为依据，从而具有一定的理论基础；与栖息地法和综合法相比，湿周法具有快速和使用代价低的优点，而且对数据的时间尺度要求不高，一般短期的数据甚至几天的数据就可以满足其需要（Gippel G J，1998）。湿周法受到河道形状的影响，同时要求河床形状稳定，否则没有确定的湿周流量关系，也就没有突变点（杨志峰等，2003a）。湿周法也有一些引起置疑的假设和限制，其主要假设是突变点的流量需要确保能为鱼类提供足够的食物，但这一假设还未被验证。此外其计算所得流量是一个确定的值，为生态需水量的下限。但实际上，该结果还会受到河道断面形状的影响（吉利娜等，2006）。

为了确定在天然状态下，不同河道断面对应的河道最小生态流量，即临界流量，断面的选取应该遵循以下 3 个原则：①典型性：选取能够代表所在河道的平均特性，较好地反映流域面积大小、河床基底组成、断面过水特性、河道断面类型、河道曲率、河流水沙特性等诸多要素，一般情况下，河流中下游水文断面能够满足要求；②稳定性：水文控制断面的稳定性是河道最小生态流量计算的必要条件，稳定性具有两重含义，即河道断面几何形态的物理稳定性以及断面所表现出的水文内涵稳定性，如水位流量关系等；③实用性：能够突出反映河道流量与河道断面形态特性的关系，便于进行生态流量的机理分析，为计算河道最小生态流量提供便利条件。

湿周法计算的关键是要确定湿周～流量关系，可以先根据河道断面的断面资料确定水位湿周关系，并结合水文学中的水位流量关系即可确定湿周～流量关系。

湿周～流量关系曲线是河流断面几何形态、流量和水深的函数。只有建立了正确的湿周～流量关系曲线，用湿周法才能更合理地估算河道最小生态流量。因为湿周法与 R2CROSS 法建立在相同的假设条件下，所以参考 R2CROSS 法中的标准选取适当的参数。

流量的数学表达式为

$$Q = AV \tag{7.3}$$

式中：A 为过水断面面积，m^2；V 为过水断面的平均流速，m/s。

假设河流为明渠恒定均匀流，由谢才公式得

$$V = C\sqrt{RS} \tag{7.4}$$

式中：R 为水力半径，m；S 为水面坡降；C 为谢才系数。

谢才系数 C 由曼宁公式确定：

$$C = \frac{1}{n} R^{\frac{1}{6}} \tag{7.5}$$

式中：n 为粗糙系数。

将式（7.5）、式（7.4）代入式（7.3）后，得

$$Q = \frac{1}{n} A R^{\frac{2}{3}} S^{\frac{1}{2}} \tag{7.6}$$

根据水力半径为过水断面面积 A 与湿周 P 的比值的定义，将式（7.6）整理为湿周～流量关系式：

$$Q = \frac{1}{n} A^{\frac{5}{3}} P^{\frac{-2}{3}} S^{\frac{1}{2}} \tag{7.7}$$

式中：Q 为流量，m^3/s；n 为粗糙系数；A 为过水断面面积，m^2；R 为水力半径，m；S 为水面坡降；P 为湿周，m。

天然河道的横断面多为不规则的几何形状，但一般可以近似用矩形、梯形、三角形以及抛物线形等断面来表达。河流不同断面形状的湿周～流量关系见表 7.3。

根据不同河流断面湿周流量关系的分析，可知三角形断面以及抛物线形断面的湿周与流量呈现出幂函数关系；而矩形和梯形断面的湿周与流量呈现出对数关系，湿周～流量关系可以按照这两种关系进行拟合。

表7.3 不同河流断面的湿周～流量关系

河流断面	湿周流量关系	说　明
矩形	$Q=\dfrac{\sqrt{S}}{3.17n}\Big[(P-B)B\Big]^{\frac{5}{3}}-P^{-\frac{2}{3}}$	Q 为流量，S 为水面比降，n 为糙率，B 为宽度，P 为湿周
梯形	$Q=\dfrac{\sqrt{S}}{n}\left[\dfrac{b(P-b)}{2}\sqrt{1+m^2}+\dfrac{m(P-b)^2}{4(1+m^2)}\right]^{\frac{5}{3}}P^{-\frac{2}{3}}$	b 为河底宽度，m 为边坡系数，其余同上
三角形	$Q=\dfrac{\sqrt{S}}{32n}(\sin\theta)^{\frac{5}{3}}P^{\frac{8}{3}}$	θ 为断面夹角，其余同上
抛物线形	$Q=\dfrac{\sqrt{S}}{n}\left[\dfrac{2}{3}B\sqrt{\dfrac{3B(P-B)}{8}}\right]^{\frac{5}{3}}P^{-\frac{2}{3}}$	B 为河宽，其余同上

湿周流量关系曲线上突变点的确定是湿周法计算最小生态流量的关键。在解析几何学上突变点的定义为：通过曲线某一点的切线，斜率在该点的一侧是增加的，而在该点的另一侧却是减少的。但是湿周～流量关系曲线上却很难找到这样的点。一般认为，在湿周～流量关系曲线某一点之上，流量的增加只会引起湿周细微的变化，那么这个点就是突变点，而且第一个突变点对应的流量就是最小生态流量。

确定湿周～流量关系曲线上突变点的方法目前有两种：一种是斜率为1法，即选取相对湿周～相对流量关系曲线上斜率为1点为突变点，该点所对应的流量即为最小生态流量，根据 $dP'/dQ'=1$，可求得最小生态流量；另一种是曲率最大法，即认为相对湿周～相对流量关系曲线上曲率最大点所对应的流量为最小生态流量，从高等数学的理论分析，相对湿周～相对流量关系曲线上曲率最大的点即为曲率函数的一阶导数为0的点，所以，通过计算曲率函数一阶导数为0所对应的流量即可得到最小生态流量。相对湿周～相对流量关系曲线的曲率公式见式（7.8）。

$$k=\dfrac{d^2P'}{dQ'^2}\Bigg/\left[1+\left(\dfrac{dP'}{dQ'}\right)^2\right]^{3/2} \qquad (7.8)$$

对式（7.8）等号右边求导，可求得湿周流量关系曲线上的最大曲率，进而可计算最小生态流量。

7.2.2 R2CROSS 法

R2CROSS 法适用于一般浅滩式的河流栖息地类型。该方法以曼宁公式为基础，假设浅滩是最临界的河流栖息地类型，而保护浅滩栖息地也就会保护其他的水生栖息地。该方法确定以平均深度、平均流速以及湿周长的百分数作为冷水鱼的栖息地指数，平均深度与湿周长的百分数标准分别是河流顶宽和河床总长与湿周长之比的函数，所有河流的平均流速推荐采用 0.3048m/s 的常数，这三种参数是反映与河流栖息地质量有关的水流指示因子。如能在浅滩类型栖息地保持这些参数有足够的水平，将足以维护冷水鱼类与水生无脊椎动物在水塘和水道的水生生境。起初河流流量推荐值是按年控制的，后来，生物学家又根据鱼的生物学需要和河流的季节性变化分季节制订相应的标准（见表7.4）。

表 7.4　　　　　　　　R2CROSS 法保护水生栖息地的最小流量标准

水面宽/ft	平均水深/ft	湿周率/%	平均流速/(ft/s)
0.3～6.1	0.06	50	0.3
6.4～12.19	0.06～0.12	50	0.3
12.5～18.29	0.12～0.18	50～60	0.3
18.59～30.48	0.18～0.3	≥70	0.3

注　1ft＝0.3048m。

7.2.3　生态水力模拟法

生态水力模拟法（李嘉等，2006）是在河道水生生境描述和河道水力学模拟的基础上，建立水生生境与河道水力学参数之间的关系，进而通过水生生物适应的水力生境确定合适的流量。该法假设水深、流速、湿周、水面宽、过水断面的面积、水面面积、水温等河道水力学物理量是流量变化对物种数量和分布造成影响的主要水力生境参数；急流、缓流、浅滩及深潭是流量变化对物种变化造成影响的主要水力形态（董哲仁，2003）。

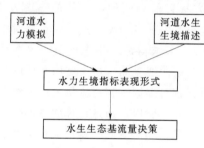

图 7.1　生态水力模拟法的
示意图（李嘉等，2006）

该方法的计算过程主要分四部分（见图7.1）。

（1）河道水生生境描述，该模块调查分析水生生物对水深、流速等水力生境参数的最基本生存要求；分析水温变化对水生生物的影响；分析水生生物对急流等水力形态的基本生存要求。

（2）河道水力模拟，利用水力学模型对研究河段进行一维～三维水力模拟，计算不同流量时研究河段内各水力生境参数值的变化情况。通过一定的水力生境指标表现形式，将（1）与（2）有机的结合，并用简明的方式表现出来。

（3）水生生物水力生境的指标表现形式，该部分是生态水力模拟法的核心部分，包括枯水季节指标表现形式、汛期指标表现形式、年内变化指标表现形式。

（4）河道水生生态基流量的决策，由水文水资源、水力学、环境评价、水生生态工作者依据水力生境指标表现形式、结合河道的来水过程、当地的社会经济发展状况及政策等综合确定河道生态基流量。

该法将生物资料与河流流量研究相结合，计算结果定量化，计算成果具有可操作性。计算中考虑了水力生境参数的全河段变化情况，计算结果更具全面性。考虑了季节性河流年内变化情况。但需一定人力及物力投入，且仅适用于大中型河流确定河道内的水生生物生态需水流量。

7.2.4 径流与河床形态分析法

径流与河床子系统是河流生态系统中非常重要的组成部分，在这个子系统中，河道中流动的水与岩土发生作用，形成了各种各样的河床形态，水流在河床上的流动形成了水面宽度、水深、流速等水力要素，这三个要素是径流与河床子系统的重要特征指标。我国学者徐志侠等（2005c）研究发现人们的娱乐、生态旅游等都需要一定的水面宽度作为保证，适宜提出选择水面宽度作为径流与河床子系统的指标，将径流与河床形态关系简化为流量与水面宽的关系。并提出采用流量和水面宽关系曲线上突变点所对应的流量作为河道最小非生物需水流量，通过对淮河、海河等流域水文站断面流量和水面宽的关系研究发现将突变点处相应流量作为河道最小非生物需水，可以保留55％～75％的河道非生物环境特征。

7.3 栖息地方法

7.3.1 河道内流量增加法

河道内流量增加法（Instream Flow Incremental Methodology，IFIM）是应用比较广泛的计算生态环境需水的方法。IFIM 法根据现场数据如水深、河流基质类型、流速等，采用 PHABSIM（Physical Habitat Simulation）模型模拟流速变化和栖息地类型的关系，通过水力学数据和生物学信息相结合，决定适合于一定流量的主要的水生生物及栖息地。该法的特点就是把大量的水文水化学现场数据与选定的水生生物种在不同生长阶段的生物学信息相结合，进行流量增加的变化对栖息地影响的评价。它考虑的主要指标有水流流速、最小水深、底质情况、水温度、溶解氧、总碱度、浊度、透光度等。采用该法并不产生特定的河道内流量目标值，除非栖息地保护的标准能被确定。这种方法在美国 24 个州得到使用。Orth 和 Maughan 认为由于 IFIM 法所需要的定量化的生物资料的缺乏，使这种方法的应用受到一定的限制。另外，该法将重点放在一些河流生物物种的保护上，而没有考虑诸如河流规划以及包括河流两岸在内的整个河流生态系统，由此计算出的推荐的流量范围值，并不符合整个河流的管理要求。

7.3.2　有效宽度法

有效宽度法（Usable Width，UW）是建立河道流量和某个物种有效水面宽度的关系，以有效宽度占总宽度的某个百分数相应的流量作为最小可接受流量的方法。有效宽度是指满足某个物种需要的水深、流速等参数的水面宽度；不满足要求的部分就算无效宽度（徐志侠等，2004）。

7.3.3　加权有效宽度法

加权有效宽度法（Weighted Usable Width，WUW）与有效宽度法的不同之处在于加权有效宽度法是将一个断面分为几个部分，每一部分乘以该部分的平均流速、平均深度和相应的权重系数，从而得出加权后的有效水面宽度。权重参数的取值范围从 0 到 1（徐志侠等，2004）。

7.3.4　加权可利用栖息地面积

能够表征生物栖息地变化的指标很多，可以采用较为简单的水力学参数，如河流的水面宽、平均水深、湿周、过水断面面积、平均流速等（LIU S X 等，2008）。其中，水面宽反映河流生态系统食物产出水平，平均水深反映生物在断面上的通道状况，湿周反映底栖生物的产出水平，过水断面面积反映生物的存活空间范围，平均流速反映河流断面的水流流场的变化情况，也可采用这些简单指标相互组合的指标，其中加权可利用栖息地面积（Weighted Usable Area，WUA）（BOVE E K D，1998）就是其中的一个。

WUA 是每千米河流适合水生生物生活的栖息地面积，是将河流的流速、水深、河道适宜性等方面提炼成适宜性指数，以这些指数的不同组合作为相应河段的栖息地面积的权重，进而得到 WUA。一般可以通过 PHABSIM 模型（Midcontinent Ecological Science Center，2001）计算。

PHABSIM 的分析过程是首先界定目标物种对平均流速、水深和底质等重要的栖息地水力学因子的适应度曲线，然后计算栖息地河段在不同流量下的水力学因子，再结合栖息地适应度曲线查得该水力学因子对应的栖息地适应度指数，这些适应度指数与栖息地水域平面面积的乘积就是该水力学条件下的加权可利用面积（Loar J M、Sale M J，1981）。

计算 WUA 时，先将研究区域河段的实测断面数据输入 PHBSIM 模型，再将栖息地适宜性标准输入，即可通过 PHBSIM 模型计算得到该河段的适合目标物种的 WUA，其计算公式为

$$\mathrm{WUA} = \sum F[f(V_i), f(D_i), f(C_i)]A_i \tag{7.9}$$

式中：$F[f(V_i)$，$f(D_i)$，$f(C_i)]$ 为组合栖息地适宜度因子（Combined Suitability Factor，简称 CSF）；A_i 为研究河段第 i 个区域的河床面积；$f(V_i)$、

$f(D_i)$ 及 $f(C_i)$ 分别为第 i 分区的流速、水深和河床底质适应度指数。

组合栖息地适宜度因子（CSF）是每个划分区域特定流量下目标物种的组合适宜度指数，在 PHABSIM 模型中有乘积法、几何平均法、最小值法和加权平均法等 4 种 CSF 的计算方法，最常用的是乘积法：

$$CSF = f(V_i) \times f(D_i) \times f(C_i) \tag{7.10}$$

栖息地适宜性标准（Habitat Suitable Criteria，HSC）是各栖息地因子不同状态下目标物种适宜生存的状况，是栖息地法的生物学基础，它对一个物种的特性行为进行定量，可以曲线的形式表示（郑超磊等，2010）。栖息地适宜度曲线可以通过专家意见或查阅历史文献，也可结合野外考察，利用栖息地使用曲线或栖息地偏好曲线来建立。

7.4 综合方法

7.4.1 BBM 法

BBM（The Building Block Methodology）法的目的是确定河流、湿地、湖泊的水质和水量要求，使它们保持在一个预定的状态，这种状态包括 4 种水平（A~D）：A 是接近自然状态；D 是接近人工状态。该法主要是根据专家意见定义河流流量状态的组成成分，利用这些成分确定河流的基本特性，包括干旱年基流量、正常年基流量、干旱年高流量、正常年高流量等。生态学家和地理学家对河流流速、水深和宽度提出要求，水文学家根据水文数据尽可能地进行分析，以保证河流推荐流量可以得到满足，并且符合河流实际情况。

在流量需求计算时，根据专家（鱼类专家、无脊椎动物专家、滨岸植物学专家和地貌学专家）的相关知识，在理解栖息地需求和河流水力特征的基础上，确定区域内的流量需求。

BBM 法计算生态流量可分为：正常年份逐月低流量或基本流量、干旱年份逐月低流量或基本流量、正常年份逐月冲洗流量（流量和历时）、干旱年份逐月冲洗流量 4 种流量。BBM 法计算生态需水量公式可表示为

生态环境需水量＝水文动态流量生态功能流量
＋流量和栖息地关系流量＋噪音流量

噪音流量主要指目前还未被认识的某些流量方面。

7.4.2 澳大利亚的整体法

整体法是针对澳大利亚河流提出的。这个方法要求评估整个河流系统，包括河流源区、河道、河岸带、洪泛区、地下水、湿地和河口地区等，其基本原则就是保持河流流量的完整性、天然河流的季节性和变化性。

该法认为较小的洪水可以保证所需营养物质的供应以及颗粒物和泥沙的输运，中等的洪水可以造成生物群落重新分布，较大的洪水则能造成河流结构损坏；低流量可以保证营养物质循环、群落动态性和动物迁移、繁殖，影响湿地物种种子存活，避免鱼类死亡和在季节性河流中产生有害物质。因此，洪水和低流量都是河流生态系统保护所需要的，其规模和持续时间根据保护要求确定。

实施该方法时要求有实测和天然流量时间系列数据（以日为步长）、跨学科的专家组、现场调查、公众参与等。

7.5　小结

水文学方法的优点在于：如果水文资料是准确的，那么就能很快得出结果，具有操作简单的优点。该类方法对于全流域尺度上的规划或者提供最初的评价比较合适，一般作为战略性管理方法来使用，其缺点是没有明确考虑栖息地、水质和水温等因素。

水力学方法是将生物区的栖息地要求以及不同流量水平下栖息地的变化考虑其中。然而，对于实地调查河流数据的需要使得这类方法更加消耗时间和财力，其缺点是体现不出季节性变化因素。

生态需水量计算的水文学方法和水力学方法均研究生态系统与河道规模的关系，倾向于维持河流规模方面的特征，适用于对生态系统缺乏了解或已有生态系统保护水平需求较高的地区。

栖息地方法主要考虑水生生物对水深和流速等水力要素的需求，不仅仅考虑自然栖息地伴随河流流量的变化机制，而且还将这些信息与给定物种的栖息地偏好结合起来，确定在一定的河流流量范围内可用的栖息地的数量，对于明确管理目标的地区用处明显。

整体法是一种混合的方法，但更多地依赖历史流量资料。这种方法建立在尽量维持河流生态系统的天然功能原则之上，其基本概念是：河流流量过程某些特征对保持河流生态系统有特别重要的意义。另外，该类方法的应用还容易受到生物数据的限制，同时对影响因素之间的相互作用关系缺乏了解也制约了该类方法的应用。目前，这种方法主要应用于受人类影响较小的河流。

综合方法本质上是利用与流量相关的数据和信息的理论框架，它不受分析工具的限制，可以利用多种不同的分析方法。其中整体法注重对于整个生态系统的考虑，以天然水文状况为基础，旨在提供包括河道、河滨地带、洪泛区、地下水、湿地以及河口在内的整个生态系统所需的水体。目前，综合法在世界各地得到了广泛的应用，同时也涉及到了在其他方法或理论框架中应用到的一些工具，使得其方法融合了许多领域的新方法，增加了其复杂性。

目前国内采用的方法多是从国外引进的，缺少自主原创的元素和思想，这些方法是否真的适合我国河流的基本情况，还有待于进一步深入的研究。近年来，在我国生态需水的研究是一个非常热点的领域，也产出了大量的研究成果，但大多只停留在理论探索阶段，还没有形成一套被普遍认可的适合我国河流特点的计算生态需水的方法论体系。河流生态需水涉及到水文学、水力学、自然地理学、生态学、环境学、生物学等诸多学科领域的知识，因此，计算河道内的生态需水量的方法就需要水文数据、河流水力学数据、水生生物、陆生生物以及其他生态方面的资料乃至实测数据的支撑，而目前我们国内的河流普遍缺乏的就是这些数据资料，所以很难建立起将水文学、水力学、生态学、环境学等学科真正的交叉融会贯通起来的生态需水量计算方法，另外，也显示出目前生态需水量研究缺少多学科领域专家的相互协作、交流的弊端，这也是造成国内目前计算生态需水方法没有原创的原因之一。河道内生态需水量研究应该说相当复杂，目前对于河道生态运行机制、河流生物及沿岸各种生命系统与水资源的关系研究的还不够深入（张丽等，2003），这可能是建立生态需水量计算方法的障碍所在。

第8章 生态水力半径模型

　　界定了生态流速和生态水力半径的概念，提出了一种同时考虑河道信息（水力半径、糙率、水力坡度）和维持某一生态功能所需河流流速的水力学方法，即生态水力半径模型，找出了该模型的关键参数是确定生态水力半径所对应的河道过水断面面积，重点推导了抛物线形过水断面与水力半径之间的关系。这种新方法的计算不仅能更好地适应鱼类对流速的要求，而且可用于其他生态问题有关的生态水流（如输运泥沙和污染自净）的计算等。以估算雅砻江支流泥渠河朱巴站的河道内生态需水量为例，说明该模型的计算过程，同时用Tennant 法对计算结果进行了对比验证。结果表明：生态水力半径模型计算朱巴站河道内生态流量基本处于 Tennant 法所计算的最小和适宜生态需水量之间，由于该方法考虑了生态流速（如鱼类洄游流速），故所得的结果符合实际情况。

8.1 基本概念

8.1.1 生态流速

　　河流水体构成的生态系统即河流生态系统，是流水生态系统中的一种，河流是陆地与海洋相互联系的桥梁和纽带，在生物圈的物质循环中发挥着重要的作用。由于河流生态系统水的持续流动性，使得溶解氧较为充足，这种特殊的生境，造成了浮游生物较少，鱼类和微生物较为丰富的特点。鱼类作为水生态系统中的顶级群落，对其他类群的存在和丰度有着重要作用，加之其对水流敏感，鱼类种群的稳定是水生态系统稳定的标志，因此，鱼类可以作为水生态系统稳定的关键物种（徐志侠等，2006）。因此，鱼类的生长、发育、繁殖等繁衍的进程成为表征河流生态系统健康与否的标准。对于产漂流性卵的鱼类，若没有适宜的流速，亲鱼就难以产卵，鱼苗更难以漂流孵化。故将流速作为影响关键物种（鱼类）生长、繁殖的关键生态水文特征量。鱼类不同的生长发育期对水流的流速具有不同的要求，不同的鱼类对流速的要求也不相同。鱼类在栖息和流动过程中具有一定的趋流性（李梅，2007），即鱼类根据水流的流向和流速调整其游动方向和速度，使之处于逆水游动或较长时间地停留在逆流中某一位置的状态。鱼类的这种趋流性，主要是由于水压力作用，由鱼的视觉和触觉等因素综合引起的，并与鱼类栖息地自然的河流水域环境有密切关系。

鱼类的这种趋流性是一个综合的集成系统，很难用一个定量的指标来衡量，一般采用感觉流速、喜爱流速和极限流速作为研究鱼类趋流性的指标。感觉流速是指鱼类对水流流速可能产生生理或应激反应的最小流速。喜爱流速是指鱼类不同生长发育期所能适应的多种流速中的最为适宜其栖息的流速范围。极限流速是指鱼类所能承受或适应的最大流速。各种鱼类的感觉流速大致是相同的，也可以认为鱼类对水流感觉的灵敏性大致是相同的。由于各种鱼类游动能力不同，它们之间的极限流速差别很大。即使同种鱼类，由于体长不同，个体的趋流性也不相同（见表 8.1）。总之，无论是极限流速还是喜爱流速，都是随着体长的增大而增加。

表 8.1　花斑裸鲤、黄河鲤鱼和鲂鱼适应流速的能力表（李梅，2007）

种类	体长/cm	感觉流速/(m/s)	喜爱流速/(m/s)	极限流速/(m/s)
花斑裸鲤	20～25	0.2	0.3～0.8	1.0
黄河鲤鱼	25～35	0.2	0.3～0.8	1.1
鲂鱼	10～25	0.1	0.2～0.3	0.4～0.5

河道内水流的流速是指水质点单位时间内移动的距离（周泽松，2002），单位是 m/s。本书提出的生态流速是指为了保护一定的生态目标，即使河道生态系统保持其基本的生态功能，河道内应该保持的最低水流流速，用 $v_{生态}$ 来表示。

根据河流生态系统的具体情况，一般生态目标包括以下内容：

（1）保持河流生态系统内食物链和食物网的健康，水生生物及鱼类对流速的要求，如鱼类洄游的流速、鱼类栖息地生活所需的流速。

（2）保持河流生态系统的水沙平衡，维持河流的输运功能，即河道输沙的不冲不淤流速。

（3）受人类活动干扰的河流，包括人工的废污水的排放河流，保持其河道免受污染的自净流速。

（4）对于外流河，保持河口生态系统的平衡，要保持其一定入海水量的流速等。

8.1.2　生态水力半径

水力半径是水力学中的一个非常重要的参数，是指河道过水断面面积与其湿周的比值，一般用 R 来表示。本书提出的生态水力半径是指生态流速所对应的水力半径，用 $R_{生态}$ 来表示。

8.2　模型的构建

8.2.1　模型提出的思路及假设条件

生态水力半径模型的提出主要是针对天然河道某一过水断面的生态流量提出的，是一个比较宏观的物理量，故有两点假设前提：一是天然河道的流态属于明渠均匀流；二是流速采用河道过水断面的平均流速，即消除过水断面不同流速分布对于河道湿周的影响（Chow V T，1959；薛朝阳，1995）。

8.2.2　模型的基本原理

对于明渠均匀流，存在如下的关系（吴持恭，1993）：

流量：平均流速与过水断面面积乘积

$$Q = \overline{v}A \tag{8.1}$$

水力半径：过水断面面积与湿周比值

$$R = \frac{A}{P} \tag{8.2}$$

均匀流流量公式：

$$Q = \frac{1}{n}R^{2/3}AJ^{1/2} \tag{8.3}$$

谢才公式：

$$\overline{v} = C\sqrt{RJ} \tag{8.4}$$

式中：Q 为流量；n 为糙率；C 为谢才系数；$C = \frac{1}{n}R^{1/6}$；A 为河流过水断面面积；P 为湿周；J 为水力坡度；R 为水力半径；$\overline{v}$ 为过水断面平均流速。

由式（8.1）～式（8.4）可以得到水力半径 R 与过水断面平均水流流速 $\overline{v}$、水力坡度 J 和糙率 n 之间的关系：

$$R = n^{3/2}\overline{v}^{3/2}J^{-3/4} \tag{8.5}$$

从式（8.5）中可以看出，水力半径可以用河道的糙率 n、水力坡度 J 和过水断面的平均流速 $\overline{v}$ 表示出来，其中糙率和水力坡度是河道本身的水力学参数（即河道信息），若将过水断面平均流速赋予生物学意义，即以上所述的生态流速（如鱼类产卵洄游的流速）$v_{生态}$ 作为过水断面的平均流速，那么此时的水力半径就具有生态学的意义了（即生态水力半径）$R_{生态}$，然后再用这个生态水力半径来推求该过水断面的流量即为可以满足河流一定的生态功能（如鱼类洄游）所需要的生态流量，进而得到可以保持河流基本生态功能（如满足水生生物及鱼类洄游）所需的生态需水量了。

8.2.3 模型的计算步骤

首先根据河道内满足水生生物的流速 $v_{生态}$，不同鱼类的洄游流速不同，一般为 $0.4\sim1.4\mathrm{m/s}$。河道糙率 n 和河道的水力坡度 J，计算出河道过水断面的生态水力半径 $R_{生态}=n^{3/2}\cdot\overline{v}_{生态}^{3/2}\cdot J^{-3/4}$。

其次利用生态水力半径 $R_{生态}$ 来估算过水断面面积 A，一般断面的 n、J 可以作为常数，因此有 $A\sim R$ 的关系。

最后利用 $Q=\dfrac{1}{n}R^{2/3}AJ^{1/2}$ 计算的流量，即含有水生生物信息和河道断面信息的生态流量，并估算出某一过水断面一段时间的生态需水量（$Q_{生态}$），进而计算生态径流量。

从上述的计算步骤可以看出，利用生态水力半径模型计算河道内生态需水量的关键是确定生态水力半径所对应的过水断面面积，下面就讨论一下过水断面面积与水力半径之间的关系。

8.2.4 过水断面面积与水力半径的关系

确定河道某一过水断面的生态水力半径可以用生态流速（如鱼类洄游等水生生物所需流速）来求得，但是怎样通过生态水力半径来推求断面面积成为推求该过水断面生态流量的核心内容。下面通过几种规则几何图形的过水断面，来分析过水断面面积与水力半径的关系。

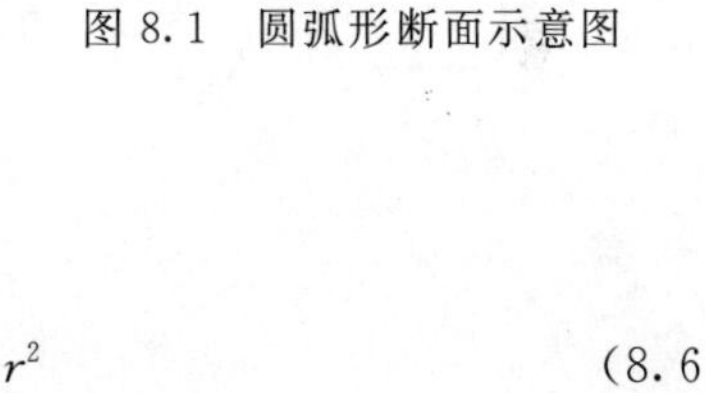

图 8.1 圆弧形断面示意图

8.2.4.1 圆弧形断面

对于圆弧形河道，具有自由水面的过水断面如图 8.1 所示。

根据图形的几何关系有：

$$A=\frac{1}{2}(2\theta-\sin2\theta)r^{2} \tag{8.6}$$

$$P=2\theta r \tag{8.7}$$

$$R=\frac{A}{P}=\frac{1}{2}\left(1-\frac{\sin2\theta}{2\theta}\right)r \tag{8.8}$$

式中：r 为圆弧的半径；P 为湿周；A 为过水断面面积；R 为水力半径。

若求该断面的生态流量即可通过如下计算流程图 8.2 来实现。

8.2.4.2 矩形断面

对于过水断面为矩形的河道（见图 8.3），水力半径与河道宽 B 和水深 h 有如下关系：

$$A=Bh \tag{8.9}$$

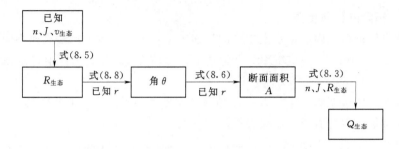

图 8.2　圆弧形过水断面生态流量计算流程

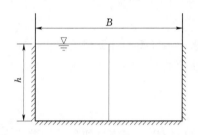

图 8.3　箱涵形断面示意图

$$P = B + 2h \qquad (8.10)$$

$$R = \frac{Bh}{B + 2h} \qquad (8.11)$$

将式（8.11）变形得

$$B = \frac{2hR}{h - R} \qquad (8.12)$$

若已知该河道过水断面的糙率 n、水力坡度 J 和生态水力半径 $R_{生态}$，可以通过如下计算流程图 8.4 来推求该断面的生态流量。

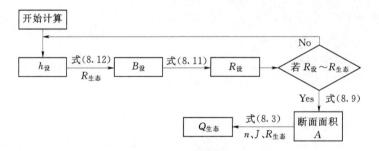

图 8.4　计算矩形断面生态流量的算法

8.2.4.3　梯形断面

对于梯形过水断面（见图 8.5），水力半径与河道各水力参数有如下关系：

$$A = \frac{1}{2}(B + b)h \qquad (8.13)$$

$$P = b + \sqrt{(B - b)^2 + 4h^2} \qquad (8.14)$$

$$R = \frac{(B + b)h}{2b + 2\sqrt{(B - b)^2 + 4h^2}} \qquad (8.15)$$

当梯形断面的底边 $b = 0$ 时，过水断面变为 V 形，见图 8.6。

此时水力半径与河道各水力参数的关系变为如下形式：

$$R = \frac{Bh}{2\sqrt{B^2 + 4h^2}} \qquad (8.16)$$

对于梯形和 V 形过水断面，图 8.4 中的计算流程仍然适用计算其生态流量。

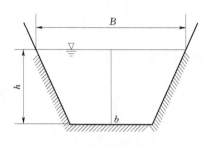

图 8.5　梯形断面示意图

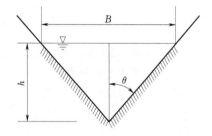

图 8.6　V 形断面示意图

8.2.4.4　抛物线形过水断面

对于过水断面为抛物线形（图 8.7），其水面宽为

$$B = b_1 h^\delta \text{ 或 } B = 2\alpha h^\delta \qquad (8.17)$$

式中：h 为水深；B 为相应 h 的水面宽度；b_1 为 $h_1 = 1\text{m}$ 水深的水面宽度；α 为断面扩散系数，是水深为 h_1 时的半个水面宽度，即 $b_1 = 2\alpha$，通过实地调查 $\delta \approx 1/2$，因此：$B = b_1 h^{1/2}$ 或 $B = 2\alpha h^{1/2}$。

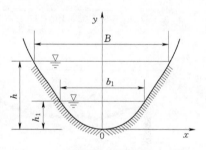

图 8.7　抛物线形过水断面示意图

根据图 8.7 中所建坐标系可知：

$$x = \frac{b_1}{2} y^{\frac{1}{2}}, \text{ 即 } y = \frac{4x^2}{b_1^2}$$

显然，过水断面面积 $A = 2\int_0^y x\,\mathrm{d}y$，当 $y = h$ 时 $A = \frac{2}{3}Bh$。则湿周 P 为

$$P = 2\int_0^x \sqrt{1 + \frac{64x^2}{b_1^4}}\,\mathrm{d}x \qquad (8.18)$$

将式（8.18）积分后得到湿周 P 为

$$P = 2h^{1/2}\sqrt{h + \frac{b_1^2}{16}} + 0.125 b_1^2 \ln \frac{4h^{1/2} + 4\sqrt{h + \frac{b_1^2}{16}}}{b_1} \qquad (8.19)$$

式（8.19）是抛物线形断面参数为 b_1 时的湿周与水深 h 的关系。

显然，根据水深 h 和 2 倍断面扩散系数 b_1 可计算湿周 P。根据大量的验算，如果宽 $b_1 = 5 \sim 50\text{m}$，水深 $h = 1 \sim 4\text{m}$ 的范围内，湿周 P 的计算可以简化为

$$P = (b_1 + 2)h^{1/2} \tag{8.20}$$

式（8.20）简化的计算误差为 11.4% 左右。

根据水力半径 $R = \dfrac{A}{P}$，得到抛物线形过水断面的水力半径为

$$R = \cfrac{Bh}{3h^{1/2}\sqrt{h + \dfrac{b_1^2}{16}} + 0.1875b_1^2 \ln \cfrac{4h^{1/2} + 4\sqrt{h + \dfrac{b_1^2}{16}}}{b_1}} \tag{8.21}$$

同样图 8.4 中的计算流程仍然适用抛物线形断面生态流量的计算。

8.2.4.5　天然河道过水断面

天然河道过水断面一般不像人工结构断面那样形状规则。图 8.8 是雅砻江、大渡河干流及其支流上水文站的实测大断面。

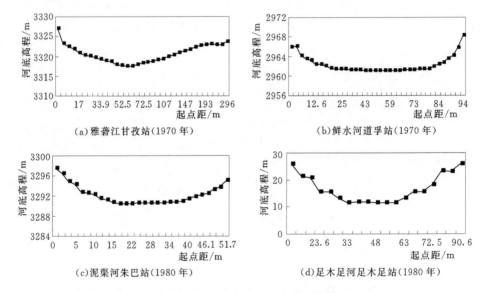

(a) 雅砻江甘孜站(1970 年)　　　(b) 鲜水河道孚站(1970 年)

(c) 泥渠河朱巴站(1980 年)　　　(d) 足木足河足木足站(1980 年)

图 8.8　天然河道水文站实测大断面

从图 8.8 可以看出，天然河道过水断面基本呈不规则形状，对于这种不规则形状的过水断面，一般采用数值微分的方法，一定水位条件下的过水断面，先将过水断面划分成连续的三角形和梯形，分别推求各个三角形和梯形的面积，然后相加即可得到过水断面的面积，根据水深和起点距之间的距离，推求水与河床的边界即部分湿周，然后进行累加即可计算出过水断面的湿周，然后根据水力半径的定义即面积除以湿周，可以推算出一定水位下的水力半径。

8.2.5　模型的特点

生态水力半径模型是通过 Manning 公式来确定生态流速所对应的生态水

力半径，然后利用水力半径与流量的关系（见图8.9）来估算河道内满足一定生态目标的生态需水量，这样就避免了像湿周法（Ubertini L等，1996；Christopher J等，1998）来确定湿周流量关系（$P \sim Q$）的突变点。可见本章提出的估算河道内生态需水量的生态水力半径模型是水文学（大断面、流量、水位等资料）和水力学（Manning公式）两种方法的集成。

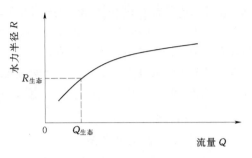

图 8.9   流量 Q 与水力半径 R 的关系

根据水文站点的测流断面的河道参数及流量数据，可以绘制流量 Q 与水力半径 R 之间的关系曲线（见图8.9）。利用式（8.5）确定的生态水力半径 $R_{生态}$，从图8.9中即可查得流量，此时的流量即为生态流量，进而得到该断面一段时间内的河道生态需水量。图8.10就是根据朱巴水文站月平均、最大、最小流量及实测大断面资料绘制的流量与水力半径关系图（$Q \sim R$ 关系图）。

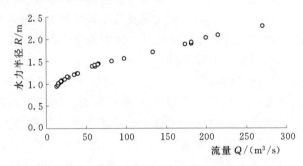

图 8.10   泥渠河朱巴水文站 $Q \sim R$ 关系图（1980 年）

8.3   应用实例

选用南水北调西线一期工程（门宝辉等，2005a、2005b）所涉及的雅砻江支流泥渠河的朱巴站为例，来对生态水力半径模型估算河道内生态需水量的计算过程进行实例分析。朱巴站是调水河流泥渠河上唯一一个水文站，位于$100°41'E$，$31°26'N$，1959年建站，1960年5月开始有实测数据（水位、流量、大断面等），集水流域面积为 $6860km^2$。

8.3.1   基本数据的选择

由于利用生态水力半径模型计算河道内生态需水量，需要计算河道的过水

断面面积 A、湿周 P 等基本参数，所以只有同时具有河道实测大断面资料、流量 Q、水位 Z 等资料的年限方能应用该方法计算河道内生态需水量，故选取朱巴站 1972—1987 年（其中 1982 年未选，该年没有实测大断面资料）共 15 年的实测大断面资料、月平均水位、月最高水位、月最低水位、月平均流量、月最大流量、月最小流量等水文资料，来计算朱巴站各年的河道内生态需水量。下面以 1980 年为例，来说明生态水力半径模型估算河道内生态需水量的过程。

8.3.2 计算过程

8.3.2.1 计算生态水力半径

根据 8.2.3 节的计算步骤，首先确定满足河道内水生生物生活栖息的生态流速 $v_{生态}$，根据实地调查和文献资料（陈宜瑜，1998；四川省农业区划委员会《四川江河鱼类资源与利用保护》编委会，1991；《四川资源动物志》编辑委员会，1982），该河流中的鱼类主要是裂腹鱼、条鳅、川陕哲罗鲑和石爬鮡等。裂腹鱼主要分布在海拔 3000m 以上的冷水性高原湖河及黄河、长江上游干支流水域。其抗缺氧、耐低温的生物学特性使其在高原水域的分布较为广泛，由于长期的水域隔离进化，形成了具高原特异性的鱼类区系分布，对高原河流水系的生态平衡具有深远意义。分布在江河及其支流的裂腹鱼亚科鱼类其生长发育和繁殖始终在淡水中进行，在环境适宜，河水流量无季节性变化时，常就近选择水流缓慢、水质清澈、多砂砾的水域中进行产卵（王基琳等，1988；中国科学院西北高原生物研究所编著，1989）。产卵场多为河道水深 1m 左右缓流处，水底多卵石或砂砾，水温 10℃ 左右。鳅科鱼类多栖息于环流湖泊或沼泽地多植物丛生的浅水处，或栖息于大江小河岸边浅水处，底质为细砂、砾石。它们常停留在石砾缝隙之间或游至流水表层，以落入水中的昆虫或水生动植物为食。繁殖旺季一般在 4—7 月，产卵场选择多砂石或河岸边浅水处，无生殖洄游习性（丁瑞华，1991；方静等，1995）。川陕哲罗鲑以高原鳅属鱼类、水生昆虫及藻类和植物为食，多栖息于激流深潭中，每年 3—4 月，成双前后追逐，行繁殖活动。冬季潜入深沱或南下。据周仰璟研究（周仰璟等，1987；周仰璟等，1994），本种产卵场位于河流上下游均有急流深水的近岸缓流区，底为砂或砾石，水深 15～80cm，水温 4～10℃。筑巢产卵，巢直径 150～300cm，巢内流速为 0.4～0.6m/s。据了解，研究区内川陕哲罗鲑每年河流开冰后，在 4 月成对上溯到阿坝县柯河林场流域和玛柯河大桥附近至班玛林场流域进行产卵活动。分布于研究区内的鮡科鱼类多生活在急流多石的场所，常贴附于石上，用匍匐的方式，从一处转移到另一处，游动较缓慢。杂食性，主要以水生昆虫及其幼虫为食。卵多产于急流的乱石缝中。排出的卵常粘连成片地附于石块或砂砾上。

泥渠河属于雅砻江的三级支流，故生态流速采用 0.6m/s，选取河道糙率

$n=0.031$，河道的水力坡度 $J=4/10000$，计算出河道过水断面的生态水力半径为 $R_{生态}=n^{3/2}\overline{v}_{生态}^{3/2}J^{-3/4}=0.9\mathrm{m}$。

8.3.2.2 确定流量与水力半径的关系

利用实测大断面资料 [图8.8（c）中泥渠河朱巴站 1980 年实测大断面]、水位资料，即可求得不同水位条件下的河道过水断面的水力半径，见图 8.11。

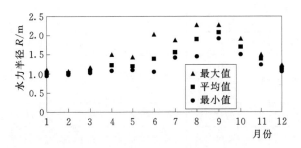

图 8.11 泥渠河朱巴站河道过水断面
水力半径 (1980 年)

根据流量序列（图8.12）和上述计算的水力半径，即可求得流量与水力半径的关系（见图8.10）。

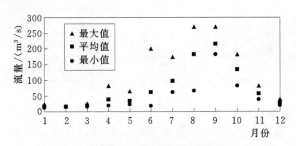

图 8.12 泥渠河朱巴站流量 (1980 年)

利用幂函数进行拟合，得到水力半径与流量的函数关系为 $Q=16.774R^{3.6331}$，相关系数为 0.99。

8.3.2.3 生态需水量的计算

本书的生态需水量用流量来表示。根据上面计算的生态水力半径 $R_{生态}=0.9\mathrm{m}$、流量 $Q=16.774R^{3.6331}$，即可得到 1980 年朱巴站的生态需水流量为 $Q_{生态}=16.774\times0.9^{3.6331}=11.44\mathrm{m}^3/\mathrm{s}$。

利用上面计算河道内生态需水量的生态水力半径模型，计算了泥渠河朱巴站 1972—1987 年逐年的满足水生生物生活和栖息的河道内生态需水量，见表 8.2。

表 8.2 朱巴站生态流量占年平均流量的百分比

年份	年平均流量/ (m³/s)	生态水力半径模型		Tennant 法	
		生态流量/ (m³/s)	生态流量/年平均 流量/%	生态流量/ (m³/s)	生态流量/年平均 流量/%
1972	57.8	13.43	23.2	11.30~17.05	19.6~29.5
1973	43.5	12.48	28.7	7.57~11.91	17.4~27.4
1974	64.8	14.27	22.0	10.99~17.45	17.0~26.9
1975	68.5	13.96	20.4	12.82~19.63	18.7~28.7
1976	69.6	13.46	19.3	11.96~18.89	17.2~27.1
1977	54.4	12.80	23.5	10.36~15.77	19.0~29.0
1978	46.4	11.71	25.2	7.48~12.11	16.1~26.1
1979	78.1	12.14	15.5	12.06~19.82	15.4~25.4
1980	75.6	11.44	15.1	10.77~18.30	14.2~24.2
1981	66.1	11.03	16.7	11.37~17.96	17.2~27.2
1983	54.5	11.70	21.5	10.13~15.55	18.6~28.5
1984	44.4	12.13	27.3	9.09~13.50	20.5~30.4
1985	77.4	12.18	15.7	13.52~21.22	17.5~27.4
1986	39.8	8.82	22.2	6.52~10.50	16.4~26.4
1987	54.4	14.76	27.1	9.53~14.93	17.5~27.5

8.3.3 讨论与分析

为了验证该模型计算的结果是否符合实际情况，采用 Tennant 法（Tennant D L，1976）计算了与生态水力半径模型同期的朱巴站河道内生态需水量。

Tennant 法的计算标准采用表 8.3。河道内的最小生态需水量为：一般用水期（8 月至翌年 4 月）取多年平均月流量的 10% 作为河道内的最小生态需水量，鱼类产卵育幼期（5—7 月）取多年平均月流量的 30% 作为河道内的最小生态需水量。河道内适宜的生态需水量为：一般用水期（8 月至翌年 4 月）取多年平均月流量的 20% 作为河道内的适宜生态需水量，鱼类产卵育幼期（5—7 月）取多年平均月流量的 40% 作为河道内的适宜生态需水量。Tennant 法计算的生态需水量见表 8.2。

从表 8.2 可知，生态水力半径模型计算朱巴站各年（1972—1987 年）的河道内生态需水量基本上处于 Tennant 法所设定的最小和适宜生态需水量之间，

表 8.3 Tennant 法对栖息地质量描述

栖息地的定性描述	推荐的基流占平均流量/%	
	鱼类产卵育幼期（5—7 月）	一般用水期（8 月至翌年 4 月）
最大	200	200
最佳范围	60~100	60~100
极好	60	40
非常好	50	30
好	40	20
中	30	10
差或最差	10	10
极差	<10	<10

其中生态水力半径模型计算的 1973 年生态需水量比 Tennant 法计算的适宜生态需水量大 $0.51m^3/s$；而 1981 年和 1985 年的生态需水量比 Tennant 法计算的最小生态需水量分别小 $0.34m^3/s$ 和 $1.34m^3/s$。而本章 Tennant 法设定的计算标准主要考虑当地的水生生物生活习性及气候特点，符合当地的河流生态与环境条件。可见应用生态水力半径法来计算河道内生态需水量，结果得到 Tennant 法的验证，但它的定量计算比 Tennant 法更加客观，而且避免了 Tennant 法计算标准的人为设定。

8.4 小结

本章提出了生态流速和生态水力半径的概念，为估算河道内生态需水量的生态水力半径模型提供了新的工具。针对河流生态需水特点及其确定参数的要求，提出了一种同时考虑河道信息（水力半径、糙率、水力坡度）和为了维持其生态功能所需河流流速（生态流速）的估算生态需水量的方法——生态水力半径模型。对天然河道断面形状进行了抛物线形概化，通过推导抛物线形河道过水断面面积与水力半径之间的关系，提出了应用生态水力半径模型推求适合于天然河道断面生态需水量的方法。即通过流量 Q 与水力半径 R 之间的关系曲线，由已确定的生态水力半径，从 Q 与 R 之间的关系图查得流量，来确定该断面一段时间的河道内生态需水量。

利用新提出的生态水力半径模型对雅砻江支流泥渠河朱巴站 1972—1987 年（除 1982 年）共 15 年的逐年生态流量进行了估算，结果显示：该方法计算朱巴站的生态流量基本处于 Tennant 法所设定的最小和适宜生态需水量之间，主要原因是该方法考虑了鱼类对流速的要求，故所得的结果符合该调水区的实际情况。生态水力半径模型是水文学（大断面、流量、水位等资料）和水力学（曼宁公式）两种方法的集成，这样就避免像湿周法确定突变点而引起的不确定性（刘苏峡等，2006）。

本章提出的生态水力半径模型不仅能分析鱼类适宜的流速，而且可以确定输沙与环境自净的水流流速，这是其突出的特点。

第 9 章　调水河流河道内生态需水量计算及分析

在河道内生态需水量计算方法的介绍和生态水力半径模型提出的基础上，本章采用水文学方法中的 Tennant 法、水力学方法中的湿周法以及水文学与水力学相结合的生态水力半径模型对南水北调西线一期工程调水河流下游泥渠河朱巴、鲜水河道孚、雅砻江干流甘孜、雅江以及大渡河支流足木足河足木足等典型控制断面的河道内生态需水量进行计算，为调水工程实施后河道内生态需水量的预留以及调水工程工程规模的确定提供科学依据和数据支撑。

9.1　断面的选择

在天然状态下，为了确定不同横断面对应的河道内最小生态流量，即临界流量，断面的选择应该遵循典型性、稳定性和实用性三个原则：①典型性，断面能够代表所在河道的平均特性，较好地反映流域面积大小、河床基底组成、断面过水特性、河道断面类型、河道曲率、河流水沙特性等诸多要素，一般情况下，国家基本水文站的控制断面能够满足典型性要求。②稳定性，水文控制断面的稳定性是河道最小生态流量计算的必要条件，稳定性具有两点内涵，一是河道断面几何形态的物理稳定性，二是所在断面的水文情势的稳定性，如具有稳定的水位流量关系等。③实用性，实用性主要是指能够突出反映河道流量与河道断面形态特性的关系，便于进行生态流量的机理分析，为计算河道最小生态流量提供便利条件。

鉴于以上选择典型控制断面的三个原则，目前国家级基本水文站点所在的断面可以满足这些要求，水文站观测断面要满足建站的基本要求，即河道相对顺直、稳定，具有相对稳定的水位～流量关系，而且具有相应的观测项目，如水位、流量、大断面、糙率、水力坡度等（MEN B H 等，2010）。

计算时期的选择主要考虑河床演变的相对平衡，一般情况下选择人类活动干扰较少的时期。

根据南水北调西线调水河流河段的特点，以及河道内生态需水量水文学和水力学等计算方法所需数据资料的要求，选取有多年实测水文数据资料的国家级基本水文站道孚站、朱巴站、甘孜站、雅江站和足木足站所在的河段断面作为本次计算的断面。各水文站各典型年大断面如图 9.1 所示。

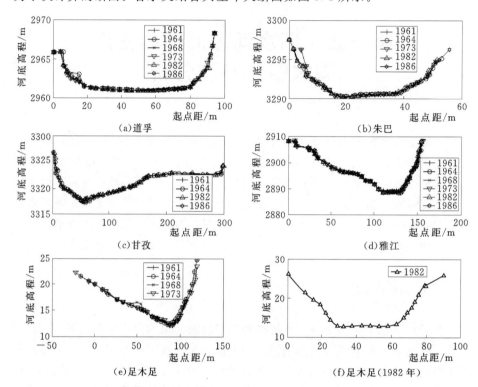

图 9.1　南水北调西线调水区各水文站各典型年大断面图

9.2　典型年的选取及数据资料准备

　　因为利用湿周法、生态水力半径模型计算河道内生态需水量，需要计算河道的过水断面面积 A、湿周 P 等基本参数，所以只有同时具有河道实测大断面资料、流量 Q、水位 Z 等资料的年限方能应用该方法计算河道内生态需水量。选取各水文站的实测大断面资料、逐日平均水位、逐日平均流量等水文资料以及河道糙率、水力坡度、平均流速等水力学数据。

　　根据泥渠河朱巴站 1960—2010 年历年的流量资料进行频率计算，选取频率 $P=25\%$、$P=50\%$、$P=75\%$、$P=95\%$ 所对应的年份作为典型年，根据道孚站、朱巴站、甘孜站、雅江站和足木足站的基本情况（见表 9.1）选择各水文站的水文数据的典型年见表 9.2。

　　各水文站各典型年的逐日水位、逐日流量、糙率、水力坡度、平均流速等水文数据分别如图 9.2～图 9.6 所示。

表 9.1　　　　南水北调西线一期工程调水区各水文站数据的基本情况

流域	水文站	地理纬度	地理经度	集水面积/km²
雅砻江	道孚	31°02′N	101°50′E	14210
	朱巴	31°26′N	100°41′E	6860
	甘孜	31°37′N	99°58′E	32925
	雅江	30°07′N	101°02′E	65729
大渡河	足木足	32°00′N	102°01′E	9896

表 9.2　　　　　　　　典型年所需的水文数据资料

水文站点	频率				备注
	P=25%	P=50%	P=75%	P=95%	
道孚	1982 年	1964 年 1968 年	1961 年	1973 年 1986 年	逐日水位、逐日流量、实测大断面资料
朱巴	1982 年	1964 年	1961 年	1973 年 1986 年	逐日水位、逐日流量、实测大断面资料 (1964 年的流量数据是由 1961 年的水位～ 流量关系推求)
甘孜	1982 年	1964 年	1961 年	1986 年	逐日水位、逐日流量、实测大断面资料
雅江	1982 年	1964 年 1968 年	1961 年	1973 年 1986 年	逐日水位、逐日流量、实测大断面资料
足木足	1982 年	1964 年 1968 年	1961 年	1973 年	逐日水位、逐日流量、实测大断面资料

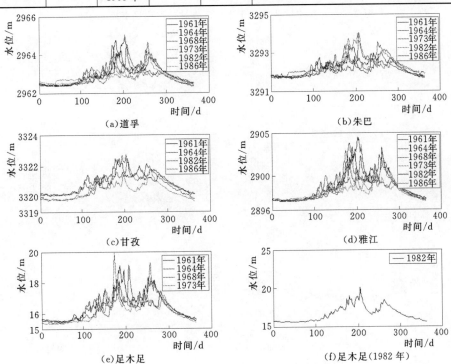

图 9.2　各水文站各典型年逐日水位过程（详见书后彩图）

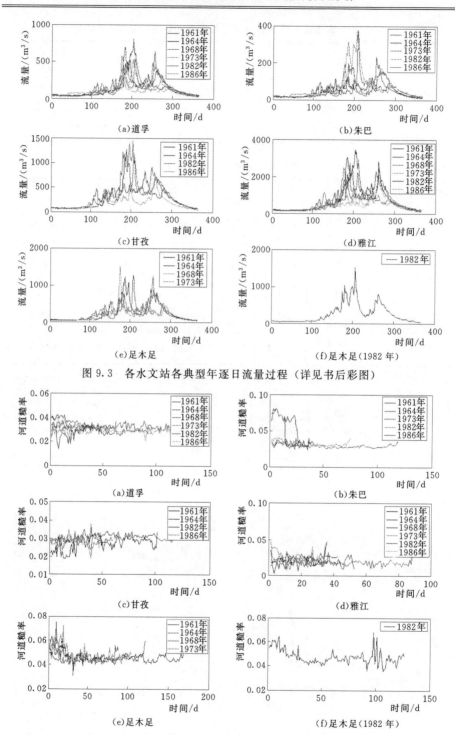

图 9.3　各水文站各典型年逐日流量过程（详见书后彩图）

图 9.4　各水文站各典型年河道糙率变化过程（详见书后彩图）

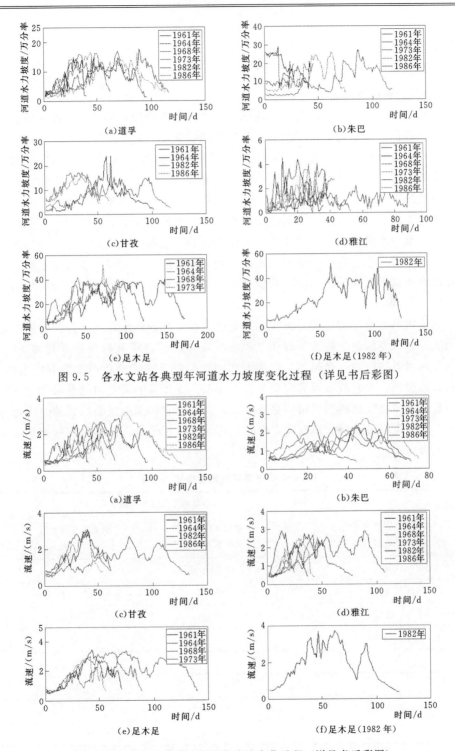

图 9.5　各水文站各典型年河道水力坡度变化过程（详见书后彩图）

图 9.6　各水文站各典型年平均流速变化过程（详见书后彩图）

9.3　Tennant 法

9.3.1　计算标准的修正

　　根据调水区的雅砻江和大渡河的支流主要位于我国第一阶梯和第一阶梯向第二阶梯的过渡地带，冬季严寒，低温持续时间长；夏季凉爽，地表温度与气温变化一致。年平均气温 2.4～8.6℃，月最低气温为－16.2～－3.1℃，最高月平均气温为 17.7℃；鱼类的产卵育幼一般为每年的 7—8 月，而且每年的 12 月至翌年 3 月河道均处于冰冻期。调水河段内重点保护对象主要以鱼类为代表的水生生物。鱼类是该区域河流生态系统中对水的变化最为敏感的主要保护对象，调水后水量减少，水位下降，可能会影响到以鱼类为主的水生生物的繁育与生活，对水生生态系统造成一定的不利影响。因此，河道内生态需水必须满足调水河流生态系统内鱼类，特别是特有的珍贵稀有鱼类产卵繁育所需的最小的生态需水量。

　　根据第 2 章中的鱼类及野生动物调查分析，雅砻江水系主要保护的鱼类有大渡软刺裸裂尻鱼、短须裂腹鱼、裸腹叶须鱼、厚唇裸重唇鱼和青石爬鮡等。大渡河水系的色曲、杜柯河、玛柯河和阿柯河需要保护的鱼类主要有虎嘉鱼、齐口裂腹鱼、大渡软刺裸裂尻鱼和青石爬鮡。虎嘉鱼的繁殖时间是每年的 3 月中旬，齐口裂腹鱼的繁殖时间是每年 4 月，大渡软刺裸裂尻鱼的繁殖时间是每年 5 月，青石爬鮡的繁殖时间是每年 9 月。故对 Tennant 法的计算标准作了修正见表 9.3。

表 9.3　　　　　　　　　Tennant 法对栖息地质量描述的修正

栖息地的定性描述	推荐的基流占平均流量/%	
	一般用水期 （8 月至翌年 2 月）	鱼类产卵育幼期 （3—7 月）
最大	200	200
最佳范围	60～100	60～100
极好	40	60
非常好	30	50
好	20	30
中	10	20
差或最差	10	10
极差	0～10	0～10

9.3.2 计算结果

由于生态需水量不是一个固定值，而是在一个阈值区间内变化，即应该在最小生态需水量和适宜生态需水量之间变化。故各站河道内的最小生态需水量为：一般用水期（8月至翌年2月）取多年平均月流量的10%作为河道内的最小生态需水量，鱼类产卵育幼期（3—7月）取多年平均月流量的20%作为河道内的最小生态需水量。各站河道内适宜生态需水量为：一般用水期（8月至翌年2月）取多年平均月流量的20%作为河道内的适宜生态需水量，鱼类产卵育幼期（3—7月）取多年平均月流量的30%作为河道内的适宜生态需水量。

计算结果见表9.4～表9.8。最小生态流量过程见图9.7、适宜生态流量过程见图9.8。

表 9.4　　　　　道孚站逐月最小和适宜生态流量（Tennant 法）　　　单位：m^3/s

频率	流量	1月	2月	3月	4月	5月	6月	7月	8月	9月	10月	11月	12月
$P=25\%$ (1982年)	MIEF	3.8	3.48	7.9	10.22	16.82	45.8	114.8	24.8	26.6	18.4	9.92	5.83
	WIEF	7.6	6.96	11.85	15.33	25.23	68.7	172.2	49.6	53.2	36.8	19.84	11.66
	MAF	38	34.8	39.5	51.1	84.1	229	574	248	266	184	99.2	58.3
	MMaxF	47.7	42.8	54	83.9	122	661	817	452	385	270	130	75.6
	MMinF	24	30.3	31.4	44	50.2	87.3	346	178	137	130	64.2	31.4
$P=50\%$ (1964年)	MIEF	4.17	3.77	9.06	15.32	16.86	32.40	50.20	18.90	34.90	19.10	9.50	5.77
	WIEF	8.34	7.54	13.59	22.98	25.29	48.6	75.3	37.8	69.8	38.2	19	11.54
	MAF	41.7	37.7	45.3	76.6	84.3	162	251	189	349	191	95	57.7
	MMaxF	49.6	42.4	56	111	184	369	574	268	493	296	122	72
	MMinF	35.2	31.4	36.4	57.4	53.3	52	140	149	190	122	67.5	42.4
$P=50\%$ (1968年)	MIEF	3.37	3	7.58	14.72	24.6	56.6	52.6	15.2	34.9	17.9	8.39	4.86
	WIEF	6.74	6	11.37	22.08	49.2	84.9	78.9	30.4	69.8	35.8	16.78	9.72
	MAF	33.7	30	37.9	73.6	123	283	263	152	349	179	83.9	48.6
	MMaxF	43.7	33.7	49.9	151	211	598	437	218	652	316	109	71.1
	MMinF	26.4	25.5	28.1	36.9	77.4	103	153	123	181	109	65.1	36.9
$P=75\%$ (1961年)	MIEF	4.79	4.26	9.6	21.2	25	32	70	20.3	17	13.9	7.59	4.13
	WIEF	9.58	8.52	14.4	31.8	37.5	48	105	40.6	34	27.8	15.18	8.26
	MAF	47.9	42.6	48	106	125	160	350	203	170	139	75.9	41.3
	MMaxF	56.6	47.1	58	222	273	323	553	360	260	180	99	55.2
	MMinF	35.8	36.9	40.6	39.3	86.8	119	166	132	121	99	53.8	24.2

续表

频率	流量	1月	2月	3月	4月	5月	6月	7月	8月	9月	10月	11月	12月
P=95% (1973年)	MIEF	3.33	6.15	14.94	16.02	18.18	38.40	24.60	11.00	11.70	11.30	6.72	3.97
	WIEF	6.66	12.3	22.41	24.03	27.27	57.6	36.9	22	23.4	22.6	13.44	7.94
	MAF	33.3	61.5	74.7	80.1	90.9	192.0	123.0	110.0	117.0	113.0	67.2	39.7
	MMaxF	39.9	78.8	80.3	111.0	108.0	422.0	239.0	158.0	154.0	145.0	91.0	50.2
	MMinF	25.4	27.8	63.7	69.7	75.7	83.3	87.9	78.8	92.6	91.0	44.3	18.5
P=95% (1986年)	MIEF	4.96	4.29	9.08	13.8	25.4	19.56	28.6	10.3	25.8	15.1	8.22	4.86
	WIEF	9.92	8.58	13.62	20.7	38.1	29.34	42.9	20.6	51.6	30.2	16.44	9.72
	MAF	49.6	42.9	45.4	69	127	97.8	143	103	258	151	82.2	48.6
	MMaxF	60.3	48.7	54.3	147	179	135	332	194	431	197	107	67.1
	MMinF	42.6	37	38.1	46.1	77.9	74.3	89	65.1	122	100	58.2	30.8

注　MIEF 为最小生态流量，Minimum Instream Ecological Flow；WIEF 为适宜生态流量，Well In-
stream Ecological Flow；MAF 为月平均流量，Month Average Flow；MMaxF 为月最大流量，
Month Maximum Flow；MMinF 为月最小流量，Month Minimum Flow。

表 9.5　　　　朱巴站逐月最小和适宜生态流量（Tennant 法）　　　单位：m³/s

频率	流量	1月	2月	3月	4月	5月	6月	7月	8月	9月	10月	11月	12月
P=25% (1982年)	MIEF	1.68	1.54	3.72	4.98	10.86	21.8	53.4	11.2	12.5	9.07	4.41	2.29
	WIEF	3.36	3.08	5.58	7.47	16.29	32.7	80.1	22.4	25	18.14	8.82	4.58
	MAF	16.8	15.4	18.6	24.9	54.3	109.0	267.0	112.0	125.0	90.7	44.1	22.9
	MMaxF	21.5	18.4	28.1	52.7	98.5	293.0	386.0	205.0	179.0	130.0	59.9	30.6
	MMinF	12.7	12.7	13.7	19.4	28.1	52.7	169.0	81.0	71.2	59.9	30.1	14.8
P=50% (1964年)	MIEF	1.72	1.58	3.91	7.89	7.36	12.13	25.19	9.10	15.76	8.86	4.13	2.38
	WIEF	3.44	3.17	5.86	11.84	11.04	18.20	37.79	18.21	31.52	17.72	8.26	4.76
	MAF	17.2	15.8	19.5	39.5	36.8	60.7	126.0	91.0	157.6	88.6	41.3	23.8
	MMaxF	22.0	16.9	24.2	60.5	76.2	134.3	379.9	121.6	233.1	137.3	53.8	29.3
	MMinF	15.8	14.8	16.5	26.7	22.0	20.9	59.5	70.8	94.5	55.7	28.6	16.9
P=75% (1961年)	MIEF	1.49	1.39	3.22	9.4	10.8	13.82	25.4	8.04	7.1	6.77	3	1.49
	WIEF	2.98	2.78	4.83	14.1	16.2	20.73	38.1	16.08	14.2	13.54	6	2.98
	MAF	14.9	13.9	16.1	47.0	54.0	69.1	127.0	80.4	71.0	67.7	30.0	14.9
	MMaxF	17.8	15.6	20.9	103.0	125.0	124.0	205.0	134.0	107.0	96.8	42.8	19.5
	MMinF	12.5	11.3	13.3	13.5	32.8	48.0	64.5	50.8	48.9	44.5	18.6	12.1
P=95% (1973年)	MIEF	1.47	2.54	6.36	7.24	8.32	18.00	12.34	5.68	5.52	6.01	3.08	1.72
	WIEF	2.94	5.08	9.54	10.86	12.48	27	18.51	11.36	11.04	12.02	6.16	3.44
	MAF	14.7	25.4	31.8	36.2	41.6	90.0	61.7	56.8	55.2	60.1	30.8	17.2
	MMaxF	18.0	33.9	35.4	56.9	55.9	204.0	132.0	97.0	76.2	82.8	44.0	21.9
	MMinF	11.4	11.4	26.9	29.5	30.9	34.6	39.2	33.9	42.4	42.4	19.1	10.2

续表

频率	流量	1月	2月	3月	4月	5月	6月	7月	8月	9月	10月	11月	12月
$P=95\%$ （1986年）	MIEF	1.89	1.66	3.6	5.98	11.66	7.86	11.06	3.69	10	5.65	2.86	1.85
	WIEF	3.78	3.32	5.4	8.97	17.49	11.79	16.59	7.38	20	11.3	5.72	3.7
	MAF	18.9	16.6	18.0	29.9	58.3	39.3	55.3	36.9	100.0	56.5	28.6	18.5
	MMaxF	23.0	19.6	21.4	81.3	83.7	63.1	131.0	70.3	157.0	75.6	38.6	23.0
	MMinF	15.8	13.5	13.9	19.6	31.0	28.8	33.4	23.5	46.7	36.9	20.6	11.2

注　MIEF 为最小生态流量；WIEF 为适宜生态流量；MAF 为月平均流量；MMaxF 为月最大流量；MMinF 为月最小流量。

表 9.6　　　　甘孜站逐月最小和适宜生态流量（Tennant 法）　　　单位：m³/s

频率	流量	1月	2月	3月	4月	5月	6月	7月	8月	9月	10月	11月	12月
$P=25\%$ （1982年）	MIEF	7.21	6.72	16.1	21.4	50	111.4	218	44.4	54.2	36.6	18.5	9.93
	WIEF	14.42	13.44	24.15	32.1	75	167.1	327	88.8	108.4	73.2	37	19.86
	MAF	72.1	67.2	80.5	107	250	557	1090	444	542	366	185	99.3
	MMaxF	84.9	77.8	108	173	434	1270	1480	746	740	550	246	135
	MMinF	52.6	58.8	66.7	90.7	122	243	753	341	367	246	117	66.7
$P=50\%$ （1964年）	MIEF	8.06	7.84	18.86	37.2	40	61.2	118.2	43.9	69.1	39.4	18.5	10
	WIEF	16.12	15.68	28.29	55.8	60	91.8	177.3	87.8	138.2	78.8	37	20
	MAF	80.6	78.4	94.3	186	200	306	591	439	691	394	185	100
	MMaxF	93	83.5	119	300	334	609	1200	542	933	614	244	134
	MMinF	70.7	71.8	77.2	134	132	147	388	350	452	247	134	68.5
$P=75\%$ （1961年）	MIEF	7.93	7.82	18.26	49.2	62.8	86.6	148.6	56	38	38.8	19.7	9.63
	WIEF	15.86	15.64	27.39	73.8	94.2	129.9	222.9	112	76	77.6	39.4	19.26
	MAF	79.3	78.2	91.3	246	314	433	743	560	380	388	197	96.3
	MMaxF	94.7	90.2	113	489	500	763	1300	890	545	505	265	137
	MMinF	67.7	62.9	76.6	82.7	205	286	379	388	272	272	140	75.4
$P=95\%$ （1986年）	MIEF	7.15	6.53	14.72	25.2	61.2	51	62.8	20	46.2	25.1	12.8	7.37
	WIEF	14.3	13.06	22.08	37.8	91.8	76.5	94.2	40	92.4	50.2	25.6	14.74
	MAF	71.5	65.3	73.6	126	306	255	314	200	462	251	128	73.7
	MMaxF	86.6	71.7	94	261	500	402	594	321	767	337	161	99.5
	MMinF	60.5	55.1	55.1	85	182	194	198	153	252	161	97.8	43.9

注　MIEF 为最小生态流量；WIEF 为适宜生态流量；MAF 为月平均流量；MMaxF 为月最大流量；MMinF 为月最小流量。

表 9.7　　　　雅江站逐月最小和适宜生态流量（Tennant 法）　　　单位：m³/s

频率	流量	1月	2月	3月	4月	5月	6月	7月	8月	9月	10月	11月	12月
P=25% （1982年）	MIEF	15.6	14.4	32.6	43.6	81.8	234	530	106	139	78.2	41.9	23.5
	WIEF	31.2	28.8	48.9	65.4	122.7	351	795	212	278	156.4	83.8	47
	MAF	156	144	163	218	409	1170	2650	1060	1390	782	419	235
	MMaxF	181	168	217	308	559	3030	3650	2060	2500	1190	544	308
	MMinF	125	135	139	187	241	489	1880	736	772	544	308	147
P=50% （1964年）	MIEF	19	17.5	40.8	73.4	86.4	197.2	260	110	188	93.8	44.6	26.1
	WIEF	38	35	61.2	110.1	129.6	295.8	390	220	376	187.6	89.2	52.2
	MAF	190	175	204	367	432	986	1300	1100	1880	938	446	261
	MMaxF	216	188	245	560	662	2290	2280	1460	3050	1470	577	332
	MMinF	167	163	174	234	324	321	843	808	1250	588	329	192
P=50% （1968年）	MIEF	16.2	15.2	36.4	59	133.4	278	272	89.1	141	84.2	36.7	21.8
	WIEF	32.4	30.4	54.6	88.5	200.1	417	408	178.2	282	168.4	73.4	43.6
	MAF	162	152	182	295	667	1390	1360	891	1410	842	367	218
	MMaxF	186	157	218	568	1190	2570	2050	1150	2180	1550	484	292
	MMinF	139	146	151	184	426	517	910	710	998	494	292	181
P=75% （1961年）	MIEF	18.9	17.5	39	84.8	122.6	166.2	316	108	79.8	63.3	35.2	18.9
	WIEF	37.8	35	58.5	127.2	183.9	249.3	474	216	159.6	126.6	70.4	37.8
	MAF	189	175	195	424	613	831	1580	1080	798	633	352	189
	MMaxF	222	192	229	819	1110	1520	2940	1700	1410	795	463	257
	MMinF	155	155	172	177	405	657	802	755	555	469	254	136
P=95% （1973年）	MIEF	14.8	18.1	44	56.6	89.2	183.6	134.8	68.7	75	56	30.5	16.6
	WIEF	29.6	36.2	66	84.9	133.8	275.4	202.2	137.4	150	112	61	33.2
	MAF	148	181	220	283	446	918	674	687	750	560	305	166
	MMaxF	170	216	245	484	599	1710	1100	988	1060	716	422	210
	MMinF	133	135	200	237	353	403	468	465	569	434	213	107
P=95% （1986年）	MIEF	19.6	17.1	36.4	55.4	114	93.4	136.6	56.1	129	77.1	36.9	21.4
	WIEF	39.2	34.2	54.6	83.1	171	140.1	204.9	112.2	258	154.2	73.8	42.8
	MAF	196	171	182	277	570	467	683	561	1290	771	369	214
	MMaxF	231	186	217	532	781	622	1470	1170	2200	1090	484	283
	MMinF	174	160	155	199	394	376	445	332	761	481	272	147

注　MIEF 为最小生态流量；WIEF 为适宜生态流量；MAF 为月平均流量；MMaxF 为月最大流量；MMinF 为月最小流量。

表 9.8 足木足站逐月最小和适宜生态流量（Tennant 法） 单位：m³/s

频率	流量	1月	2月	3月	4月	5月	6月	7月	8月	9月	10月	11月	12月
P=25% （1982年）	MIEF	6.15	5.76	11.02	17.14	43.2	105.2	170.2	31.3	54.7	33.6	14.2	7.6
	WIEF	12.3	11.52	16.53	25.71	64.8	157.8	255.3	62.6	109.4	67.2	28.4	15.2
	MAF	61.5	57.6	55.1	85.7	216	526	851	313	547	336	142	76
	MMaxF	71.6	63.2	86.8	199	386	1130	1620	578	822	547	194	97.6
	MMinF	50.5	52.4	56.2	65.3	107	262	463	198	275	194	93.2	49.7
P=50% （1964年）	MIEF	6.41	5.81	14.6	19.4	40	57	106.8	32.5	64.5	33.4	15.1	8.55
	WIEF	12.82	11.62	21.9	29.1	60	85.5	160.2	65	129	66.8	30.2	17.1
	MAF	64.1	58.1	73	97	200	285	534	325	645	334	151	85.5
	MMaxF	72.1	63.4	98.2	121	406	805	1310	506	959	542	213	108
	MMinF	56.1	52.8	59.7	82.8	92	96.6	265	221	310	218	105	65.8
P=50% （1968年）	MIEF	5.35	4.76	12.78	29.4	52	76.8	76.8	30.2	72.2	29.8	12.5	7.55
	WIEF	10.7	9.52	19.17	44.1	78	115.2	115.2	60.4	144.4	59.6	25	15.1
	MAF	53.5	47.6	63.9	147	260	384	384	302	722	298	125	75.5
	MMaxF	62.8	50.6	88.1	235	407	629	796	572	1270	546	172	97.5
	MMinF	44.7	45.3	46.6	59.4	152	232	220	189	477	158	103	60.5
P=75% （1961年）	MIEF	6.51	5.73	15.58	35	60.6	84.4	138	31.9	27.4	32.8	14.6	7.62
	WIEF	13.02	11.46	23.37	52.5	90.9	126.6	207	63.8	54.8	65.6	29.2	15.24
	MAF	65.1	57.3	77.9	175	303	422	690	319	274	328	146	76.2
	MMaxF	76.1	63.4	126	342	609	868	1300	584	483	526	210	105
	MMinF	50.6	48.4	57.4	58.6	193	195	249	201	193	190	108	53.9
P=95% （1973年）	MIEF	4.69	4.76	11.8	13.64	37.6	113	49.4	27.3	31.2	30.8	13.1	7
	WIEF	9.38	9.52	17.7	20.46	56.4	169.5	74.1	54.6	62.4	61.6	26.2	14
	MAF	46.9	47.6	59	68.2	188	565	247	273	312	308	131	70
	MMaxF	53.2	54.3	68.2	98.4	369	1590	506	517	469	469	191	92.2
	MMinF	43.7	44.5	53.2	60.1	96.8	184	156	164	232	191	89.1	42.8

注 MIEF 为最小生态流量；WIEF 为适宜生态流量；MAF 为月平均流量；MMaxF 为月最大流量；MMinF 为月最小流量。

根据图 9.7 和图 9.8 中的计算结果，统计出各站各典型年的年生态需水量，见图 9.9～图 9.13，得到各站的生态需水量的阈值范围。

道孚站的生态需水量为（见图 9.9）：丰水年 *P*=25%（1982年）的生态需水量为 7.63 亿～12.67 亿 m³，约占年径流量的 15.15%～25.15%，平水年 *P*=50%（1964年）的生态需水量为 5.80 亿～9.97 亿 m³，约占年径流量的

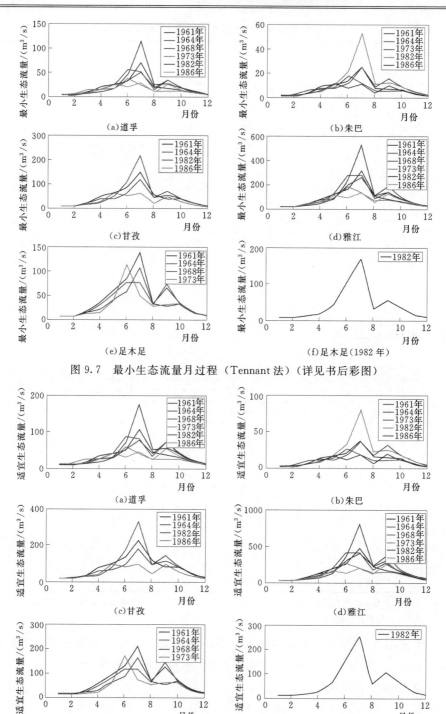

图 9.7　最小生态流量月过程（Tennant 法）（详见书后彩图）

图 9.8　适宜生态流量月过程（Tennant 法）（详见书后彩图）

13.93％～23.93％，平水年 $P=50\%$（1968 年）的生态需水量为 6.42 亿～10.78 亿 m³，约占年径流量的 14.72％～24.72％，枯水年 $P=75\%$（1961 年）的生态需水量为 6.08 亿～10.06 亿 m³，约占年径流量的 15.24％～25.24％，特枯水年 $P=95\%$（1973 年）的生态需水量为 4.38 亿～7.27 亿 m³，约占年径流量的 15.10％～25.10％，特枯水年 $P=95\%$（1986 年）的生态需水量为 4.48 亿～7.69 亿 m³，约占年径流量的 13.98％～23.98％。

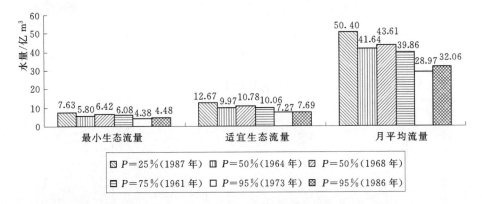

图 9.9　Tennant 法计算的道孚站各典型年的生态需水量

朱巴站的生态需水量为（见图 9.10）：丰水年 $P=25\%$（1982 年）的生态需水量为 3.64 亿～6.02 亿 m³，约占年径流量的 15.28％～25.28％，平水年 $P=50\%$（1964 年）的生态需水量为 2.64 亿～4.53 亿 m³，约占年径流量的 13.95％～23.95％，枯水年 $P=75\%$（1961 年）的生态需水量为 2.43 亿～4.03 亿 m³，约占年径流量的 15.18％～25.18％，特枯水年 $P=95\%$（1973 年）的生态需水量为 2.06 亿～3.43 亿 m³，约占年径流量的 15.02％～25.02％，特枯水年 $P=95\%$（1986 年）的生态需水量为 1.79 亿～3.04 亿 m³，约占年径流量的 14.24％～24.24％。

甘孜站的生态需水量为（见图 9.11）：丰水年 $P=25\%$（1982 年）的生态需水量为 15.73 亿～25.93 亿 m³，约占年径流量的 15.42％～25.42％，平水年 $P=50\%$（1964 年）的生态需水量为 12.47 亿～21.29 亿 m³，约占年径流量的 14.13％～24.13％，枯水年 $P=75\%$（1961 年）的生态需水量为 14.37 亿～23.90 亿 m³，约占年径流量的 15.07％～25.07％，特枯水年 $P=95\%$（1986 年）的生态需水量为 8.97 亿～15.10 亿 m³，约占年径流量的 14.64％～24.64％。

雅江站的生态需水量为（见图 9.12）：丰水年 $P=25\%$（1982 年）的生态需水量为 35.47 亿～58.72 亿 m³，约占年径流量的 15.26％～25.26％，平水年 $P=50\%$（1964 年）的生态需水量为 30.50 亿～52.31 亿 m³，约占年径流

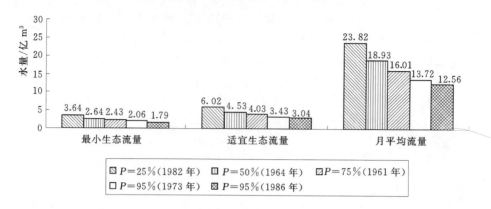

图 9.10　Tennant 法计算的朱巴站各典型年的生态需水量

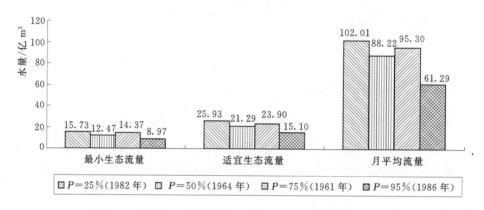

图 9.11　Tennant 法计算的甘孜站各典型年的生态需水量

量的 13.99%～23.99%，平水年 $P=50\%$（1968 年）的生态需水量为 31.20 亿～52.12 亿 m³，约占年径流量的 14.92%～24.92%，枯水年 $P=75\%$（1961 年）的生态需水量为 28.30 亿～46.96 亿 m³，约占年径流量的 15.17%～25.17%，特枯水年 $P=95\%$（1973 年）的生态需水量为 20.76 亿～34.81 亿 m³，约占年径流量的 14.77%～24.77%，特枯水年 $P=95\%$（1986 年）的生态需水量为 20.92 亿～36.08 亿 m³，约占年径流量的 13.81%～23.81%。

　　足木足站的生态需水量为（见图 9.13）：丰水年 $P=25\%$（1982 年）的生态需水量为 13.21 亿～21.84 亿 m³，约占年径流量的 15.32%～25.32%，平水年 $P=50\%$（1964 年）的生态需水量为 10.67 亿～18.19 亿 m³，约占年径流量的 14.19%～24.19%，平水年 $P=50\%$（1968 年）的生态需水量为 10.81 亿～18.34 亿 m³，约占年径流量的 14.34%～24.34%，枯水年 $P=75\%$（1961 年）的生态需水量为 12.17 亿～19.92 亿 m³，约占年径流量的 15.69%～25.69%，特枯水年 $P=95\%$（1973 年）的生态需水量为 9.06 亿～15.16 亿

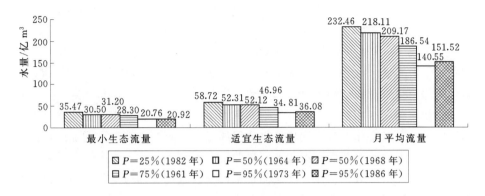

图 9.12　Tennant 法计算的雅江站各典型年的生态需水量

m³，约占年径流量的 14.86%～24.86%。

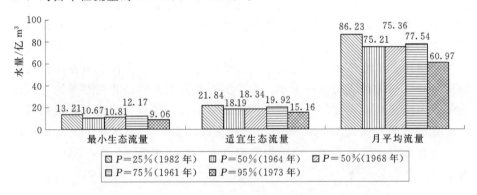

图 9.13　Tennant 法计算的足木足站各典型年的生态需水量

9.4　湿周法

9.4.1　突变点的确定

目前湿周法的突变点选择大多凭肉眼观察，存在很大的主观性，而且，x、y 坐标轴之间的比例对突变点影响很大。因此采用改进湿周法确定河道最小生态流量，使得计算的河道内最小生态需水量结果更加客观可信。

针对第 7 章中提出的确定突变点的两种方法，不少学者对其进行一些改进，以期湿周法计算最小生态流量更为客观和符合河流系统的实际情况。

Gippel 等（Gippel G J 等，1988）对湿周法的改进是在相对湿周～相对流量（$P/P_0 \sim Q/Q_0$）关系曲线上采用数学方法来判断突变点，避免了传统方法确定突变点的主观性。在相对湿周～相对流量曲线上取斜率为 1 的点，相当于在湿周～流量（$P \sim Q$）曲线上取斜率为 P_0/Q_0 的点，可以用式（9.1）来表示。

$$\frac{\mathrm{d}y}{\mathrm{d}x}=\frac{\mathrm{d}(P/P_0)}{\mathrm{d}(Q/Q_0)}=1,得\frac{\mathrm{d}P}{\mathrm{d}Q}=\frac{P_0}{Q_0} \tag{9.1}$$

式中：Q 为流量，$\mathrm{m^3/s}$；P 为湿周长，m；Q_0 为多年平均流量，$\mathrm{m^3/s}$；P_0 为多年平均流量所对应的湿周，m。

在相对湿周～相对流量曲线上取斜率为 1 的点作为突变点，意味着该点处单位比例的流量变化能带来同样比例的湿周变化，超过此点湿周增加的比例将小于流量增加的比例。而在湿周～流量曲线上斜率为 1 的点也是一个重要的位置点，在该点单位数量的流量变化能带来同样数量的湿周长变化，超过此点湿周长增加的数值将小于流量增加的数值。

湿周法的突变点是一个维持河道内栖息地生态效益用水和河道外水资源开发利用效益用水的平衡点。栖息地的生态效益应综合考虑栖息地的质量和面积大小两方面的因素。相对湿周是代表栖息地质量状况的参数，而湿周长是代表栖息地面积大小的参数。在相对湿周～相对流量曲线上取斜率为 1，相当于只用栖息地质量与相对流量的改变量进行对比，而没有考虑单位面积的栖息地变化所对应的流量大小。由于湿周和流量之间是非线性关系，因此为综合考虑相对湿周和湿周长两方面因素的影响，建议将湿周～流量曲线上突变点的斜率定义为 Gippel 等（1988）建议的斜率 P_0/Q_0 和 1 的几何平均值，即在湿周～流量曲线上所采用突变点的斜率值用式（9.2）来计算。（王国庆等，2009）

$$\frac{\mathrm{d}P}{\mathrm{d}Q}=\sqrt{1\cdot\frac{P_0}{Q_0}}=\sqrt{P_0/Q_0} \tag{9.2}$$

9.4.2　计算结果

根据湿周法的计算步骤，计算得到道孚站、朱巴站、甘孜站、雅江站、足木足站各典型年的最小生态需水量的见表 9.9～表 9.13，根据各表中的数据绘制各水文站典型年的最小生态需水量月过程，见图 9.14。

表 9.9　　　　道孚站逐月年平均流量及最小生态流量（湿周法）　　　单位：$\mathrm{m^3/s}$

频率	流量	1月	2月	3月	4月	5月	6月	7月	8月	9月	10月	11月	12月
$P=25\%$ (1982年)	IEF	1.8	1.6	2.0	2.7	4.8	17.1	28.5	20.0	22.0	15.0	6.2	3.0
	MAF	38.0	34.8	39.5	51.1	84.1	229.0	574.0	248.0	266.0	184.0	99.2	58.3
	IEF/MAF/%	4.8	4.7	5.0	5.2	5.7	7.5	5.0	8.1	8.3	8.2	6.2	5.2
$P=50\%$ (1964年)	IEF	1.2	1.0	1.4	3.0	3.6	13.5	26.7	27.9	28.7	24.6	4.0	2.0
	MAF	41.7	37.7	45.3	76.6	84.3	162.0	251.0	189.0	349.0	191.0	95.0	57.7
	IEF/MAF/%	3.0	2.7	3.1	3.9	4.3	8.4	10.7	14.8	8.2	12.9	4.2	3.4

续表

频率	流 量	1月	2月	3月	4月	5月	6月	7月	8月	9月	10月	11月	12月
$P=50\%$ (1968年)	IEF	1.7	1.6	2.0	3.4	5.4	13.6	12.4	7.0	18.0	8.0	3.3	2.7
	MAF	33.7	30.0	37.9	73.6	123.0	283.0	263.0	152.0	349.0	179.0	83.9	48.6
	IEF/MAF/%	5.0	5.4	5.2	4.7	4.4	4.8	4.7	4.6	5.2	4.5	3.9	5.6
$P=75\%$ (1961年)	IEF	1.5	1.2	1.5	4.8	7.9	17.4	33.3	25.0	17.8	7.1	2.8	1.2
	MAF	47.9	42.6	48.0	106.0	125.0	160.0	350.0	203.0	170.0	139.0	75.9	41.3
	IEF/MAF/%	3.0	2.7	3.1	4.5	6.4	10.9	9.5	12.3	10.4	5.1	3.7	2.8
$P=95\%$ (1973年)	IEF	1.6	3.2	3.7	4.4	5.1	8.5	6.8	6.5	7.1	6.8	3.4	2.0
	MAF	33.3	61.5	74.7	80.1	90.9	192.0	123.0	110.0	117.0	113.0	67.2	39.7
	IEF/MAF/%	4.7	5.3	4.9	5.5	5.6	4.5	5.6	5.9	6.1	6.0	5.1	5.1
$P=95\%$ (1986年)	IEF	7.8	2.6	6.0	3.1	6.7	4.5	7.3	4.9	14.8	7.2	3.4	4.9
	MAF	49.6	42.9	45.4	69.0	127.0	97.8	143.0	103.0	258.0	151.0	82.2	48.6
	IEF/MAF/%	15.6	6.0	13.3	4.5	5.3	4.6	5.1	4.8	5.8	4.8	4.1	10.0

注 IEF 为生态流量，Instream Ecological Flow；MAF 为月平均流量，Month Average Flow。

表 9.10　　朱巴站逐月年平均流量及最小生态流量（湿周法）　　单位：m³/s

频率	流 量	1月	2月	3月	4月	5月	6月	7月	8月	9月	10月	11月	12月
$P=25\%$ (1982年)	IEF	1.5	1.3	1.6	2.3	5.4	10.4	17.1	11.1	12.7	9.3	4.3	2.0
	MAF	16.8	15.4	18.6	24.9	54.3	109.0	267.0	112.0	125.0	90.7	44.1	22.9
	IEF/MAF/%	8.9	8.7	8.7	9.3	9.9	9.5	6.4	9.9	10.2	10.2	9.7	8.9
$P=50\%$ (1964年)	IEF	1.8	3.7	1.9	3.5	3.3	5.5	10.9	8.5	14.0	8.2	3.7	2.2
	MAF	17.2	15.8	19.5	39.5	36.8	60.7	126.0	91.0	157.6	88.6	41.3	23.8
	IEF/MAF/%	10.7	23.4	9.6	8.8	8.9	9.0	8.7	9.4	8.9	9.3	8.9	9.4
$P=75\%$ (1961年)	IEF	3.3	1.9	2.9	4.5	4.5	6.0	12.3	7.3	6.1	5.7	2.9	2.8
	MAF	14.9	13.9	16.1	47.0	54.0	69.1	127.0	80.4	71.0	67.7	30.0	14.9
	IEF/MAF/%	21.8	13.6	18.1	9.6	8.3	8.8	9.7	9.1	8.6	8.4	9.6	18.6
$P=95\%$ (1973年)	IEF	1.2	2.5	3.0	3.4	4.1	8.4	5.5	5.1	4.7	5.1	3.4	1.4
	MAF	14.7	25.4	31.8	36.2	41.6	90.0	61.7	56.8	55.2	60.1	30.8	17.2
	IEF/MAF/%	8.0	9.9	9.4	9.5	9.8	9.4	8.8	8.9	8.5	8.5	10.9	8.2
$P=95\%$ (1986年)	IEF	1.7	1.2	1.5	3.0	6.6	3.7	6.6	3.5	13.3	6.5	2.5	1.5
	MAF	18.9	16.6	18.0	29.9	58.3	39.3	55.3	36.9	100.0	56.5	28.6	18.5
	IEF/MAF/%	8.8	7.3	8.5	9.9	11.3	9.5	11.9	9.6	13.3	11.5	8.7	8.3

注 IEF 为生态流量；MAF 为月平均流量。

表 9.11　　　　甘孜站逐月年平均流量及最小生态流量（湿周法）　　　　单位：m³/s

频率	流量	1月	2月	3月	4月	5月	6月	7月	8月	9月	10月	11月	12月
P=25% (1982年)	IEF	12.9	11.6	15.8	18.7	38.2	54.5	208.5	41.3	48.5	38.9	32.2	19.0
	MAF	72.1	67.2	80.5	107.0	250.0	557.0	1090.0	444.0	542.0	366.0	185.0	99.3
	IEF/MAF/%	17.9	17.2	19.6	17.5	15.3	9.8	19.1	9.3	9.0	10.6	17.4	19.2
P=50% (1964年)	IEF	11.0	13.2	16.2	18.1	19.5	30.4	59.9	47.0	62.0	40.1	17.9	16.0
	MAF	80.6	78.4	94.3	186.0	200.0	306.0	591.0	439.0	691.0	394.0	185.0	100.0
	IEF/MAF/%	13.6	16.9	17.2	9.7	9.7	9.9	10.1	10.7	9.0	10.2	9.7	16.0
P=75% (1961年)	IEF	14.0	13.7	16.0	26.4	29.6	41.8	68.4	49.5	37.9	39.3	18.1	16.0
	MAF	79.3	78.2	91.3	246.0	314.0	433.0	743.0	560.0	380.0	388.0	197.0	96.3
	IEF/MAF/%	17.7	17.5	17.6	10.7	9.4	9.7	9.2	8.8	10.0	10.1	9.2	16.6
P=95% (1986年)	IEF	13.2	12.4	13.3	20.6	36.0	29.7	36.2	26.4	49.7	30.8	22.8	13.9
	MAF	71.5	65.3	73.6	126.0	306.0	255.0	314.0	200.0	462.0	251.0	128.0	73.7
	IEF/MAF/%	18.5	18.9	18.0	16.4	11.8	11.7	11.5	13.2	10.8	12.3	17.8	18.8

注　IEF 为生态流量；MAF 为月平均流量。

表 9.12　　　　雅江站逐月年平均流量及最小生态流量（湿周法）　　　　单位：m³/s

频率	流量	1月	2月	3月	4月	5月	6月	7月	8月	9月	10月	11月	12月
P=25% (1982年)	IEF	9.2	8.6	9.9	14.8	38.8	135.8	252.6	124.1	162.2	90.0	42.5	15.4
	MAF	156	144	163	218	409	1170	2650	1060	1390	782	419	235
	IEF/MAF（%）	5.9	6.0	6.1	6.8	9.5	11.6	9.5	11.7	11.7	11.5	10.2	6.6
P=50% (1964年)	IEF	19.1	17.5	21.1	43.0	43.4	93.8	137.6	103.1	224.3	84.6	47.0	28.6
	MAF	190	175	204	367	432	986	1300	1100	1880	938	446	261
	IEF/MAF/%	10.1	10.0	10.3	11.7	10.1	9.5	10.6	9.4	11.9	9.0	10.5	10.9
P=50% (1968年)	IEF	11.9	8.9	20.1	28.4	73.7	161.8	154.6	106.7	160.4	94.3	31.6	25.2
	MAF	162	152	182	295	667	1390	1360	891	1410	842	367	218
	IEF/MAF/%	7.3	5.9	11.1	9.6	11.1	11.6	11.4	12.0	11.4	11.2	8.6	11.5
P=75% (1961年)	IEF	19.5	17.8	20.6	44.9	52.0	78.1	169.2	104.7	73.7	54.0	42.6	20.0
	MAF	189	175	195	424	613	831	1580	1080	798	633	352	189
	IEF/MAF/%	10.3	10.2	10.6	10.6	8.5	9.4	10.7	9.7	9.2	8.5	12.1	10.6
P=95% (1973年)	IEF	12.2	15.7	14.3	22.7	42.3	98.9	71.1	71.3	80.3	55.8	23.1	14.2
	MAF	148	181	220	283	446	918	674	687	750	560	305	166
	IEF/MAF/%	8.2	8.7	6.5	8.0	9.5	10.8	10.6	10.4	10.7	10.0	7.6	8.6
P=95% (1986年)	IEF	17.3	14.2	15.5	25.8	68.3	51.2	84.6	66.5	151.2	95.9	34.7	18.9
	MAF	196	171	182	277	570	467	683	561	1290	771	369	214
	IEF/MAF/%	8.8	8.3	8.5	9.3	12.0	11.0	12.4	11.9	11.7	12.4	9.4	8.8

注　IEF 为生态流量；MAF 为月平均流量。

表 9.13　　　　　足木足站逐月年平均流量及最小生态流量（湿周法）　　　单位：m³/s

频率	流　量	1月	2月	3月	4月	5月	6月	7月	8月	9月	10月	11月	12月
P=25% （1982年）	IEF	2.6	2.4	2.9	4.2	13.1	42.1	96.9	21.1	40.7	22.5	7.6	3.2
	MAF	61.5	57.6	55.1	85.7	216.0	526.0	851.0	313.0	547.0	336.0	142.0	76.0
	IEF/MAF/%	4.2	4.2	5.2	4.9	6.1	8.0	11.4	6.7	7.5	6.7	5.4	4.2
P=50% （1964年）	IEF	8.1	7.0	9.5	13.2	32.1	45.6	79.3	51.2	92.9	51.5	23.1	11.2
	MAF	64.1	58.1	73.0	97.0	200.0	285.0	534.0	325.0	645.0	334.0	151.0	85.5
	IEF/MAF/%	12.7	12.1	13.0	13.6	16.1	16.0	14.9	15.7	14.4	15.4	15.3	13.2
P=50% （1968年）	IEF	7.2	6.5	8.3	21.0	41.6	58.8	58.8	47.5	108.6	47.2	18.4	9.4
	MAF	53.5	47.6	63.9	147.0	260.0	384.0	384.0	302.0	722.0	298.0	125.0	75.5
	IEF/MAF/%	13.4	13.6	12.9	14.3	16.0	15.3	15.3	15.7	15.1	15.9	14.7	12.5
P=75% （1961年）	IEF	8.2	6.8	10.4	26.9	46.9	64.6	101.8	49.2	43.2	50.2	22.9	9.8
	MAF	65.1	57.3	77.9	175.0	303.0	422.0	690.0	319.0	274.0	328.0	146.0	76.2
	IEF/MAF/%	12.6	11.8	13.3	15.4	15.5	15.3	14.8	15.4	15.8	15.3	15.7	12.9
P=95% （1973年）	IEF	5.7	5.7	7.0	9.6	28.2	92.2	37.5	41.6	47.7	47.0	19.0	9.4
	MAF	46.9	47.6	59.0	68.2	188.0	565.0	247.0	273.0	312.0	308.0	131.0	70.0
	IEF/MAF/%	12.1	12.0	11.9	14.1	15.0	16.3	15.2	15.3	15.3	15.3	14.5	13.4

注　IEF 为生态流量；MAF 为月平均流量。

　　根据图 9.14 中的计算结果，统计出各站各典型年的年生态需水量，见图 9.15～图 9.19，得到湿周法计算的各站各典型年的最小生态需水量。

　　道孚站的生态需水量为（图 9.15）：丰水年 $P=25\%$（1982 年）的最小生态需水量为 3.29 亿 m³，约占年径流量的 6.54%，平水年 $P=50\%$（1964 年）的最小生态需水量为 3.64 亿 m³，约占年径流量的 8.74%，平水年 $P=50\%$（1968 年）的最小生态需水量为 2.08 亿 m³，约占年径流量的 4.77%，枯水年 $P=75\%$（1961 年）的最小生态需水量为 3.21 亿 m³，约占年径流量的 8.05%，特枯水年 $P=95\%$（1973 年）的最小生态需水量为 1.55 亿 m³，约占年径流量的 5.36%，特枯水年 $P=95\%$（1986 年）的最小生态需水量为 1.93 亿 m³，约占年径流量的 6.03%。

　　朱巴站的生态需水量为（图 9.16）：丰水年 $P=25\%$（1982 年）的最小生态需水量为 2.09 亿 m³，约占年径流量的 8.76%，平水年 $P=50\%$（1964 年）的最小生态需水量为 1.77 亿 m³，约占年径流量的 9.34%，枯水年 $P=75\%$（1961 年）的最小生态需水量为 1.59 亿 m³，约占年径流量的 9.91%，特枯水年 $P=95\%$（1973 年）的最小生态需水量为 1.25 亿 m³，约占年径流量的 9.13%，特枯水年 $P=95\%$（1986 年）的最小生态需水量为 1.36 亿 m³，约占

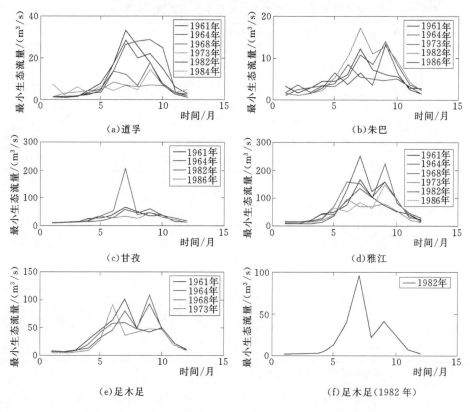

图 9.14 最小生态流量月过程（湿周法）（详见书后彩图）

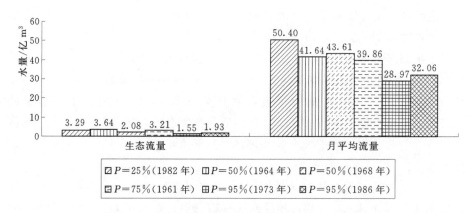

图 9.15 湿周法计算的道孚站各典型年的生态需水量

年径流量的 10.83%。

甘孜站的生态需水量为（图 9.17）：丰水年 $P=25\%$（1982 年）的最小生态需水量为 14.30 亿 m^3，约占年径流量的 14.02%，平水年 $P=50\%$（1964

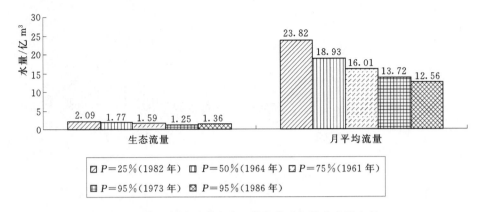

图 9.16 湿周法计算的朱巴站各典型年的生态需水量

年）的最小生态需水量为 9.26 亿 m³，约占年径流量的 10.49％，枯水年 $P=$
75％（1961 年）的最小生态需水量为 9.79 亿 m³，约占年径流量的 10.27％，
特枯水年 $P=95％$（1986 年）的最小生态需水量为 8.03 亿 m³，约占年径流量
的 13.10％。

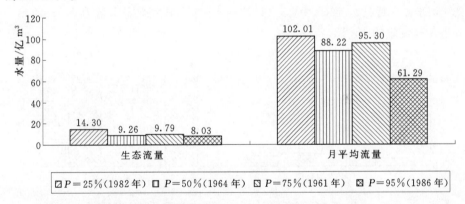

图 9.17 湿周法计算的甘孜站各典型年的生态需水量

雅江站的生态需水量为（图 9.18）：丰水年 $P=25％$（1982 年）的最小生
态需水量为 23.88 亿 m³，约占年径流量的 10.27％，平水年 $P=50％$（1964
年）的最小生态需水量为 22.72 亿 m³，约占年径流量的 10.41％，平水年 $P=$
50％（1968 年）的最小生态需水量为 23.15 亿 m³，约占年径流量的 11.07％，
枯水年 $P=75％$（1961 年）的最小生态需水量为 18.41 亿 m³，约占年径流量
的 9.87％，特枯水年 $P=95％$（1973 年）的最小生态需水量为 13.74 亿 m³，
约占年径流量的 9.78％，特枯水年 $P=95％$（1986 年）的最小生态需水量为
16.98 亿 m³，约占年径流量的 11.21％。

足木足站的生态需水量为（图 9.19）：丰水年 $P=25％$（1982 年）的最小

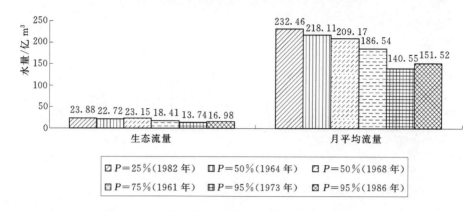

图 9.18　湿周法计算的雅江站各典型年的生态需水量

生态需水量为 6.86 亿 m³，约占年径流量的 7.95％，平水年 $P=50\%$（1964年）的最小生态需水量为 11.21 亿 m³，约占年径流量的 14.90％，平水年 $P=50\%$（1968 年）的最小生态需水量为 11.41 亿 m³，约占年径流量的 15.14％，枯水年 $P=75\%$（1961 年）的最小生态需水量为 11.65 亿 m³，约占年径流量的 15.03％，特枯水年 $P=95\%$（1973 年）的最小生态需水量为 9.23 亿 m³，约占年径流量的 15.13％。

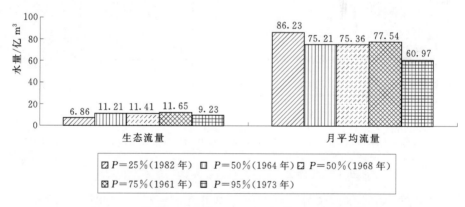

图 9.19　湿周法计算的足木足站各典型年的生态需水量

9.5　生态水力半径模型

9.5.1　计算参数的确定

根据生态水力半径模型估算河道内生态需水量的计算步骤可知，首先需要确定计算河段的水力学参数。水力学参数主要包括生态流速上下限及生态水力半径上下限等。利用各站点实测断面流速的资料分析得到各河段的生态流速上下限见表 9.14～表 9.18，各水文站典型年生态流速的月过程见图 9.20 和图 9.21，利用式（8.5）计算出各河段的生态水力半径上下限见表 9.14～表 9.18，各水文站典型年生态水力半径的月变化过程见图 9.22 和图 9.23。

表 9.14 　　　　　　　　　　　道孚站河段的水力参数

频　　率		糙率 n	水力坡度 J /万分率	生态流速 $v_{生态}$ /(m/s)	生态水力半径 $R_{生态}$ /m
$P=25\%$ (1982 年)	1 月	0.040	2.79	0.33～0.35	0.70～0.77
	2 月	0.040	2.72	0.34～0.36	0.75～0.82
	3 月	0.038	3.29	0.38～0.41	0.71～0.80
	4 月	0.035	3.91	0.43～0.5	0.66～0.83
	5 月	0.031	4.83	0.65～0.7	0.88～0.98
	6 月	0.030	9.93	1～1.1	0.93～1.07
	7 月	0.027	11.30	1.3～1.5	1.07～1.32
	8 月	0.029	8.77	1.1～1.2	1.12～1.27
	9 月	0.030	9.63	1.1～1.2	1.10～1.25
	10 月	0.029	7.0	0.9～1	0.98～1.15
	11 月	0.029	4.02	0.6～0.7	0.81～1.02
	12 月	0.029	1.89	0.4～0.45	0.78～0.92
$P=50\%$ (1964 年)	1 月	0.030	2.72	0.4～0.42	0.62～0.67
	2 月	0.031	2.62	0.4～0.43	0.67～0.75
	3 月	0.031	3.63	0.5～0.51	0.73～0.76
	4 月	0.028	4.76	0.62～0.65	0.71～0.76
	5 月	0.032	6.46	0.65～0.7	0.74～0.83
	6 月	0.032	9.27	0.9～1	0.92～1.08
	7 月	0.033	11.82	1.1～1.2	1.08～1.24
	8 月	0.032	8.87	1～1.1	1.11～1.28
	9 月	0.033	12.88	1～1.1	0.88～1.02
	10 月	0.031	8.53	0.9～1	0.93～1.09
	11 月	0.032	5.53	0.6～0.7	0.74～0.93
	12 月	0.032	3.66	0.45～0.5	0.65～0.76
$P=50\%$ (1968 年)	1 月	0.034	2.0	0.3～0.32	0.61～0.67
	2 月	0.034	2.0	0.31～0.33	0.64～0.71
	3 月	0.033	2.66	0.36～0.4	0.62～0.73
	4 月	0.033	4.56	0.5～0.55	0.68～0.78

续表

频　　率		糙率 n	水力坡度 J /万分率	生态流速 $v_{生态}$ /(m/s)	生态水力半径 $R_{生态}$ /m
$P=50\%$ (1968 年)	5 月	0.032	8.05	0.72~0.8	0.73~0.86
	6 月	0.032	12.19	1~1.2	0.88~1.15
	7 月	0.033	12.2	1.1~1.2	1.06~1.21
	8 月	0.03	7.52	0.8~0.9	0.82~0.98
	9 月	0.031	13.09	1.1~1.3	0.92~1.18
	10 月	0.031	7.15	0.8~0.9	0.89~1.07
	11 月	0.031	4.5	0.55~0.6	0.72~0.82
	12 月	0.037	3.17	0.35~0.4	0.62~0.76
$P=75\%$ (1961 年)	1 月	0.031	2.49	0.4~0.45	0.70~0.83
	2 月	0.032	3.1	0.43~0.47	0.69~0.79
	3 月	0.032	3.56	0.48~0.52	0.73~0.83
	4 月	0.023	4.64	0.8~0.9	0.79~0.94
	5 月	0.024	5.44	0.9~1	0.89~1.04
	6 月	0.028	9.68	1.1~1.2	0.98~1.12
	7 月	0.030	13.06	1.3~1.4	1.12~1.25
	8 月	0.033	12.4	1.1~1.2	1.05~1.19
	9 月	0.033	9.15	0.9~1	0.97~1.14
	10 月	0.031	6.8	0.8~0.9	0.93~1.11
	11 月	0.031	5.2	0.6~0.7	0.74~0.93
	12 月	0.031	1.89	0.35~0.38	0.70~0.79
$P=95\%$ (1973 年)	1 月	0.030	2.4	0.42~0.45	0.73~0.81
	2 月	0.039	2.5	0.35~0.37	0.80~0.87
	3 月	0.039	3.48	0.35~0.38	0.63~0.71
	4 月	0.035	4.98	0.5~0.53	0.69~0.76
	5 月	0.033	6.75	0.6~0.7	0.67~0.84
	6 月	0.034	12.03~	0.9~1.1	0.83~1.12
	7 月	0.032	14.1	1~1.1	0.79~0.91
	8 月	0.029	5.9	0.7~0.8	0.76~0.93
	9 月	0.029	5.2	0.7~0.75	0.84~0.93
	10 月	0.030	4.1	0.6~0.65	0.84~0.95
	11 月	0.029	3.8	0.5~0.55	0.64~0.74
	12 月	0.030	3.1	0.48~0.52	0.74~0.83

频　率		糙率 n	水力坡度 J /万分率	生态流速 $v_{生态}$ /(m/s)	生态水力半径 $R_{生态}$ /m
$P=95\%$ (1986 年)	1 月	0.029	1.1	0.3~0.32	0.76~0.83
	2 月	0.031	1.37	0.32~0.34	0.78~0.85
	3 月	0.029	1.64	0.35~0.4	0.71~0.86
	4 月	0.028	1.8	0.42~0.45	0.82~0.91
	5 月	0.028	2.91	0.5~0.55	0.74~0.86
	6 月	0.030	8.04	0.8~0.9	0.78~0.93
	7 月	0.028	11.29	1~1.2	0.76~1.00
	8 月	0.029	6.21	0.8~0.9	0.90~1.07
	9 月	0.029	5.04	0.8~0.9	1.05~1.25
	10 月	0.030	3.88	0.6~0.65	0.87~0.98
	11 月	0.029	3.3	0.55~0.6	0.82~0.94
	12 月	0.029	2.4	0.5~0.52	0.91~0.96

表 9.15　　　　朱巴站河段的水力参数

频　率		糙率 n	水力坡度 J /万分率	生态流速 $v_{生态}$ /(m/s)	生态水力半径 $R_{生态}$ /m
$P=25\%$ (1982 年)	1 月	0.038	5.37	0.4~0.45	0.53~0.63
	2 月	0.040	4.81	0.42~0.44	0.67~0.72
	3 月	0.037	4.94	0.43~0.45	0.61~0.65
	4 月	0.032	7.4	0.65~0.7	0.67~0.75
	5 月	0.031	8.44	0.8~0.9	0.79~0.94
	6 月	0.030	14.54	1.2~1.4	0.92~1.16
	7 月	0.030	20.0	1.4~1.6	0.91~1.11
	8 月	0.030	12.9	1.2~1.3	1.00~1.13
	9 月	0.031	21.47	1.4~1.6	0.91~1.11
	10 月	0.031	10.58	1.1~1.15	1.07~1.15
	11 月	0.033	7.02	0.7~0.75	0.81~0.90
	12 月	0.039	5.35	0.45~0.48	0.66~0.73
$P=50\%$ (1964 年)	1 月	0.077	25.23	0.45~0.48	0.57~0.63
	2 月	0.081	25.3	0.42~0.47	0.56~0.66
	3 月	0.074	25.04	0.46~0.5	0.56~0.64

续表

频　率		糙率 n	水力坡度 J /万分率	生态流速 $v_{生态}$ /(m/s)	生态水力半径 $R_{生态}$ /m
$P=50\%$ (1964 年)	4 月	0.067	26.17	0.6~0.65	0.70~0.79
	5 月	0.033	9.14	0.7~0.8	0.67~0.82
	6 月	0.032	11.44	0.9~1	0.79~0.92
	7 月	0.034	18.9	1.2~1.4	0.91~1.15
	8 月	0.031	12.9	1.1~1.2	0.93~1.05
	9 月	0.032	21.47	1.3~1.5	0.85~1.05
	10 月	0.031	10.58	1~1.1	0.93~1.07
	11 月	0.032	7.02	0.6~0.7	0.62~0.78
	12 月	0.030	5.35	0.55~0.65	0.60~0.77
$P=75\%$ (1961 年)	1 月	0.077	25.23	0.5~0.55	0.67~0.77
	2 月	0.081	25.3	0.4~0.45	0.52~0.62
	3 月	0.074	25.04	0.5~0.55	0.64~0.73
	4 月	0.067	26.17	0.6~0.7	0.70~0.88
	5 月	0.033	9.14	0.7~0.8	0.67~0.82
	6 月	0.032	11.44	0.9~1	0.79~0.92
	7 月	0.034	18.9	1.2~1.4	0.91~1.15
	8 月	0.031	12.9	1.1~1.2	0.93~1.05
	9 月	0.032	21.47	1.2~1.4	0.75~0.95
	10 月	0.031	10.58	0.9~1	0.79~0.93
	11 月	0.032	7.02	0.65~0.7	0.70~0.78
	12 月	0.030	5.35	0.55~0.6	0.60~0.69
$P=95\%$ (1973 年)	1 月	0.032	2.5	0.35~0.4	0.60~0.73
	2 月	0.030	2.34	0.4~0.45	0.69~0.83
	3 月	0.031	2.87	0.42~0.46	0.67~0.77
	4 月	0.030	6.58	0.6~0.7	0.59~0.74
	5 月	0.028	5.79	0.7~0.75	0.74~0.82
	6 月	0.028	8.77	0.9~1	0.78~0.92
	7 月	0.029	18.26	1.1~1.3	0.65~0.83
	8 月	0.028	18.23	1.2~1.4	0.70~0.88
	9 月	0.028	17.26	1.1~1.2	0.64~0.73
	10 月	0.029	13.83	1~1.2	0.69~0.91
	11 月	0.032	9.25	0.8~0.85	0.77~0.85
	12 月	0.033	5.58	0.55~0.6	0.67~0.77

续表

频　率		糙率 n	水力坡度 J /万分率	生态流速 $v_{生态}$ /(m/s)	生态水力半径 $R_{生态}$ /m
$P=95\%$ (1986 年)	1 月	0.032	2.2	0.35～0.37	0.66～0.71
	2 月	0.030	2.5	0.4～0.43	0.66～0.74
	3 月	0.031	2.7	0.42～0.45	0.71～0.78
	4 月	0.030	6.7	0.7～0.8	0.73～0.89
	5 月	0.033	9.0	0.8～0.9	0.83～0.99
	6 月	0.034	8.5	0.8～0.85	0.90～0.99
	7 月	0.030	11.62	1～1.2	0.83～1.09
	8 月	0.029	11.0	1～1.1	0.82～0.94
	9 月	0.029	15.69	1.3～1.5	0.93～1.15
	10 月	0.033	11.33	0.9～1	0.83～0.97
	11 月	0.034	9.0	0.8～0.85	0.86～0.95
	12 月	0.033	5.7	0.5～0.55	0.57～0.66

表 9.16　　　　　　　　　　甘孜站河段的水力参数

频　率		糙率 n	水力坡度 J /万分率	生态流速 $v_{生态}$ /(m/s)	生态水力半径 $R_{生态}$ /m
$P=25\%$ (1982 年)	1 月	0.029	5.86	0.6～0.65	0.61～0.69
	2 月	0.029	5.65	0.6～0.62	0.63～0.66
	3 月	0.028	7.5	0.7～0.75	0.61～0.67
	4 月	0.030	9.9	0.75～0.78	0.60～0.64
	5 月	0.028	9.5	0.8～0.9	0.62～0.74
	6 月	0.029	15.13	1.2～1.4	0.85～1.07
	7 月	0.028	16.38	1.7～1.9	1.28～1.51
	8 月	0.031	12.64	1.1～1.3	0.94～1.21
	9 月	0.029	11.77	1～1.2	0.78～1.02
	10 月	0.029	9.85	0.9～1	0.76～0.89
	11 月	0.027	7.71	0.8～0.9	0.69～0.82
	12 月	0.030	6.66	0.6～0.7	0.58～0.73
$P=50\%$ (1964 年)	1 月	0.026	2.3	0.5～0.55	0.79～0.92
	2 月	0.029	2.6	0.5～0.55	0.85～0.98
	3 月	0.028	2.7	0.55～0.6	0.91～1.03
	4 月	0.030	4.37	0.65～0.7	0.90～1.01

续表

频　率		糙率 n	水力坡度 J /万分率	生态流速 $v_{生态}$ /(m/s)	生态水力半径 $R_{生态}$ /m
$P=50\%$ (1964 年)	5 月	0.029	3.98	0.65~0.7	0.92~1.03
	6 月	0.032	7.58	0.9~1	1.07~1.25
	7 月	0.031	11.14	1.2~1.4	1.18~1.48
	8 月	0.031	8.82	1~1.2	1.07~1.40
	9 月	0.032	13.17	1.2~1.4	1.09~1.37
	10 月	0.030	7.54	1~1.1	1.14~1.32
	11 月	0.030	4.76	0.7~0.75	0.94~1.05
	12 月	0.030	3.05	0.55~0.6	0.92~1.05
$P=75\%$ (1961 年)	1 月	0.018	1.5	0.6~0.65	0.83~0.93
	2 月	0.025	2.7	0.55~0.6	0.77~0.87
	3 月	0.028	3.17	0.6~0.65	0.92~1.03
	4 月	0.029	6.81	0.9~1	1.00~1.17
	5 月	0.029	8.13	1~1.1	1.03~1.18
	6 月	0.030	10.1	1.1~1.2	1.06~1.21
	7 月	0.027	13.15	1.5~1.7	1.18~1.42
	8 月	0.029	11.5	1.4~1.5	1.31~1.45
	9 月	0.032	10.3	1.1~1.2	1.15~1.31
	10 月	0.030	7.2	1~1.1	1.18~1.36
	11 月	0.030	4.5	0.6~0.7	0.78~0.98
	12 月	0.030	2.65	0.5~0.55	0.88~1.02
$P=95\%$ (1986 年)	1 月	0.028	6.0	0.6~0.65	0.57~0.64
	2 月	0.029	6.5	0.62~0.65	0.59~0.64
	3 月	0.025	6.0	0.7~0.75	0.60~0.67
	4 月	0.028	7.83	0.75~0.8	0.65~0.72
	5 月	0.029	9.5	0.8~0.9	0.65~0.78
	6 月	0.030	11.93	0.85~1	0.63~0.81
	7 月	0.026	14.42	1.1~1.3	0.65~0.84
	8 月	0.028	8.75	0.8~0.9	0.66~0.79
	9 月	0.027	8.0	0.9~1.1	0.80~1.08
	10 月	0.028	8.5	0.8~0.9	0.67~0.80
	11 月	0.031	8.0	0.7~0.75	0.67~0.75
	12 月	0.027	4.83	0.6~0.65	0.63~0.71

表 9.17　　　　　　　　　　雅江站河段的水力参数

频　　率		糙率 n	水力坡度 J/万分率	生态流速 $v_{生态}$/(m/s)	生态水力半径 $R_{生态}$/m
$P=25\%$(1982 年)	1 月	0.036	0.263	0.33~0.35	3.53~3.85
	2 月	0.025	0.28	0.5~0.52	3.63~3.85
	3 月	0.028	0.35	0.5~0.52	3.64~3.86
	4 月	0.019	0.29	0.66~0.7	3.55~3.88
	5 月	0.020	0.32	0.7~0.72	3.89~4.06
	6 月	0.021	0.36	0.7~0.72	3.83~4.00
	7 月	0.023	2.23	1.5~1.8	3.51~4.62
	8 月	0.025	3.02	1.6~1.7	3.49~3.82
	9 月	0.019	1.29	1.4~1.5	3.58~3.97
	10 月	0.020	0.77	1~1.1	3.44~3.97
	11 月	0.028	0.83	0.8~0.82	3.86~4.00
	12 月	0.013	0.13	0.65~0.7	3.59~4.01
$P=50\%$(1964 年)	1 月	0.019	0.30	0.68~0.71	3.62~3.87
	2 月	0.018	0.35	0.78~0.8	3.66~3.80
	3 月	0.018	0.38	0.84~0.86	3.84~3.98
	4 月	0.019	0.40	0.75~0.8	3.38~3.73
	5 月	0.019	0.48	0.8~0.85	3.25~3.56
	6 月	0.019	1.12	1.2~1.3	3.16~3.57
	7 月	0.018	1.21	1.3~1.5	3.10~3.85
	8 月	0.017	0.97	1.2~1.4	2.98~3.76
	9 月	0.018	1.39	1.4~1.6	3.12~3.82
	10 月	0.017	0.72	1.1~1.2	3.27~3.73
	11 月	0.033	1.39	0.8~0.85	3.35~3.67
	12 月	0.061	2.52	0.63~0.65	3.77~3.95
$P=50\%$(1968 年)	1 月	0.020	0.30	0.63~0.65	3.49~3.66
	2 月	0.021	0.34	0.62~0.65	3.34~3.58
	3 月	0.022	0.20	0.5~0.51	3.86~3.97
	4 月	0.025	0.68	0.75~0.8	3.43~3.78
	5 月	0.026	1.61	1.1~1.2	3.38~3.86
	6 月	0.026	2.66	1.4~1.5	3.33~3.70
	7 月	0.027	3.5	1.5~1.6	3.19~3.51

续表

频　　率		糙率 n	水力坡度 J /万分率	生态流速 $v_{生态}$ /(m/s)	生态水力半径 $R_{生态}$ /m
$P=50\%$ (1968 年)	8 月	0.028	1.79	1.1~1.2	3.49~3.98
	9 月	0.026	2.7	1.4~1.6	3.30~4.03
	10 月	0.028	2.82	1.3~1.5	3.19~3.96
	11 月	0.025	2.4	1.4~1.5	3.40~3.77
	12 月	0.024	1.5	1.2~1.25	3.61~3.83
$P=75\%$ (1961 年)	1 月	0.018	1.0	1.35~1.4	3.79~4.00
	2 月	0.014	1.5	2.1~2.2	3.72~3.99
	3 月	0.014	1.6	2.2~2.25	3.80~3.93
	4 月	0.013	0.35	1~1.1	3.26~3.76
	5 月	0.016	0.8	1.1~1.2	2.76~3.15
	6 月	0.017	1.11	1.3~1.4	3.04~3.40
	7 月	0.019	1.7	1.5~1.6	3.23~3.56
	8 月	0.019	1.12	1.3~1.4	3.29~3.67
	9 月	0.019	0.8	1~1.1	3.10~3.57
	10 月	0.025	0.95	0.8~0.9	2.94~3.51
	11 月	0.016	0.20	0.65~0.7	3.55~3.96
	12 月	0.043	0.58	0.43~0.44	3.78~3.92
$P=95\%$ (1973 年)	1 月	0.023	0.3	0.58~0.6	3.80~4.00
	2 月	0.024	0.5	0.72~0.74	3.82~3.98
	3 月	0.030	0.6	0.6~0.62	3.54~3.72
	4 月	0.037	0.63	0.5~0.52	3.56~3.77
	5 月	0.027	0.92	0.8~0.85	3.38~3.70
	6 月	0.022	1.66	1.3~1.5	3.31~4.10
	7 月	0.021	2.45	1.7~1.8	3.44~3.75
	8 月	0.024	1.62	1.2~1.3	3.40~3.84
	9 月	0.022	1.5	1.3~1.4	3.57~3.99
	10 月	0.024	1.42	1.1~1.2	3.30~3.76
	11 月	0.032	1.56	0.9~0.95	3.50~3.80
	12 月	0.032	1.3	0.85~0.87	3.68~3.82
$P=95\%$ (1986 年)	1 月	0.032	0.3	0.42~0.43	3.84~3.98
	2 月	0.030	0.4	0.52~0.53	3.87~3.99

续表

频　率		糙率 n	水力坡度 J /万分率	生态流速 $v_{生态}$ /(m/s)	生态水力半径 $R_{生态}$ /m
$P=95\%$ (1986 年)	3 月	0.032	0.5	0.55～0.56	3.93～4.03
	4 月	0.037	0.55	0.45～0.47	3.36～3.59
	5 月	0.025	0.78	0.8～0.85	3.41～3.73
	6 月	0.022	1.04	1～1.1	3.17～3.66
	7 月	0.023	2.27	1.5～1.6	3.47～3.82
	8 月	0.024	1.86	1.3～1.4	3.46～3.87
	9 月	0.025	1.5	1.2～1.3	3.83～4.32
	10 月	0.026	1.3	1～1.1	3.44～3.97
	11 月	0.025	1.1	0.95～1	3.41～3.68
	12 月	0.026	0.8	0.85～0.87	3.88～4.02

表 9.18　　　　　　　　　足木足站河段的水力参数

频　率		糙率 n	水力坡度 J /万分率	生态流速 $v_{生态}$ /(m/s)	生态水力半径 $R_{生态}$ /m
$P=25\%$ (1982 年)	1 月	0.058	5.73	0.6～0.63	1.75～1.89
	2 月	0.058	6	0.6～0.64	1.69～1.87
	3 月	0.056	7.67	0.7～0.75	1.68～1.87
	4 月	0.052	8.67	0.8～0.9	1.68～2.00
	5 月	0.048	13.29	1.2～1.3	1.99～2.24
	6 月	0.067	64.5	2.1～2.4	2.32～2.83
	7 月	0.057	45.47	2.2～2.5	2.54～3.07
	8 月	0.046	32.94	2～2.3	2.03～2.50
	9 月	0.047	33.44	2.1～2.4	2.23～2.72
	10 月	0.045	23.45	1.8～2	2.16～2.53
	11 月	0.047	14.35	1.2～1.3	1.82～2.05
	12 月	0.05	7.35	0.8～0.85	1.79～1.96
$P=50\%$ (1964 年)	1 月	0.050	3.6	0.5～0.52	1.51～1.60
	2 月	0.048	4.2	0.55～0.58	1.46～1.58
	3 月	0.051	5.8	0.62～0.65	1.50～1.61
	4 月	0.050	7.77	0.75～0.78	1.56～1.65
	5 月	0.047	18.04	1.2～1.3	1.53～1.73

续表

频　率		糙率 n	水力坡度 J /万分率	生态流速 $v_{生态}$ /(m/s)	生态水力半径 $R_{生态}$ /m
$P=50\%$ (1964 年)	6 月	0.046	23.22	1.4～1.5	1.55～1.71
	7 月	0.045	32.89	1.7～1.8	1.54～1.68
	8 月	0.043	22.06	1.5～1.6	1.61～1.77
	9 月	0.045	32.64	1.9～2	1.83～1.98
	10 月	0.045	24.68	1.5～1.6	1.58～1.74
	11 月	0.048	13.0	1～1.1	1.54～1.77
	12 月	0.054	7.33	0.65～0.7	1.48～1.65
$P=50\%$ (1968 年)	1 月	0.050	4.67	0.5～0.55	1.24～1.44
	2 月	0.055	5.0	0.5～0.52	1.36～1.45
	3 月	0.051	6.0	0.6～0.65	1.40～1.57
	4 月	0.053	8.35	0.75～0.8	1.61～1.78
	5 月	0.044	15.21	1.2～1.3	1.58～1.78
	6 月	0.046	30.86	1.5～1.6	1.38～1.52
	7 月	0.045	32.57	1.6～1.7	1.42～1.55
	8 月	0.046	21.48	1.3～1.4	1.47～1.64
	9 月	0.045	24.53	1.4～1.5	1.43～1.59
	10 月	0.048	22.23	1.3～1.4	1.52～1.70
	11 月	0.052	10.65	0.85～0.9	1.58～1.72
	12 月	0.053	7.34	0.68～0.7	1.53～1.60
$P=75\%$ (1961 年)	1 月	0.059	5.32	0.5～0.53	1.45～1.58
	2 月	0.061	5.5	0.45～0.5	1.27～1.48
	3 月	0.056	5.74	0.55～0.6	1.46～1.66
	4 月	0.049	10.98	0.9～1	1.54～1.80
	5 月	0.044	16.54	1.1～1.3	1.30～1.67
	6 月	0.044	29.63	1.5～1.7	1.34～1.61
	7 月	0.047	36.39	1.6～1.8	1.39～1.66
	8 月	0.043	20.66	1.4～1.5	1.52～1.69
	9 月	0.046	31.93	1.5～1.7	1.35～1.63
	10 月	0.044	22.93	1.4～1.5	1.46～1.62
	11 月	0.047	11.7	0.95～1	1.49～1.61
	12 月	0.052	8.15	0.72～0.75	1.50～1.60

续表

频　率		糙率 n	水力坡度 J /万分率	生态流速 $v_{生态}$ /(m/s)	生态水力半径 $R_{生态}$ /m
$P=95\%$ (1973 年)	1 月	0.055	3.68	0.44~0.46	1.42~1.51
	2 月	0.052	4.84	0.55~0.57	1.48~1.56
	3 月	0.05	7.42	0.72~0.75	1.52~1.62
	4 月	0.046	10.5	0.9~0.95	1.44~1.57
	5 月	0.043	12.23	1~1.1	1.36~1.57
	6 月	0.043	30.66	1.6~1.9	1.39~1.79
	7 月	0.045	37.51	1.7~1.8	1.40~1.52
	8 月	0.047	25.44	1.3~1.5	1.33~1.65
	9 月	0.043	32.16	1.5~1.8	1.21~1.59
	10 月	0.041	15.45	1.2~1.3	1.40~1.58
	11 月	0.046	8.23	0.8~0.85	1.45~1.59
	12 月	0.054	7.1	0.65~0.68	1.51~1.62

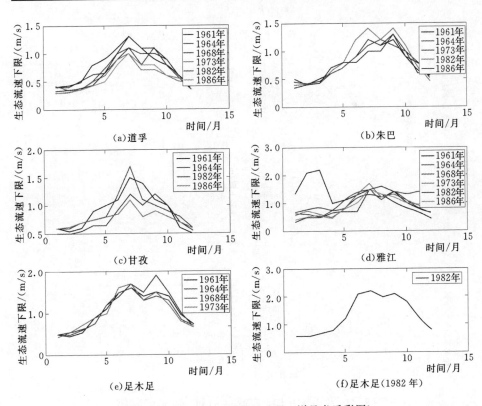

图 9.20　生态流速下限的月过程（详见书后彩图）

193

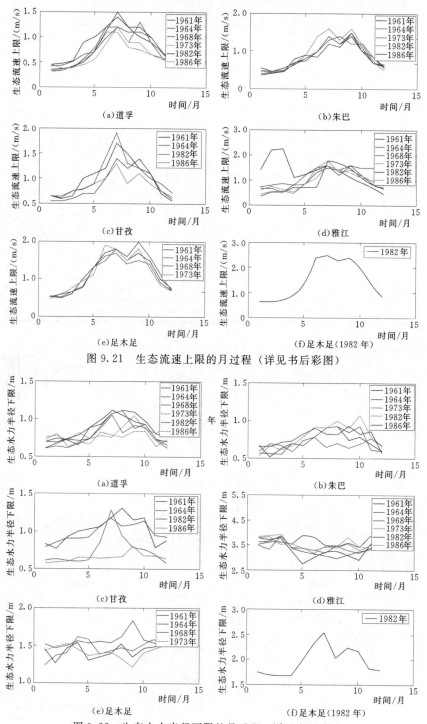

图 9.21　生态流速上限的月过程（详见书后彩图）

图 9.22　生态水力半径下限的月过程（详见书后彩图）

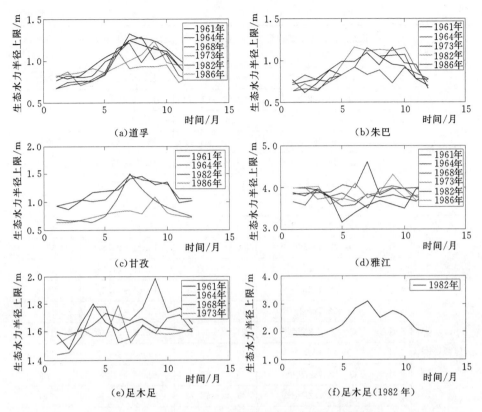

图 9.23　生态水力半径上限的月过程（详见书后彩图）

9.5.2　计算结果

　　根据生态水力半径模型的计算步骤及表 9.14～表 9.18 中的水力学参数，计算得到道孚站、朱巴站、甘孜站、雅江站和足木足站断面处河道内生态流量上下限值及占平均流量的比例分别见表 9.19～表 9.23，生态水力半径模型计算所得的各站典型年生态流量月过程分别见图 9.24 和图 9.25。

表 9.19　　　　　　　　　道孚站生态流量及占平均流量的百分比

频率		流量与水力半径的关系 $Q{\sim}R$	生态流量 /(m³/s)	生态流量/平均流量 /%	平均流量 /(m³/s)
$P=25\%$ (1982 年)	1 月	$Q=21.071R^{4.4127}$	4.44～6.55	11.67～17.23	38
	2 月	$Q=20.921R^{4.4048}$	5.85～8.54	16.81～24.53	34.8
	3 月	$Q=21.606R^{4.1346}$	5.25～8.42	13.30～21.30	39.5
	4 月	$Q=23.773R^{3.7114}$	5.20～12.04	10.18～23.57	51.1
	5 月	$Q=23.695R^{3.7316}$	14.58～22.07	17.33～26.24	84.1

频　率		流量与水力半径的关系 $Q{\sim}R$	生态流量 /(m³/s)	生态流量/平均流量 /%	平均流量 /(m³/s)
$P=25\%$ (1982 年)	6 月	$Q=35.943R^{2.7907}$	29.26~43.60	12.78~19.04	229
	7 月	$Q=72.322R^{2.0452}$	82.57~128.09	14.39~22.31	574
	8 月	$Q=32.884R^{2.995}$	45.93~67.89	18.52~27.38	248
	9 月	$Q=30.869R^{3.0882}$	41.04~61.41	15.43~23.09	266
	10 月	$Q=30.081R^{3.1338}$	28.22~46.30	15.34~25.16	184
	11 月	$Q=24.866R^{3.61}$	11.54~26.59	11.63~26.81	99.2
	12 月	$Q=23.276R^{3.8068}$	8.82~17.29	15.13~29.65	58.3
$P=50\%$ (1964 年)	1 月	$Q=26.212R^{3.7344}$	4.41~5.80	10.59~13.91	41.7
	2 月	$Q=25.303R^{4.0474}$	5.02~7.78	13.31~20.65	37.7
	3 月	$Q=26.662R^{3.575}$	8.82~9.80	19.46~21.64	45.3
	4 月	$Q=28.082R^{3.3535}$	8.90~11.28	11.61~14.73	76.6
	5 月	$Q=28.765R^{3.256}$	10.81~15.52	12.82~18.41	84.3
	6 月	$Q=28.423R^{3.3071}$	21.57~36.38	13.32~22.46	162
	7 月	$Q=39.58R^{2.7194}$	49.40~70.45	19.68~28.07	251
	8 月	$Q=12.132R^{4.8521}$	20.46~40.94	10.83~21.66	189
	9 月	$Q=55.472R^{2.3211}$	41.42~57.72	11.87~16.54	349
	10 月	$Q=24.819R^{3.5626}$	19.44~34.13	10.18~17.87	191
	11 月	$Q=29.061R^{3.2495}$	10.82~22.93	11.39~24.14	95
	12 月	$Q=27.17R^{3.4799}$	6.17~10.69	10.69~18.52	57.7
$P=50\%$ (1968 年)	1 月	$Q=28.211R^{4.1554}$	3.68~5.50	10.92~16.33	33.7
	2 月	$Q=28.464R^{3.6858}$	5.60~7.92	18.68~26.39	30
	3 月	$Q=28.38R^{4.0497}$	4.14~7.85	10.92~20.72	37.9
	4 月	$Q=31.184R^{3.2187}$	8.98~14.22	12.20~19.33	73.6
	5 月	$Q=33.948R^{2.9717}$	13.42~21.47	10.91~17.45	123
	6 月	$Q=41.369R^{2.5761}$	29.54~59.76	10.44~21.12	283
	7 月	$Q=43.11R^{2.5446}$	49.94~69.61	18.99~26.47	263
	8 月	$Q=36.295R^{2.8465}$	20.54~33.97	13.51~22.35	152
	9 月	$Q=47.622R^{2.4104}$	38.44~70.33	11.02~20.15	349
	10 月	$Q=38.56R^{2.7154}$	28.38~45.84	15.85~25.61	179
	11 月	$Q=32.576R^{3.0816}$	11.87~17.74	14.14~21.15	83.9
	12 月	$Q=29.37R^{3.7509}$	4.90~10.38	10.08~21.36	48.6

频 率		流量与水力半径的关系 $Q\sim R$	生态流量 /(m³/s)	生态流量/平均流量 /%	平均流量 /(m³/s)
$P=75\%$ (1961 年)	1 月	$Q=25.036R^{3.7946}$	6.35~12.41	13.26~25.92	47.9
	2 月	$Q=23.739R^{4.1613}$	5.10~8.88	11.96~20.84	42.6
	3 月	$Q=25.082R^{3.7887}$	7.79~12.28	16.23~25.59	48
	4 月	$Q=26.674R^{3.4813}$	11.71~21.67	11.05~20.44	106
	5 月	$Q=26.625R^{3.4868}$	17.82~30.92	14.26~24.73	125
	6 月	$Q=20.759R^{3.9925}$	19.54~32.90	12.21~20.56	160
	7 月	$Q=41.803R^{2.8017}$	57.58~78.62	16.45~22.46	350
	8 月	$Q=18.958R^{4.1587}$	22.91~39.43	11.29~19.42	203
	9 月	$Q=19.116R^{4.1391}$	17.06~32.82	10.04~19.30	170
	10 月	$Q=28.794R^{3.2986}$	22.46~40.23	16.16~28.94	139
	11 月	$Q=26.657R^{3.5119}$	9.11~20.53	12.01~27.05	75.9
	12 月	$Q=24.259R^{3.9921}$	5.88~9.62	14.23~23.29	41.3
$P=95\%$ (1973 年)	1 月	$Q=25.881R^{5.5509}$	4.63~8.23	13.91~24.71	33.3
	2 月	$Q=27.7R^{4.1195}$	11.17~15.74	18.16~25.60	61.5
	3 月	$Q=41.741R^{2.3905}$	13.62~18.29	18.23~24.48	74.7
	4 月	$Q=37.219R^{2.8585}$	13.12~16.85	16.38~21.04	80.1
	5 月	$Q=36.618R^{2.9148}$	11.16~21.90	12.28~24.10	90.9
	6 月	$Q=39.073R^{2.7339}$	23.37~53.23	12.17~27.72	192
	7 月	$Q=38.947R^{2.7455}$	20.16~29.85	16.39~24.27	123
	8 月	$Q=37.35R^{2.8526}$	17.33~30.69	15.76~27.90	110
	9 月	$Q=37.111R^{2.877}$	22.47~30.26	19.20~25.86	117
	10 月	$Q=37.192R^{2.8697}$	22.41~31.63	19.83~27.99	113
	11 月	$Q=34.894R^{3.1338}$	8.68~13.59	12.92~20.22	67.2
	12 月	$Q=26.433R^{5.1905}$	5.52~10.30	13.92~25.95	39.7
$P=95\%$ (1986 年)	1 月	$Q=25.277R^{3.2356}$	10.20~13.96	20.57~28.14	49.6
	2 月	$Q=23.195R^{3.2227}$	10.42~13.97	24.30~32.58	42.9
	3 月	$Q=20.755R^{3.9282}$	5.28~11.59	11.62~25.52	45.4
	4 月	$Q=26.121R^{3.4305}$	13.26~18.91	19.22~27.41	69
	5 月	$Q=35.153R^{2.7605}$	15.51~23.01	12.21~18.12	127
	6 月	$Q=29.442R^{3.3501}$	12.74~23.02	13.02~23.54	97.8
	7 月	$Q=34.157R^{2.9812}$	15.11~34.15	10.57~23.88	143

续表

频　率		流量与水力半径的关系 $Q\sim R$	生态流量 /(m³/s)	生态流量/平均流量 /%	平均流量 /(m³/s)
$P=95\%$ (1986 年)	8 月	$Q=30.807R^{3.2024}$	21.85~38.47	21.21~37.35	103
	9 月	$Q=38.003R^{2.7994}$	43.63~71.54	16.91~27.73	258
	10 月	$Q=34.675R^{2.9577}$	20.31~32.66	13.45~21.63	151
	11 月	$Q=27.085R^{3.6057}$	13.40~21.46	16.30~26.10	82.2
	12 月	$Q=16.897R^{5.4551}$	9.83~13.55	20.23~27.89	48.6

表 9.20　　　　　　　　朱巴站生态流量及占平均流量的百分比

频　率		流量与水力半径的关系 $Q\sim R$	生态流量 /(m³/s)	生态流量/平均流量 /%	平均流量 /(m³/s)
$P=25\%$ (1982 年)	1 月	$Q=17.759R^{3.1212}$	2.47~4.28	14.68~25.48	16.8
	2 月	$Q=18.432R^{4.027}$	3.68~4.88	23.92~31.68	15.4
	3 月	$Q=18.038R^{3.619}$	2.94~3.76	15.79~20.22	18.6
	4 月	$Q=17.419R^{4.0613}$	3.40~5.33	13.64~21.42	24.9
	5 月	$Q=18.39R^{3.7899}$	7.48~14.61	13.78~26.91	54.3
	6 月	$Q=23.057R^{3.1445}$	17.58~36.37	16.13~33.37	109
	7 月	$Q=43.977R^{2.2437}$	35.60~55.80	13.33~20.90	267
	8 月	$Q=21.865R^{3.3312}$	22.12~33.00	19.75~29.46	112
	9 月	$Q=20.678R^{3.4529}$	14.73~29.42	11.79~23.54	125
	10 月	$Q=20.178R^{3.5272}$	25.91~32.77	28.56~36.14	90.7
	11 月	$Q=18.723R^{3.763}$	8.63~12.74	19.58~28.90	44.1
	12 月	$Q=17.899R^{3.7387}$	3.81~5.47	16.62~23.87	22.9
$P=50\%$ (1964 年)	1 月	$Q=18.928R^{3.0003}$	3.56~4.76	20.69~27.67	17.2
	2 月	$Q=19.09R^{3.7283}$	2.14~4.02	13.56~25.44	15.8
	3 月	$Q=19.293R^{3.3618}$	2.76~4.21	14.18~21.59	19.5
	4 月	$Q=21.419R^{3.0633}$	7.08~10.22	17.92~25.88	39.5
	5 月	$Q=20.267R^{3.236}$	5.49~10.50	14.92~28.52	36.8
	6 月	$Q=20.467R^{3.1508}$	9.57~15.75	15.77~25.95	60.7
	7 月	$Q=22.927R^{2.8583}$	17.46~33.82	13.86~26.84	126
	8 月	$Q=20.862R^{3.0859}$	16.41~24.54	18.03~26.97	91
	9 月	$Q=28.82R^{2.5297}$	19.14~32.95	12.15~20.91	157.6
	10 月	$Q=20.708R^{3.1007}$	16.56~25.80	18.69~29.11	88.6
	11 月	$Q=21.768R^{3.0477}$	4.99~10.10	12.09~24.46	41.3
	12 月	$Q=19.004R^{3.8346}$	2.72~7.12	11.44~29.91	23.8

续表

频　率		流量与水力半径的关系 $Q\sim R$	生态流量 /(m³/s)	生态流量/平均流量 /%	平均流量 /(m³/s)
$P=75\%$ (1961年)	1 月	$Q=20.079R^{5.5929}$	2.16～4.80	14.48～32.20	14.9
	2 月	$Q=16.537R^{2.7958}$	2.61～4.28	18.81～30.82	13.9
	3 月	$Q=18.944R^{4.7516}$	2.20～4.34	13.68～26.99	16.1
	4 月	$Q=19.727R^{3.2888}$	6.01～12.85	12.78～27.34	47
	5 月	$Q=23.351R^{2.8043}$	7.53～13.20	13.94～24.45	54
	6 月	$Q=21.761R^{2.9818}$	10.60～16.98	15.34～24.58	69.1
	7 月	$Q=24.046R^{2.7813}$	18.45～35.10	14.53～27.64	127
	8 月	$Q=20.659R^{3.1032}$	16.23～24.33	20.18～30.26	80.4
	9 月	$Q=20.388R^{3.1385}$	8.42～17.40	11.86～24.50	71
	10 月	$Q=22.085R^{2.9466}$	11.21～17.86	16.56～26.38	67.7
	11 月	$Q=18.89R^{3.9621}$	4.48～6.96	14.94～23.21	30
	12 月	$Q=19.048R^{4.5775}$	1.87～3.40	12.57～22.85	14.9
$P=95\%$ (1973年)	1 月	$Q=18.341R^{4.6884}$	1.62～4.15	11.04～28.24	14.7
	2 月	$Q=18.457R^{4.7661}$	3.25～7.55	12.81～29.74	25.4
	3 月	$Q=20.286R^{3.8767}$	4.39～7.45	13.80～23.42	31.8
	4 月	$Q=22.815R^{2.9919}$	4.65～9.30	12.86～25.68	36.2
	5 月	$Q=21.969R^{3.3631}$	7.81～11.06	18.76～26.58	41.6
	6 月	$Q=24.687R^{2.7826}$	12.59～19.54	13.98～21.71	90
	7 月	$Q=25.071R^{2.6968}$	7.68～15.10	12.45～24.48	61.7
	8 月	$Q=24.637R^{2.7448}$	9.19～17.33	16.17～30.51	56.8
	9 月	$Q=27.457R^{2.3445}$	9.58～13.02	17.36～23.58	55.2
	10 月	$Q=26.498R^{2.5168}$	10.36～20.62	17.24～34.32	60.1
	11 月	$Q=18.981R^{4.2726}$	6.29～9.28	20.43～30.12	30.8
	12 月	$Q=18.39R^{4.7355}$	2.83～5.25	16.45～30.52	17.2
$P=95\%$ (1986年)	1 月	$Q=14.274R^{3.6655}$	3.05～4.14	16.12～21.88	18.9
	2 月	$Q=14.174R^{3.9856}$	2.72～4.20	16.41～25.29	16.6
	3 月	$Q=14.369R^{3.4884}$	4.25～6.10	23.62～33.89	18
	4 月	$Q=13.255R^{4.3458}$	3.39～8.10	11.34～27.08	29.9
	5 月	$Q=15.755R^{3.8465}$	7.54～14.87	12.92～25.50	58.3
	6 月	$Q=13.359R^{4.532}$	8.33～12.59	21.21～32.02	39.3
	7 月	$Q=15.384R^{3.9592}$	7.20～21.27	13.03～38.47	55.3

频　率		流量与水力半径的关系 $Q \sim R$	生态流量 /(m³/s)	生态流量/平均流量 /%	平均流量 /(m³/s)
	8 月	$Q=13.33R^{4.4458}$	5.45~10.28	14.76~27.87	36.9
	9 月	$Q=15.593R^{3.9252}$	11.66~27.07	11.66~27.07	100
$P=95\%$ (1986 年)	10 月	$Q=17.148R^{3.6116}$	8.70~15.40	15.41~27.26	56.5
	11 月	$Q=12.221R^{4.9115}$	5.94~9.28	20.76~32.45	28.6
	12 月	$Q=14.861R^{3.158}$	2.58~4.06	13.96~21.92	18.5

表 9.21　　　　　　　甘孜站生态流量及占平均流量的百分比

频　率		流量与水力半径的关系 $Q \sim R$	生态流量 /(m³/s)	生态流量/平均流量 /%	平均流量 /(m³/s)
	1 月	$Q=91.871R^{3.9415}$	13.04~20.94	18.09~29.04	72.1
	2 月	$Q=88.329R^{3.4537}$	17.55~20.80	26.12~30.95	67.2
	3 月	$Q=91.504R^{3.9024}$	12.91~19.34	16.04~24.02	80.5
	4 月	$Q=94.278R^{2.6822}$	24.46~28.64	22.86~26.77	107
	5 月	$Q=94.883R^{2.6001}$	27.33~43.26	10.93~17.30	250
$P=25\%$ (1982 年)	6 月	$Q=98.058R^{2.5058}$	64.53~115.19	11.59~20.68	557
	7 月	$Q=49.103R^{3.3008}$	109.63~190.15	10.06~17.44	1090
	8 月	$Q=108.12R^{2.349}$	93.34~168.15	21.02~37.87	444
	9 月	$Q=108.17R^{2.3474}$	59.86~113.74	11.04~20.98	542
	10 月	$Q=101.55R^{2.4546}$	51.50~75.91	14.07~20.74	366
	11 月	$Q=88.618R^{2.9595}$	29.06~49.02	15.71~26.50	185
	12 月	$Q=89.635R^{3.3775}$	14.45~31.55	14.55~31.77	99.3
	1 月	$Q=30.684R^{4.2684}$	11.44~21.06	14.19~26.13	80.6
	2 月	$Q=29.373R^{4.5523}$	14.22~27.27	18.14~34.78	78.4
	3 月	$Q=24.359R^{5.3491}$	14.48~29.10	15.35~30.86	94.3
	4 月	$Q=52.375R^{3.0778}$	37.99~53.49	20.42~28.76	186
	5 月	$Q=53.446R^{3.0237}$	41.32~57.83	20.66~28.92	200
$P=50\%$ (1964 年)	6 月	$Q=53.347R^{3.0243}$	65.44~105.54	21.39~34.49	306
	7 月	$Q=56.391R^{2.9481}$	91.10~180.11	15.41~30.48	591
	8 月	$Q=53.18R^{3.0323}$	64.64~148.12	14.72~33.74	439
	9 月	$Q=56.792R^{2.931}$	72.81~143.38	10.54~20.75	691
	10 月	$Q=53.946R^{3.0031}$	80.37~123.47	20.40~31.34	394
	11 月	$Q=51.039R^{3.1356}$	42.65~59.00	23.05~31.89	185
	12 月	$Q=18.482R^{6.3132}$	10.79~24.60	10.79~24.60	100

续表

频 率		流量与水力半径的关系 $Q\sim R$	生态流量 /(m³/s)	生态流量/平均流量 /%	平均流量 /(m³/s)
	1 月	$Q=28.794R^{4.3121}$	12.76~21.42	16.10~27.01	79.3
	2 月	$Q=33.161R^{3.6798}$	12.40~20.05	15.86~25.64	78.2
	3 月	$Q=19.857R^{5.8094}$	11.97~24.05	13.11~26.34	91.3
	4 月	$Q=39.955R^{3.486}$	39.99~69.37	16.25~28.20	246
	5 月	$Q=47.511R^{3.1897}$	51.52~81.29	16.41~25.89	314
$P=75\%$ (1961 年)	6 月	$Q=48.951R^{3.1483}$	58.48~88.19	13.51~20.37	433
	7 月	$Q=49.802R^{3.1261}$	83.62~150.38	11.25~20.24	743
	8 月	$Q=53.167R^{3.0359}$	120.68~165.23	21.55~29.51	560
	9 月	$Q=45.654R^{3.2479}$	71.61~109.41	18.84~28.79	380
	10 月	$Q=44.749R^{3.2819}$	77.50~123.91	19.98~31.93	388
	11 月	$Q=47.218R^{3.2092}$	21.42~44.98	10.87~22.83	197
	12 月	$Q=20.023R^{5.775}$	9.86~22.51	10.24~23.37	96.3
	1 月	$Q=104.49R^{4.4494}$	8.43~14.39	11.80~20.13	71.5
	2 月	$Q=108.7R^{4.9313}$	8.21~11.65	12.57~17.83	65.3
	3 月	$Q=101.52R^{4.1491}$	12.52~19.24	17.01~26.14	73.6
	4 月	$Q=95.673R^{2.7958}$	28.71~37.63	22.78~29.87	126
	5 月	$Q=114.83R^{2.2249}$	44.50~65.92	14.54~21.54	306
$P=95\%$ (1986 年)	6 月	$Q=119.35R^{2.1035}$	45.82~76.51	17.97~30.00	255
	7 月	$Q=112.67R^{2.2605}$	43.09~75.92	13.72~24.18	314
	8 月	$Q=113.62R^{2.2425}$	44.59~66.27	22.30~33.14	200
	9 月	$Q=107.07R^{2.3748}$	62.34~127.42	13.49~27.58	462
	10 月	$Q=116.71R^{2.1592}$	49.70~72.79	19.80~29.00	251
	11 月	$Q=93.455R^{3.3405}$	24.77~35.00	19.35~27.34	128
	12 月	$Q=100.59R^{4.4532}$	13.11~22.39	17.79~30.37	73.7

表 9.22   雅江站生态流量及占平均流量的百分比

频 率		流量与水力半径的关系 $Q\sim R$	生态流量 /(m³/s)	生态流量/平均流量 /%	平均流量 /(m³/s)
	1 月	$Q=1E-05R^{11.323}$	15.73~42.72	10.08~27.38	156
$P=25\%$ (1982 年)	2 月	$Q=2E-05R^{10.957}$	27.35~52.10	18.99~36.18	144
	3 月	$Q=2E-05R^{11.024}$	30.69~58.71	18.83~36.02	163
	4 月	$Q=5E-05R^{10.356}$	25.20~62.87	11.56~28.84	218

续表

频　率		流量与水力半径的关系 $Q \sim R$	生态流量 /(m³/s)	生态流量/平均流量 /%	平均流量 /(m³/s)
P=25% (1982 年)	5 月	$Q=0.0016R^{8.0478}$	90.15～126.67	22.04～30.97	409
	6 月	$Q=3.2094R^{3.3112}$	275.00～316.30	23.50～27.03	1170
	7 月	$Q=24.005R^{2.292}$	427.16～799.49	16.12～30.17	2650
	8 月	$Q=2.5541R^{3.4714}$	196.11～268.91	18.50～25.37	1060
	9 月	$Q=3.8328R^{3.2369}$	238.78～333.79	17.18～24.01	1390
	10 月	$Q=0.4495R^{4.4948}$	116.14～220.83	14.85～28.24	782
	11 月	$Q=0.0042R^{7.4363}$	95.81～126.19	22.87～30.12	419
	12 月	$Q=3E-05R^{10.632}$	23.77～77.50	10.12～32.98	235
P=50% (1964 年)	1 月	$Q=3E-10R^{19.148}$	15.20～52.53	8.00～27.65	190
	2 月	$Q=3E-07R^{14.118}$	26.64～45.54	15.22～26.02	175
	3 月	$Q=1E-10R^{19.639}$	30.12～60.23	14.76～29.53	204
	4 月	$Q=0.0026R^{8.0477}$	47.17～102.80	12.85～28.01	367
	5 月	$Q=0.1262R^{5.4385}$	76.68～125.73	17.75～29.11	432
	6 月	$Q=2.0828R^{3.597}$	130.95～201.68	13.28～20.45	986
	7 月	$Q=6.7666R^{2.9381}$	188.42～354.02	14.49～27.23	1300
	8 月	$Q=4.6991R^{3.1511}$	146.82～304.25	13.35～27.66	1100
	9 月	$Q=10.361R^{2.7131}$	228.01～392.61	12.13～20.88	1880
	10 月	$Q=3.3133R^{3.351}$	175.89～272.38	18.75～29.04	938
	11 月	$Q=0.0694R^{5.8466}$	81.60～138.86	18.30～31.13	446
	12 月	$Q=5E-09R^{17.144}$	37.42～83.60	14.34～32.03	261
P=50% (1968 年)	1 月	$Q=0.0001R^{9.7747}$	20.18～31.91	12.46～19.70	162
	2 月	$Q=0.0018R^{7.9257}$	25.28～44.34	16.63～29.17	152
	3 月	$Q=1E-10R^{19.431}$	24.70～43.99	13.57～24.17	182
	4 月	$Q=0.0051R^{7.3567}$	44.08～89.86	14.94～30.46	295
	5 月	$Q=0.2016R^{4.9923}$	88.63～170.04	13.29～25.49	667
	6 月	$Q=2.7056R^{3.4241}$	167.12～238.19	12.02～17.14	1390
	7 月	$Q=6.5811R^{2.9616}$	203.41～270.95	14.96～19.92	1360
	8 月	$Q=0.6667R^{4.2989}$	144.22～252.76	16.19～28.37	891
	9 月	$Q=7.1689R^{2.9153}$	232.25～416.44	16.47～29.53	1410
	10 月	$Q=0.775R^{4.1747}$	98.45～241.20	11.69～28.65	842
	11 月	$Q=0.0103R^{6.8908}$	46.93～95.76	12.79～26.09	367
	12 月	$Q=0.0003R^{9.2185}$	40.93～71.97	18.77～33.01	218

频　率		流量与水力半径的关系 $Q \sim R$	生态流量 $/(m^3/s)$	生态流量/平均流量 $/\%$	平均流量 $/(m^3/s)$
$P=75\%$ (1961年)	1月	$Q=2E-10R^{19.199}$	25.46~72.57	13.47~38.40	189
	2月	$Q=1E-09R^{18.079}$	20.57~72.63	11.75~41.50	175
	3月	$Q=3E-10R^{19.097}$	35.35~67.28	18.13~34.51	195
	4月	$Q=0.0206R^{6.5312}$	46.08~117.22	10.87~27.65	424
	5月	$Q=1.4872R^{3.8101}$	71.19~117.06	11.61~19.10	613
	6月	$Q=4.3623R^{3.1546}$	145.25~206.26	17.48~24.82	831
	7月	$Q=5.7113R^{2.9973}$	192.15~256.84	12.16~16.26	1580
	8月	$Q=4.7825R^{3.0995}$	191.35~270.06	17.72~25.01	1080
	9月	$Q=3.526R^{3.2788}$	143.40~229.16	17.97~28.72	798
	10月	$Q=1.3676R^{3.8701}$	88.74~175.83	14.02~27.78	633
	11月	$Q=1E-04R^{10.256}$	43.50~136.03	12.36~38.65	352
	12月	$Q=8E-11R^{19.902}$	25.30~50.26	13.39~26.59	189
$P=95\%$ (1973年)	1月	$Q=6E-11R^{20.058}$	25.68~71.22	17.35~48.12	148
	2月	$Q=6E-10R^{18.449}$	32.89~70.21	18.17~38.79	181
	3月	$Q=0.0016R^{8.1613}$	48.65~72.68	22.11~33.04	220
	4月	$Q=0.0058R^{7.2872}$	60.33~92.62	21.32~32.73	283
	5月	$Q=0.051R^{5.8706}$	64.89~110.67	14.55~24.81	446
	6月	$Q=0.8395R^{4.1064}$	114.07~275.40	12.43~30.00	918
	7月	$Q=0.1816R^{5.0669}$	95.65~147.69	14.19~21.91	674
	8月	$Q=0.1553R^{5.1641}$	86.74~161.25	12.63~23.47	687
	9月	$Q=0.2314R^{4.9234}$	121.46~209.96	16.20~27.99	750
	10月	$Q=0.0939R^{5.4811}$	65.00~132.92	11.61~23.74	560
	11月	$Q=0.003R^{7.7238}$	47.95~89.70	15.72~29.41	305
	12月	$Q=3E-10R^{18.953}$	16.29~31.56	9.82~19.01	166
$P=95\%$ (1986年)	1月	$Q=5E-11R^{20.024}$	25.60~51.89	13.06~26.48	196
	2月	$Q=3E-12R^{21.955}$	24.53~45.94	14.35~26.87	171
	3月	$Q=7E-12R^{21.3}$	31.49~56.00	17.30~30.77	182
	4月	$Q=0.0015R^{8.2017}$	31.42~53.64	11.34~19.36	277
	5月	$Q=0.1938R^{5.0345}$	92.92~146.87	16.30~25.77	570
	6月	$Q=0.0712R^{5.6819}$	49.92~112.48	10.69~24.09	467
	7月	$Q=0.7785R^{4.1601}$	136.93~204.84	20.05~29.99	683

续表

频　率		流量与水力半径的关系 $Q \sim R$	生态流量 /(m³/s)	生态流量/平均流量 /%	平均流量 /(m³/s)
P=95% (1986 年)	8 月	$Q=0.3472R^{4.6407}$	110.25~184.67	19.65~32.92	561
	9 月	$Q=3.2263R^{3.3373}$	286.02~426.99	22.17~33.10	1290
	10 月	$Q=0.7451R^{4.1957}$	133.45~243.12	17.31~31.53	771
	11 月	$Q=0.0091R^{7.027}$	50.18~86.17	13.60~23.35	369
	12 月	$Q=3E-10R^{18.853}$	38.61~74.52	18.04~34.82	214

表 9.23　　　　足木足站生态流量及占平均流量的百分比

频　率		流量与水力半径的关系 $Q \sim R$	生态流量 /(m³/s)	生态流量/平均流量 /%	平均流量 /(m³/s)
P=25% (1982 年)	1 月	$Q=0.4791R^{5.4245}$	10.06~14.96	16.36~24.33	61.5
	2 月	$Q=0.5156R^{5.3425}$	8.60~14.42	14.93~25.04	57.6
	3 月	$Q=0.5012R^{5.3747}$	8.25~14.39	14.97~26.12	55.1
	4 月	$Q=0.7526R^{4.9409}$	9.75~23.33	11.37~27.23	85.7
	5 月	$Q=1.3384R^{4.3821}$	27.06~45.80	12.53~21.21	216
	6 月	$Q=1.9611R^{4.0721}$	60.25~136.19	11.45~25.89	526
	7 月	$Q=4.4994R^{3.5133}$	118.32~232.08	13.90~27.27	851
	8 月	$Q=2.0133R^{4.123}$	37.26~88.44	11.90~28.26	313
	9 月	$Q=3.5789R^{3.6658}$	67.68~141.04	12.37~25.78	547
	10 月	$Q=2.0293R^{4.1157}$	48.60~93.13	14.46~27.72	336
	11 月	$Q=1.4872R^{4.3807}$	20.33~34.40	14.32~24.23	142
	12 月	$Q=0.5065R^{5.4413}$	12.11~19.87	15.94~26.14	76
P=50% (1964 年)	1 月	$Q=0.1791R^{9.9038}$	10.78~19.31	16.82~30.12	64.1
	2 月	$Q=0.1144R^{10.665}$	6.57~15.37	11.31~26.46	58.1
	3 月	$Q=0.2439R^{9.3858}$	11.27~21.92	15.44~30.03	73
	4 月	$Q=0.4433R^{8.4318}$	18.88~31.00	19.46~31.96	97
	5 月	$Q=1.9801R^{6.2162}$	27.87~58.78	13.93~29.39	200
	6 月	$Q=6.1355R^{4.6583}$	46.55~75.39	16.33~26.45	285
	7 月	$Q=29.745R^{2.93}$	105.53~135.66	19.76~25.40	534
	8 月	$Q=10.258R^{4.1868}$	75.20~112.78	23.14~34.70	325
	9 月	$Q=29.684R^{2.9712}$	118.70~149.19	18.40~23.13	645
	10 月	$Q=13.596R^{3.816}$	78.61~113.73	23.53~34.05	334
	11 月	$Q=0.6447R^{7.8703}$	18.90~58.22	12.52~38.56	151
	12 月	$Q=0.3067R^{9.0125}$	10.26~27.93	12.00~32.67	85.5

续表

频 率		流量与水力半径的关系 $Q \sim R$	生态流量 /(m³/s)	生态流量/平均流量 /%	平均流量 /(m³/s)
$P=50\%$ (1968年)	1月	$Q=2.8459R^{5.1238}$	8.72~18.14	16.30~33.91	53.5
	2月	$Q=0.9935R^{7.0356}$	8.82~13.34	18.53~28.02	47.6
	3月	$Q=0.7281R^{7.5135}$	8.94~22.04	13.99~34.49	63.9
	4月	$Q=0.402R^{8.5076}$	23.53~53.62	16.01~36.47	147
	5月	$Q=3.7599R^{5.4309}$	44.36~85.15	17.06~32.75	260
	6月	$Q=18.244R^{3.4688}$	56.36~78.86	14.68~20.54	384
	7月	$Q=19.152R^{3.3945}$	62.53~85.14	16.28~22.17	384
	8月	$Q=10.623R^{4.1039}$	51.00~80.49	16.89~26.65	302
	9月	$Q=46.63R^{2.5146}$	115.56~149.91	16.01~20.76	722
	10月	$Q=9.1046R^{4.2594}$	54.56~87.61	18.31~29.40	298
	11月	$Q=0.4325R^{8.4502}$	20.23~41.74	16.18~33.39	125
	12月	$Q=0.1847R^{9.7798}$	12.15~18.59	16.09~24.62	75.5
$P=75\%$ (1961年)	1月	$Q=0.1708R^{9.9508}$	6.72~16.04	10.33~24.65	65.1
	2月	$Q=1.5196R^{6.2243}$	6.61~17.67	11.53~30.83	57.3
	3月	$Q=0.2978R^{9.0184}$	8.91~28.90	11.43~37.10	77.9
	4月	$Q=0.9388R^{7.2466}$	20.99~65.97	11.99~37.69	175
	5月	$Q=11.134R^{3.9967}$	31.60~86.04	10.43~28.40	303
	6月	$Q=15.803R^{3.557}$	44.18~86.14	10.47~20.41	422
	7月	$Q=28.287R^{2.9469}$	74.94~126.14	10.86~18.28	690
	8月	$Q=11.813R^{3.9301}$	61.91~92.98	19.41~29.15	319
	9月	$Q=8.6921R^{4.3247}$	31.76~71.53	11.59~26.11	274
	10月	$Q=11.715R^{3.9532}$	52.16~78.53	15.90~23.94	328
	11月	$Q=0.761R^{7.6016}$	15.88~28.51	10.88~19.53	146
	12月	$Q=0.2286R^{9.4565}$	10.70~19.09	14.04~25.06	76.2
$P=95\%$ (1973年)	1月	$Q=0.1613R^{10.201}$	5.64~11.14	12.03~23.75	46.9
	2月	$Q=0.1609R^{10.206}$	8.93~15.43	18.76~32.42	47.6
	3月	$Q=0.0972R^{11.082}$	10.02~19.74	16.98~33.46	59
	4月	$Q=0.1602R^{10.259}$	6.95~15.97	10.19~23.42	68.2

续表

频　率		流量与水力半径的关系 $Q\sim R$	生态流量 /(m³/s)	生态流量/平均流量 /%	平均流量 /(m³/s)
$P=95\%$ (1973 年)	5 月	$Q=3.7149R^{5.3372}$	19.43~41.68	10.34~22.17	188
	6 月	$Q=25.652R^{2.989}$	67.91~146.74	12.02~25.97	565
	7 月	$Q=9.0588R^{4.2273}$	37.11~53.33	15.03~21.59	247
	8 月	$Q=9.8865R^{4.0962}$	32.12~77.38	11.77~28.34	273
	9 月	$Q=16.916R^{3.4657}$	33.03~85.22	10.59~27.31	312
	10 月	$Q=11.673R^{3.9101}$	43.56~69.65	14.14~22.61	308
	11 月	$Q=1.0131R^{7.2521}$	15.21~29.41	11.61~22.45	131
	12 月	$Q=0.1849R^{9.9854}$	11.47~22.54	16.38~32.20	70

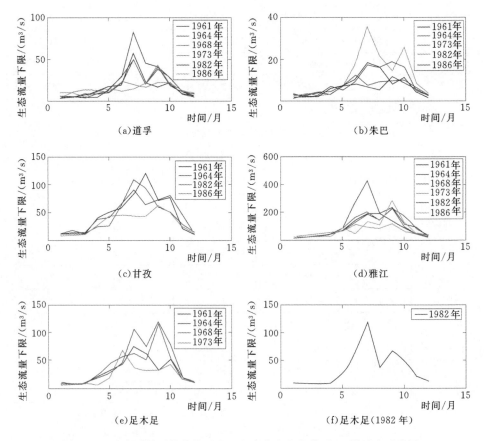

图 9.24　生态流量下限的月过程（生态水力半径模型）（详见书后彩图）

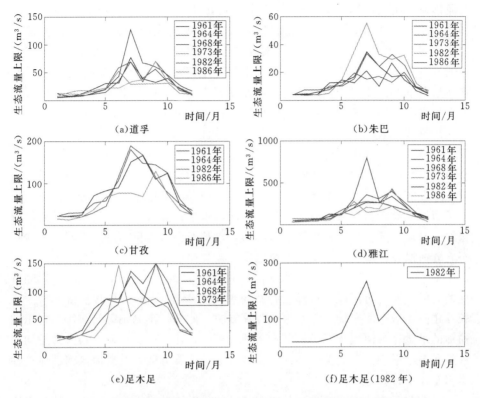

图 9.25　生态流量上限的月过程（生态水力半径模型）（详见书后彩图）

9.6　输沙需水量的计算

一般将河流所具有的各种自然功能分为五个方面，包括：①输运功能（泄洪排沙、维持河道正常演变）；②水源功能（地表水源和地下水补给源）；③汇水功能（在保证自净能力的前提下承纳工农业和城镇生活排污）；④栖息地功能（陆生及水生生物）；⑤天然屏障的功能（如塔里木河阻止塔克拉玛干沙漠的向北移动）。其中最重要的是泄洪排沙的输运功能（邵学军等，2002）。输水输沙是河流的输运功能，它对河流起着泄洪排沙、维持河道正常演变的作用（孙东坡等，1999）。为了输沙排沙，维持河流系统的水沙动态平衡，维持河道的正常演变及其功能的维护，需要有一定的水量与之匹配，这部分水量就称为河流输沙需水量（李丽娟等，2000）。河流输沙需水量是多沙河流生态环境需水量的重要组成部分（倪晋仁等，2002）。

河流输沙需水量的研究是流域水资源管理、水库优化调度的理论依据之一（石伟等，2003a）。近年来，河流输沙需水量的研究工作逐渐展开。国外有人对泥沙输移的有效流量进行了探讨（Nash D B，1994；Omdorff R L 等，1999；Richter B D，1997）。在我国，较多的研究集中在黄河下游。齐璞等（1997）从概念出发，给出了输沙水量和含沙量间的关系。岳德军等（1996）、常炳炎等（1998）研究得出利津输沙水量与三门峡、黑石关、武陟的来沙量、含沙量及下游河道淤积量的关系。赵业安等（1990）研究得出高村以上河段输沙水量与河道冲淤量的关系。赵华侠等（1997）分析了洪水期，三门峡水库不同含沙量级中输沙用水量与黄河下游河道泥沙冲淤调整的关系；倪晋仁等（2002、2004）、刘小勇等（2002）研究了黄河下游不同时段在自然、受控、复杂和异常状态下的输沙用水量并给出了统计平均意义上的河道最小输沙需水量的计算方法，并建立了洪水输沙用水的人工神经网络模型。石伟等（2002）建立了当河流流量为平滩流量时的最小输沙需水量计算公式，并对黄河下游汛期输沙需水量作了估算。罗华铭等（2004）以黄河下游为例，按照不同的水沙状态、分河段、分汛期和非汛期系统地研究输沙需水及生态环境需水的关系，探讨了多沙河流生态环境需水的特点。宋进喜等（2005）基于对河流输沙运动特性的分析，通过对河段进口即上游断面水流挟沙力（Su^*）与含沙量（Su）比较，建立了最小河段输沙需水量的计算方法。此外，李丽娟等（2000）将汛期输沙的水量作为河流生态环境需水量的一部分，建立了一种基于最大月平均含沙量和多年平均输沙量关系的河流输沙需水量计算方法，并对海滦河河流输沙需水量作了计算。

目前关于输沙需水量主要从宏观统计的角度（冲淤平衡）和水流挟沙率等两方面进行研究。本节尝试从不冲不淤流速的角度，通过生态水力半径模型来计算河道输沙需水量，为输沙需水的计算方法提供一种新的途径。并以南水北调西线一期工程水源区河流的输沙需水为例，说明该方法的计算过程。

9.6.1　南水北调西线一期工程调水区河流泥沙情况

南水北调西线一期工程调水河流处于长江上游的支流，泥沙含量都非常小，据道孚水文站的泥沙资料统计（1972—1987 年，缺 1981 年），道孚站最大月平均含沙量为 2.0kg/m³，而且年内分布多集中于 6—9 月，6—9 月平均含沙量占全年含沙量的 65%～91%（图 9.26）。

与道孚站相比，甘孜站月平均含沙量年内分布较为均匀，据甘孜站的泥沙资料统计（1961—1967 年），甘孜站最大月平均含沙量为 0.45kg/m³，6—9 月平均含沙量占全年含沙量的比例比道孚站的略小，约为 55%～86%（图 9.27）。

因此，输沙需水量应该主要集中于含沙量较为集中的 6—9 月，即汛期。

9.6.2　输沙水量的概念

河流输沙水量是指河流的某一河段或某一断面将其上游单位重量泥沙输送

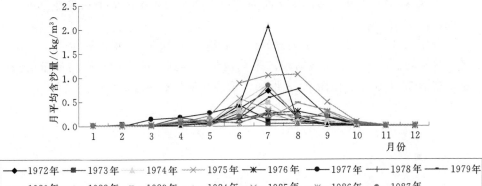

图 9.26 道孚站月平均含沙量年内分布（详见书后彩图）

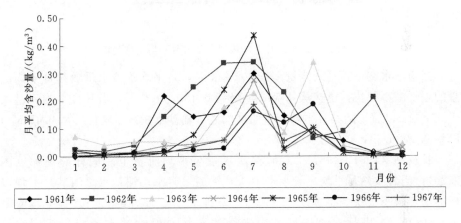

图 9.27 甘孜站月平均含沙量年内分布（详见书后彩图）

入下游或入海所用的清水的体积（石伟等，2003b；赵文林，1997；赵业安等，1989）。

按照上述输沙水量的概念，在计算输沙水量时可以先不考虑实际不平衡输沙过程，而只需考虑某时段内某一河段或某一断面的平均含沙量，从而有实际输沙水量计算式如下：

$$q_S = \left(1 - \frac{0.001S}{\gamma_s}\right) / (0.001S) \tag{9.3}$$

式中：q_S 为输沙水量，m^3/t；S 为某一河段或断面在某时段内的平均含沙量，kg/m^3；γ_s 为河流泥沙容重，t/m^3，一般取 $2.65t/m^3$。

由式（9.3）可得

$$q_s = \frac{1000}{S} - \frac{1}{\gamma_s} \tag{9.4}$$

由式（9.4）可知，河流某一断面的输沙水量与该断面的平均含沙量呈反比关系。

利用式（9.3）计算道孚站（1966—1987 年，缺 1969 年、1970 年、1981 年）月平均输沙水量及相应时段的平均流量，得到输沙水量与平均流量的关系，如图 9.28 所示。由图 9.28 可知，输沙水量与平均流量呈反比关系。

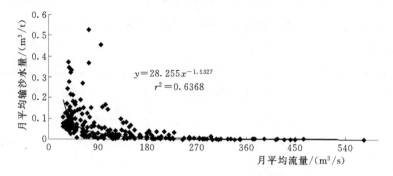

图 9.28　道孚站月平均输沙水量与月平均流量关系

当道孚水文站月平均流量小于 90m³/s 时，月平均输沙水量随其月平均流量的增加减小很快，迅速从 0.5m³/t 降到 0.15m³/t 左右，当其月平均流量大于 90m³/s 以后，随其月平均流量的增加它的输沙水量减小缓慢，从 0.15m³/t 降到 0.002m³/t，接近于 0 左右。

甘孜站（1961—1967 年）的输沙水量与平均流量也有同样的规律（图 9.29），当甘孜站月平均流量小于 180m³/s 时，月平均输沙水量随其月平均流量的增加减小很快，迅速从 0.35m³/t 降到 0.05m³/t 左右，当其月平均流量大于 180m³/s 以后，随其月平均流量的增加它的输沙水量减小缓慢，从 0.05m³/t 降到 0.003m³/t，接近于 0 左右。

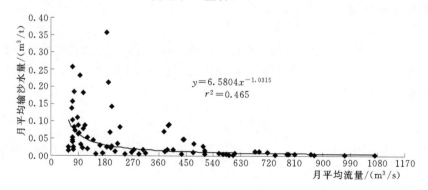

图 9.29　甘孜站月平均输沙水量与月平均流量关系

因此，可选 90m³/s 作为道孚站输沙需水量；180m³/s 作为甘孜站输沙需水量。

9.6.3 计算输沙需水量的生态水力半径模型

根据第 8 章的内容可知，建立生态水力半径模型的关键是确定生态水力半径，而计算生态水力半径的主要因素是生态流速，对于计算河道内输沙需水量的流速就是能使河流既不冲刷也不淤积的允许流速。下面以道孚站为例来说明构建计算河道输沙需水量的生态水力半径模型各参数的确定方法。

9.6.3.1 允许流速的确定

允许流速即不冲不淤流速，也就是既不使河流遭受冲刷又不使河流发生淤积的流速。对于河流的某一段，允许流速所对应的流量即为河道内输沙需水量。允许流速 v_c 在不冲、不淤流速范围内。

$$v_{min} < v_c < v_{max} \tag{9.5}$$

式中：v_c 为允许流速；v_{max} 为不冲流速；v_{min} 为不淤流速。

允许流速一般由实验来确定。其中 v_{max} 取决于河床的土质情况，即土壤种类、颗粒大小以及密实程度，或取决于河道的衬砌材料以及河道内流量等因素。v_{min} 视水中含沙量、含沙粒径以及水深而定，也可按经验公式来计算，即

$$v_{min} = \beta h_0^{0.64} \tag{9.6}$$

式中：h_0 为河道正常水深（对于天然河流为平均水深），m；β 为淤积系数，与水流挟沙情况有关。

当河道的水流挟带粗沙时，$\beta = 0.60 \sim 0.70$；挟带中沙时，$\beta = 0.54 \sim 0.57$；挟带细沙时，$\beta = 0.39 \sim 0.41$。对于南水北调西线一期工程调水区水文站的观测项目中缺少泥沙级配资料，故取 $\beta = 0.60$。根据式（9.6）即可得到不淤流速，由于允许流速处于不冲和不淤流速之间，所以选取允许流速为不淤流速中的最大值，即

$$v_c = \max\{v_{min i}\} \quad i = 1, 2, 3, \cdots \tag{9.7}$$

9.6.3.2 生态水力半径的确定

根据上面确定的允许流速，利用式（8.5）$R = n^{3/2} v_c^{3/2} J^{-3/4}$，即可得到满足河流不冲不淤的输沙生态水力半径，用 R_S 表示。然后根据生态水力半径与流量的关系 $R_{生} \sim Q$ 来推算生态水力半径所对应的生态流量。

9.6.3.3 生态水力半径模型计算输沙需水量的过程

下面以道孚站 1987 年输沙需水量的计算为例来说明生态水力半径模型的建立过程。

（1）计算允许流速。利用河流的平均水深及 β 值，利用式（9.6）即可得到道孚站 1987 年的不淤流速 v_{min} 的年内变化过程，见图 9.30。

根据图 9.30 中的不淤流速年内变化过程，取汛期输沙的允许流速为 $v_c =$

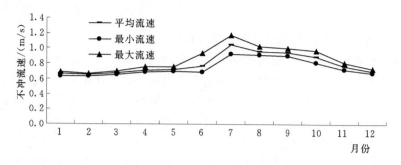

图 9.30　道孚站不淤流速年内变化过程（1987 年）

1.17m/s。

（2）计算输沙生态水力半径 R_S。利用 $R = n^{3/2} v_c^{3/2} J^{-3/4}$，并根据文献（Men baohui、Liu changming，2009）可知，道孚站糙率 $n = 0.031$、底坡比降 $J = 8/10000$，则输沙生态水力半径为 $R_S = 0.031^{1.5} \times 1.17^{1.5} \times (8/10000)^{-0.75} = 1.46$m。

（3）计算输沙流量。根据表 9.24 中的流量与水力半径的关系 $Q = 23.598 R^{3.4066}$，$r^2 = 0.9883$，可以得到输沙水力半径对应的输沙流量 $Q_S = 23.598 \times 1.46^{3.4066} = 85.7$m³/s。

利用上面提出的输沙水量的生态水力半径模型，对南水北调西线一期工程调水区有泥沙资料的道孚站汛期输沙需水量进行了计算，计算结果见表 9.24。

表 9.24　　　　　　　　　　道孚站输沙需水量

年份	6—9 月平均流量 /(m³/s)	允许流速 /(m/s)	输沙生态水力半径 /m	流量与水力半径的关系	生态水力半径模型	
					输沙需水量 /(m³/s)	输沙需水量 6—9 月平均流量 /%
1966	273.00	1.18	1.47	$Q = 32.088 R^{2.8099}$，$r^2 = 0.9877$	94.7	34.7
1967	154.75	1.13	1.37	$Q = 29.082 R^{3.1001}$，$r^2 = 0.989$	77.2	49.9
1968	261.75	1.21	1.54	$Q = 31.327 R^{2.921}$，$r^2 = 0.9943$	110.6	42.3
1971	166.75	1.18	1.47	$Q = 32.212 R^{2.9202}$，$r^2 = 0.9741$	99.2	59.5
1972	234.50	1.21	1.54	$Q = 32.721 R^{2.9481}$，$r^2 = 0.9829$	116.9	49.9
1973	135.50	1.06	1.26	$Q = 30.455 R^{3.2689}$，$r^2 = 0.9701$	64.8	47.8
1974	295.00	1.18	1.47	$Q = 29.331 R^{3.0858}$，$r^2 = 0.9864$	96.3	32.6
1975	270.18	1.25	1.62	$Q = 32.152 R^{2.9337}$，$r^2 = 0.9845$	127.6	47.2
1976	270.56	1.19	1.51	$Q = 29.437 R^{3.0577}$，$r^2 = 0.987$	103.8	38.4

续表

年份	6—9月平均流量/(m³/s)	允许流速/(m/s)	输沙生态水力半径/m	流量与水力半径的关系	生态水力半径模型	
					输沙需水量/(m³/s)	$\dfrac{\text{输沙需水量}}{6—9\text{月平均流量}}$/%
1977	203.00	1.08	1.28	$Q=25.639R^{3.3557}$，$r^2=0.9737$	60.3	29.7
1978	156.25	1.08	1.28	$Q=27.175R^{3.2648}$，$r^2=0.9829$	60.8	38.9
1979	313.25	1.28	1.69	$Q=28.257R^{3.0379}$，$r^2=0.9739$	139.1	44.4
1980	293.75	1.19	1.49	$Q=29.562R^{3.0072}$，$r^2=0.9829$	98.1	33.4
1982	329.25	1.23	1.57	$Q=25.589R^{3.1554}$，$r^2=0.9796$	149.6	45.4
1983	203.75	1.19	1.50	$Q=25.969R^{3.2456}$，$r^2=0.9797$	96.8	47.5
1984	226.75	1.29	1.7	$Q=24.276R^{3.177}$，$r^2=0.9714$	121.4	53.5
1985	390.75	1.34	1.78	$Q=22.896R^{3.1952}$，$r^2=0.9692$	144.5	37.0
1986	150.45	1.08	1.28	$Q=24.073R^{3.5159}$，$r^2=0.9742$	57.3	38.1
1987	271.25	1.17	1.46	$Q=23.598R^{3.4066}$，$r^2=0.9883$	85.7	31.6
平均				100.2		

　　从表 9.24 的计算结果可以看出，生态水力半径模型计算的道孚站汛期输沙需水量大约占汛期平均流量 29.7%～59.5%，1966—1987 年输沙流量平均值为 100.2m³/s，与输沙水量概念计算的输沙需水量 90 m³/s，二者较为接近。可见，利用生态水力半径模型计算汛期输沙需水量是可行的。

9.7　小结

　　（1）为了应用 Tennant 法计算调水河流的河道内生态需水量，通过分析南水北调西线一期工程调水河流处于青藏高原的边缘，一般气温较低，河道内的生态需水主要是满足鱼类产卵洄游等的需要，对 Tennant 法的计算标准进行了修正，将鱼类的产卵育幼期定在每年的 3—7 月，其他月份为一般用水期，计算得到调水河流朱巴、道孚、甘孜、雅江和足木足等 5 个水文站处的生态需水量的阈值范围，为调水工程的规模（即可调水量的计算）的确定奠定了基础，为保持调水工程实施后调水区良好的生态环境提供依据。

　　（2）对湿周法的原理及突变点的确定方法进行了讨论和阐述，比较认同王国庆等（2009）提出的观点：综合考虑相对湿周和湿周长两方面因素的影响，湿周～流量曲线上突变点的为 Gippel 等（Gippel G J 等，1988）建议的斜率 P_0/Q_0 和 1 的几何平均值。

（3）在流速和水力半径等概念的基础上提出了生态流速和生态水力半径的概念，提出了一种同时考虑河道本身信息（水力半径）和为了维持其一生态功能所需河流流速（生态流速）的估算生态需水量的方法——生态水力半径模型。通过生态水力半径来推求过水断面面积，进而推求该过水断面的生态流量。

利用提出的生态水力半径模型对南水北调西线一期工程调水区的朱巴、道孚、甘孜、雅江和足木足 5 个水文站的 4 个典型年（$P=25\%$、$P=50\%$、$P=75\%$、$P=95\%$）的逐月生态需水量进行了计算。

（4）从输沙水量的概念出发，利用道孚站和甘孜站的泥沙资料，绘制月平均输沙水量与月平均流量的关系曲线，月平均输沙水量与月平均流量呈反比关系，得出道孚站汛期输沙需水量为 $90\text{m}^3/\text{s}$，甘孜站汛期输沙需水量为 $180\text{m}^3/\text{s}$。

通过确定允许流速 v_c 及输沙生态水力半径 R_S，建立了计算输沙需水量的生态水力半径模型，并对道孚站有泥沙资料的年份（1966—1987 年，缺 1969 年、1970 年、1981 年）的汛期输沙需水量进行了计算，计算结果表明，生态水力半径模型计算道孚站汛期输沙需水量大约占汛期平均流量 $29.7\%\sim59.5\%$，1966—1987 年输沙流量平均值为 $100.2\text{m}^3/\text{s}$，与输沙水量概念计算的输沙需水量 $90\text{m}^3/\text{s}$ 较为接近，说明生态水力半径模型计算输沙需水量可行。

第 10 章 结 论 与 展 望

10.1 结论

针对长江上游雅砻江支流和大渡河支流的主要控制断面的流量、水位、降水等水文要素进行分析，分别从南水北调西线一期工程下游河道的水力几何形态、河川径流的补给来源、影响河川径流变化的主要因素、河川径流时间序列的分形特征及其趋势变化规律以及河道内生态需水量等方面进行了研究，初步得到如下的研究成果。

（1）调水河流的水力几何形态分析。通过建立流量与河宽、平均水深、平均流速和过水断面面积之间的关系，构建了调水河流的水力几何关系，水力几何关系的年际变化可以分为平稳型和趋势相反型，其中泥渠河上的朱巴站、鲜水河上的道孚站和雅砻江干流上的雅江站水力几何形态关系中的河宽系数和河宽指数上下波动较为平稳，没有增加或减少的趋势，属于平稳型，而雅砻江干流的甘孜站和大渡河支流足木足站的水力几何形态关系中的系数与指数呈相反的趋势变化，属于趋势相反型；调水河流的河道基本属于弯曲型河道，横断面是单一断面，主要呈矩形、梯形和三角形，河两岸的滩地较少。

（2）调水河流径流补给来源分析。采用灰色关联方法和同位素水文学的方法对调水河流的径流补给来源进行了初步分析，灰色关联分析方法研究发现调水河流的径流与年降水量和4—6月降水量的关联度较大，说明调水区河川径流主要由降水来补给；氢氧同位素分析测定的含量值均在长江流域降水线的附近，而且计算得到各河流水样的氘过量参数也基本大于10，说明河川径流的补给来源主要是大气降水。

（3）调水河流径流变化的影响因素分析。以调水河流中的泥渠河为例，分析了朱巴站的流量、降水以及色达站气温的变差系数、峰型度和丰枯率的逐年变化规律，结果表明，朱巴站的年流量以每 $0.33\text{m}^3/(\text{s} \cdot 10\text{a})$ 的速率微弱增加，泥渠河流域气候变化表现出气温升高、降水量增加、蒸发增大等复杂趋势，对于以降水补给为主的泥渠河，降水量是影响其径流变化的主导气象因子，气温的变化只能对径流的变化起辅助的作用，是间接的影响因子之一。

（4）调水河流径流时间序列的分形特征及趋势分析。利用 ArcGIS 扩展模块 HawthsTools 中的 Line Metrics 计算调水河流上朱巴、道孚、甘孜、雅江和足木足等水文站月流量序列的分维数，发现汛期流量序列的分维数大于枯水期的分维数；而且各水文站月流量序列与其分维数具有高度的线性相关性，可以采用分维数的大小可以表征流量变化的复杂程度；利用各站历史流量变化情况，结合 R/S 分析法计算得到的赫斯特系数，对调水河流的径流变化的未来发展趋势进行了定性分析，分析结果为道孚、甘孜、雅江的流量将会增加；而朱巴和足木足等断面的流量将会减少。

（5）调水河流河道内生态需水量的研究。在综述河道内生态需水量方法的基础上，提出了一种既考虑河流形态信息（河宽、水深、过水断面面积、水力半径等）又考虑维持河流生态功能的水流流速的生态水力半径模型，提出了生态流速和生态水力半径的概念；同时，对水文学方法中 Tennant 的计算标准进行了修正，对水力学方法中的湿周法的湿周流量关系的突变点的计算进行初步的尝试，并将 Tennant 法、湿周法和生态水力半径模型用于调水河流朱巴、道孚、甘孜、雅江和足木足等 5 个水文站的 4 个典型年（$P=25\%$、$P=50\%$、$P=75\%$、$P=95\%$）的逐月生态需水量进行了计算。另外，通过确定允许流速 v_c 及输沙生态水力半径 R_s，将生态水力半径模型应用于计算河道内输沙需水量，这是生态水力半径模型拓展的一个尝试。

10.2 展望

目前生态需水量的概念、理论以及计算方法还不够完善，应加强生态需水量基础理论、适合我国具体情况的生态需水量计算方法、不同生态系统的需水特征等的研究；同时还应加强相关学科（特别是生态学、水文学、水资源学等）的交叉与渗透，为生态需水量的机理研究提供依据。

针对目前河道内生态需水量还没有一个明确的界定，其内涵和外延还很模糊，还没有形成一个系统的计算模型或方法，其理论体系尚待进一步成熟和完善。鉴于以上诸多问题，河道内生态需水量计算方法的研究应从以下几方面考虑。

（1）应以水循环、碳循环为基础，研究河道内生态需水的机理，探究水在整个河流生态系统中的作用，即研究不同份额的水分的情况下，河流生态系统所表现出来的效果或情景。既研究大气降水—河道径流水—浅层地下水之间的天然循环规律（可以采用环境同位素技术），又研究国民经济各部门的用水（河道内引水）—生产（生活）排水—河道径流—浅层地下水之间的人工侧枝循环规律，探究出这种循环规律应该是我们提出计算河道内生态需水量计算方法的前提和依据，这样计算结果也最能反映出河流生态系统所需的水分状况。

（2）目前将生态需水人为划分为河道内和河道外生态需水是否合适，河道内与河道外的范围如何界定，能否采用现代的卫星监测技术、图像处理技术、3S 技术以及虚拟现实等手段，实现河流系统整体的生态需水量研究，提出一种符合生态系统内在的生命过程所需的生态需水量计算模型，以表征河流生态系统本质的内在的需水规律。

（3）针对不同的河流，在综合考虑其不同的生态服务价值的基础上，建立计算维持河流基本健康的生态需水量方法。比如考虑河流内鱼类生存繁衍所需的流速，提出的生态水力半径模型，这是将水文学、水力学和生态学相结合提出的一种方法，也是采用多学科交叉融合的方式来解决生态需水这一复杂问题的一个尝试。这种方法还处于初期的探索阶段，需要更进一步的实例研究，以拓展其应用的范围。

生态需水量研究是当前水文水资源、生态、环境领域非常热点的问题之一，其定量描述更是研究的重中之重，如何将河流生态系统的需水规律真实的展现出来，将是对我们科学工作者提出的时代挑战，随着知识经济、循环经济的发展以及现代信息化时代的进行，我们应该充分利用现代的科技文明成果和一切能够获得河流信息的手段，多学科交叉融合、多领域专家协作交流，以水循环、碳循环为基础，提出一种能够真实反映河流生态健康的需水量计算模型，这将是摆在我们科学工作者面前的首要任务和科学命题。

参 考 文 献

Abrahams A D. 1985. Spatial dependency of hydraulic geometry exponents in a subalpine stream-comments [J] . Journal of Hydrology, 75: 389 – 393.

Arp C D, Schmidt J C , Baker M A, Myers A K. 2007. Stream geomorphology in a mountain lake district: hydraulic geometry, sediment sources and links, and downstream lake effects [J] . Earth Surf. Process. Landforms, 32: 525 – 543.

Baird A J, Wilby R L. 1999. Eco – hydrology: Plant and water in terrestrial and aquatic environments [M] . London and New York: Routledge Press.

Barnsley M. 1988. Fractals Everywhere [M] . Academic Press Inc.

Benassi A, Bertrand P, Cohen S. 2000. Identification of the Hurst Index of a Step Fractional Brownian Motion [J] . Statistical Inference for Stochastic Processes, 3 (1): 101 – 111.

BOVE E K D, LAM B B L, BARTH OLOW J M, et al. 1998. Stream habit at analys is using the Instream Flow Incremental Methodology [R] . US Geological Survey, Biological Resources Division Information and Technology Report USGS / BRD – 1998 – 0004 –. (11) + 131.

Bovee K D. 1982. A guide to stream habitat analysis using the instream flow incremental methodology [C] . In: US Fish and Wildlife Service, Instream Flow Information Paper No. 12 Washington. 26.

Bowen G J, Wilkinson B H. 2002. Spatial distribution of $\delta^{18}O$ in meteoric precipitation [J]. Geology, 30 (4): 315 – 318.

Caissie D, El – Jabi N, Bourgeois G. 1998. Instream flow evaluation by ydrologically – based and habitat preference (hydrobiological) techniques [J] . Rev Sci Eau, 11 (3): 347 – 363.

Carragher M J, Klein M, Petch J R. 1983. Channelwidth – discharge area relations in small basins [J] . Earth Surf. Process. Landforms, 8: 177 – 181.

Castro J M, Jackson P L. 2001. Bankfull discharge recurrence intervals and regional hydraulic geometry relationship s: Patterns in the Pacific Northwest, USA [J] . Journal of the American Water Resources Association, 37 (5) : 1249 – 1262.

Chang H H. 1979. Geometry of rivers in regime [J] . Journal of the Hydraulics Division, ASCE, 105: 691 – 706.

Chow V T. 1959. Open – channel hydraulics [M] . New York: McGraw – Hill Book Company Inc, 24 – 25.

Christopher J G, Michael J S. 1998. Use of wetted perimeter in defining minimum environmental flows [J] . regulated rivers: research & management, 14: 53 – 67.

Craig H. 1961a. Standards for reporting concentrations of deuterium and oxygen – 18 in natural waters [J] . Science , 133 : 1833 – 1834.

Craig H. 1961b. Isotopic variations in meteoric waters [J] . Science, 133: 1702 – 1703.

Dansgaard W. 1964. Stable isotope in Precipitation [J] . Tellus. 1964, 14 (4): 436 – 468.

Donald, L, Turcotte. 1997. Fractals and chaos in geology and geophysics [M] . Cambridge University Press, 158 – 162.

Dudley R W. 2004. Hydraulic – geometry Relations for Rivers in Coastal and CentralMaine [R]. U. S. Geological Survey Scientific Investigation Report, 2004 – 5042.

Edgar G A. 1990. Measure, Topology and Fractal Geometry [M] . Berlin, spring – Verlag.

Fajkenmark M. 1999. Forward to the future: a conceptual framework for water dependence [J]. Ambio, 28: 356 – 361.

Falconer K J. 1985. The Geometry of Fractal Sets [M] . Cambridge University Press.

Falconer K J. 1990. Fractal Geometry: Mathematical Foundation and Application [M]. Wiley, New York.

Gat J R, Gonfiantini R. 1981. Stable isotope hydrology: deuterium and oxygen18 in the water cycle [M] . Vienna: IAEA, 103 – 139.

Gippel G J, Stewardson M J. 1998. Use of wetted perimeter in defining minimum environmental flows studies [J] . Regulated rivers: research and management, 14 (1): 53 – 67.

Gleick P H. 1998. Water in crisis: paths to sustainable water use [J] . Ecological Applications, 8 (3): 571 – 579.

Gleick P H. 2000. The changing water paradigm: a look at twenty – first century water resource Development [J] . Water international, 25: 127 – 138.

Gordon N D. 2004. Stream hydrology an introduction for ecologists [M] . 2nd ed, Chichester, West Sussex: John Wiley&Sons, 286 – 319.

Gore J A, King J M, Hamman K C D. 1991. Application of the Instream Flow Incremental Methodology to Southern African Rivers: Protecting Endemic Fish of the Olifants River [J] . Water Sa Wasadv, 17 (3): 225 – 236.

Gore J A. 1989a. Setting priorities for minimum flow assessments in Southern Africa [J]. South African Journal of science, 85: 614 – 615.

Gore J A. 1989b. Models for predicting benthic macroinvertebrate habitat suitability under regulated flows [C] . In: Gore J A, Petts G E. In alternatives in regulated river management. Boca Raton, Florida: CRC Press, 253 – 265.

Huang H Q. Nanson G C. 2000. Hydraulic geometry and maximum flow efficiency as products of the principle of least action [J] . Earth Surf. Process. Landforms, 25: 1 – 16.

Hurst H E. 1951. The long – Term Storage Capacity of Reservoirs [J] . Transcactions of the American Society of Civil Engineers, 116: 87 – 92.

Jowett I G. 1998. Hydraulic geometry of New Zealand Rivers and its use as a preliminary methods of habitat assessment [J] . Regulated Rivers: Research and Management, (14) : 451 – 466.

Khalid K, Maureen E G, Ian C G. 1995. Review of Determination Instream Flow Requirements with Special Application to Australia [J] . Water resources Bulletin American Water Resources Association, 31: 1063 – 1077.

Kighton A D. 1974. Vatiation in width – discharge relation and some implications for hydraulic geometry [J]. Geological Society of American Bulletin , 85: 1069 – 1076.

219

Kighton A D. 1975. Variation in at-a-station hydraulic geometry [J] . American Journal of Science, 275: 186 – 218.

King J, Louw D. 1998. Instream flow assessments for regulated rivers in South Africa using the Building Block Methodology [J] . Aquatic Ecosystem Health & Management, 1 (2): 109 – 124.

King J M, Tharme R E. 1994. Assessment of the Instream Flow Incremental Flow Methodology and initial development of alternative Instream Flow methodologies for South Africa [J]. Water Research Commission Report 295 (1): 590.

Knighton A D, Cryer R. 1990. Velocity – discharge relationship s in three lowland rivers [J]. Earth Surf. Process. Landforms, 15: 501 – 512.

Lacey G A. 1946. A theory of flow in alluvium [J] . Journal of the Institute of Civil Engineers, London, 21: 3 – 6.

Leopold L B, Maddock T Jr. 1953. The hydraulic geometry of stream channels and some physiographic implications [C] . U. S. Geol. Survey Professional Paper. 252.

Liu Changming, Men Baohui. 2007. An ecological hydraulic radius approach to estimate the instream ecological water requirement [J] . Progress in Natural Science, 17 (3): 320 – 327.

LIU S X, MO X G, LIN Z H , et al. 2008. A new hydraulic rating method and its application in setting minimum ecological instream flow requirement for Western Route South – to – North Water Transfer Project in China [C] . Water security to climate change and human activity in Asia and Pacific Region. Beijing: China Meteorological Press.

Loar J M, Sale M J . 1981. Analysis of Environmental Issues Related to Small – Scale Hydroelectric Development [M] . Oak Ridge National Laboratory, Oak Ridge.

Mandelbrot B B. 1982. The Fractal Geometry of Nature [M] . San Francisco, W. H. Freeman and Co.

Mandelbrot B B. 1986. Self – affine fractal sets, in Fractals in Physics [M] . PietroneroL. & Tosatti E. , Elseveri Sci. Publ. B. V.

Mandelbrot B B and Wallis. J. R. 1968. Noah, Joseph and operational hydrology [J] . Water R esources Research, 4 (5): 909 – 918.

Mandelbrot B B, Wallis J R. 1969a. Robustness of the rescaled range R/S in the measurement of monocyclic long – run statistical dependence [J] . Water Resources Research. 5 (4): 967 – 988.

Mandelbrot B B, Wallis J R. 1969b, Some long – run properties of geographical records [J]. Water Resources Research, 5 (2): 321 – 340.

Mandelbrot B B, Wallis J R. 1969c. Computer experiments with fractional Gaussian noises. Part 1 and part 2 [J] . Water Resources Research, 5 (1): 228 – 259.

Mathews R C, Bao Yixing. 1991. The Texas method of preliminary instream flow assessment [J] . Rivers, 2 (4): 295 – 310.

McCarthy James H. 2003. Wetted Perimeter Assessment. Shoal Harbour River [M] . Shoal Harbour, Clarenville, January 8.

Men Baohui, Liu Changming. 2009. Ecological hydraulic radius model to calculate instream flow requirements for transporting sediment in the western water transfer region [J]. Science in China Series E: Technological Sciences, 52 (11): 3401 – 3405.

Midcontinent Ecological Science Center. 2001. PHABSIM for Windows : User's manual and exercises [Z] . U . S. Geological Survey.

Mosely M P. 1982. The effect of changing discharge on channal morphology and instream uses and in a braide river, Ohau River, New Zealand [J] . Water Resources Researches. 18: 800 – 812.

Nash D B. 1994. Effective sediment – transporting discharge from magnitude – frequency analysis [J] . Journal of Hydrology, 102 (1): 79 – 95.

Omdorff R L, Whiting P J. 1999. Computing effective discharges with S – PLUS [J]. Computers & Geosciences, (25): 559 – 565.

Orth D J, Maughan O E. 1982. Evaluation of the Incremental Methodology for Recommending In – stream Flows for Fishes [J] . Trans. Am. Fish. Soc. 111 (4): 413 – 445.

Park C C. 1977. World – wide variations in hydraulic geometry exponent s of stream channels: An analysis and some observations [J] . Journal of Hydrology, 33: 133 – 146.

Petts G E. 1996. Water allocation to protect river ecosystem [M] . Regulated River: Res. Manage, (12): 353 – 365.

Raskin P D, Hansen E, Margolis R M. 1996. Water and sustainability: global patterns and long – range problems [J] . Natural Researchs Forum, 20 (1): 1 – 15.

Rhodes D D. 1977. The b-f-m diagram: Graphical representation and interpretation of at – a-station hydraulic geometry [J] . American Journal of Science , 277 : 73 – 96.

Richter B D, Baumgartner J V. 1997. How much water does a river need? [J] . Freshwater Biology, 37 (1): 231 – 249.

Rowntree K, Wadeson R A. 1998. Geomorphological framework for the assessment of instream flow requirements [J] . Aquatic Ecosystem Health & Management. 1 (2): 125 – 141.

Stalnaker C B, Lamb B L, Henriksen J, et al. 1994. The instream flow incremental methodology: a primer for IFIM [M] . National Ecology Research Center, International Publication, Fort Collins, Colorado, USA, 99.

Steven J, de Kozlowski. 1998. Instream Flow Study, PHASE II: Determination of Minimum Flow Standards to Protect Instream Uses in Priority Stream Segments [C] . South Carolina: South Carolina Water Resources Commission.

Stewardson M. 2005. Hydraulic geometry of stream reaches [J] . Journal of Hydrology, (306) : 97 – 111.

Tennant D L. 1976b. Instream flow regimes for fish, wildlife, recreation and related environmental resources [J] . Fisheries, 1 (4): 6 – 10.

Tennant D L. 1976a. Instream flow regimens for fish, wildlife, recreation, and related environmental resources, in Orsborn [A]. J. F. And Allman, C. H. (eds), Proceedings of Symposium and Speciality Conference on Instream Flow Needs II [C] . American Fisheries Society, Bethesda, Maryland: 359 – 373.

Thatcher L L. 1965. Isotope Techniques in the Hydrologic Cycle [J]. Am. Geophys.

Union. Geophys. Mon. Ser. ，11：97－108.

Ubertini L，Manciola P，Casadei S. 1996. Evaluation of the minimum instream flow of the Tiber river basin ［J］. Environmental Quality in Watersheds. 41（2）：125－136.

Whipple W，DuBois J D，Grigg N' et al. 1999. A proposed approach to coordination of water resource development and environmental regulations ［J］. Journal of the American Water resources Association，35（4）：713－716.

White R G. 1976. A methodology for recommending stream resource maintenance flows for large rivers. In：J. F. Orsborn，C. H. Allmann. Proceedings of a Symposium and Specialty Conference on Instream Flow Needs，American Fisheries Society. Maryland：Bethesda，376－399.

Xie Heping. 1993. Fractals in Rock Mechanics ［M］. A. A. Balkema Press.

YURTEVER Y. 1975. Worldwide survey of stable isotopes in precipitation ［C］. Report of the Isotope Section，Vienna：International Atomic Energy Agency，1－40.

ZHANG Lujun，QIAN Yongfu. 2003. Annual distribution features of the yearly precipitation in China and their inter an nual variations ［J］. Acta Meteorologica Sinica，17（2）：146－163.

阿坝藏族羌族自治州阿坝县地方志编纂委员会 . 1993. 阿坝县志 ［M］. 北京：民族出版社.

阿坝藏族羌族自治州地方志编纂委员会 编 . 1995. 阿坝州志（上册）［M］. 北京：民族出版社.

班玛县地方志编纂委员会 编 . 2004. 班玛县志 ［M］. 西宁：青海人民出版社.

鲍卫锋，黄介生，于福亮 . 2005. 区域生态需水量计算方法研究 ［J］. 水土保持学报，19（5）：139－142.

蔡明刚，黄奕普，陈敏，等 . 2000. 厦门大气降水的氢氧同位素研究 ［J］. 台湾海峡，19（4）：446－453.

常炳炎，薛松贵，张会言，等 . 1998. 黄河流域水资源合理分配和优化调度 ［M］. 郑州：黄河水利出版社.

陈启慧，夏自强，郝振纯，等 . 2005. 计算生态需水的 RVA 法及其应用 ［J］. 水资源保护，21（3）：4－5.

陈新明，甘义群，刘运德，等 . 2011. 长江干流水体氢氧同位素空间分布特征 ［J］. 地质科技情报，30（5）：110－114.

陈宜瑜 . 1998. 横断山区鱼类 ［M］. 北京：科学出版社.

陈颙，陈凌 . 2005. 分形几何学 ［M］. 北京：地震出版社.

崔保山，李英华，杨志峰 . 2005. 基于管理目标的黄河三角洲湿地生态需水量 ［J］. 生态学报，25（3）：606－614.

崔树彬 . 2001. 关于生态环境需水量若干问题的探讨 ［J］. 中国水利，8：71－75.

邓聚龙 . 1988. 灰色系统基本方法 ［M］. 武汉：华中理工大学出版社.

邓聚龙 . 1990. 灰色系统理论教程 ［M］. 武汉：华中理工大学出版社.

邓聚龙 . 2002. 灰理论基础 ［M］. 武汉：华中理工大学出版社.

刁仁平 . 1991. 全球内陆降水背景点——中国云南丽江雨水中氚浓度 ［J］. 云南环境科学，1：54－56，53.

丁瑞华 . 1991. 四川鱼类志 ［M］. 成都：四川科学技术出版社.

董哲仁.2003.河流形态多样性与生物群落多样性 [J].水利学报,(11) 1-7.

窦明,谢平,夏军,等.2005.西北地区生态需水的量化与分析 [J].水利水电技术,36 (7):19-22.

范可旭,贾建伟,张晶.2009.南水北调西线一期工程调水对下游水文情势影响 [J].人 民长江,39 (17):109-111.

方春明.1999.分析河相关系时的补充条件分析 [J].泥沙研究,(2):65-71.

方静,丁瑞华.1995.虎嘉鱼保护生物学的研究Ⅳ.资源评价及濒危原因 [J].四川动物, 14 (3):101-104.

丰华丽,王超,李剑超.2002a.河流生态与环境用水研究进展 [J].河海大学学报,30 (3):19-23.

丰华丽,王超,李剑超.2002b.干旱区流域生态需水量估算原则分析 [J].环境科学与技 术,(1):31-33.

丰华丽,王超,李勇.2001.流域生态需水量的研究 [J].环境科学动态,(1):27-30.

丰华丽,夏军,占车生.2003.生态环境需水研究现状和展望 [J].地理科学进展,22 (6):591-598.

冯小庆,严宝文.2009.洛河水系的分形特征研究 [J].人民黄河,31 (3):36-37.

甘孜县地方志编纂委员会 编纂.1999.甘孜县志 [M].成都:四川科学技术出版社.

甘孜州志编纂委员会.1997.甘孜州志（上册）[M].成都:四川人民出版社.

高平印,董峰,王平.1987.兰州市降水中的氚含量 [J].环境科学,8 (6):73-77.

高志发.1993.西北地区大气降水、地表水及地下水同位素组成特征探讨 [J].甘肃地质 学报,2 (2):94-101.

高志友,王小丹,尹观.2007.雅鲁藏布江径流水文规律及水体同位素组成 [J].地理学 报,62 (9):1002-1007.

高治定,张志红,王玉峰,等.2001.南水北调西线工程引水坝址天然径流量研究 [J]. 人民黄河,23 (10):9-10.

顾镇南,金德秋,周锡煌,等.1989.长江水中氢氧同位素组成的季节性变化 [J].北京 大学学报（自然科学版）,25 (4):408-411.

果洛藏族自治州地方志编纂委员会 编.2001.果洛藏族自治州志（上册）[M].北京:民 族出版社.

韩振强,张玫.1998.南水北调西线工程可调水量分析 [J].人民黄河,20 (10):20-23.

何永涛,闵庆文,李文华.2005.植被生态需水研究进展及展望 [J].资源科学,27 (4): 8-13.

何志斌,赵文智,方静.2005.黑河中游地区植被生态需水量估算 [J].生态学报,25 (4):705-710.

胡海英,包为民,王涛,等.2007.氢氧同位素在水文学领域中的应用 [J].中国农村水 利水电,5:4-8.

胡晓梅.2006.分形与分维简介 [J].咸宁学院学报,26 (3):30-32.

黄嘉佑.2000.气象统计分析与预报方法 [M].北京:气象出版社,24-25.

黄锦辉,郝伏勤,高传德,等.2004.黄河干流生态环境需水量初探 [J].人民黄河,26 (4):26-27.

黄麒,梁青生.1989.青海湖地区氚的分布特征 [J].核技术,12 (11):679-683.

黄天明，聂中青，袁利娟．2008．西部降水氢氧稳定同位素温度及地理效应［J］．干旱区资源与环境，22（8）：76-81．

黄亚平．2005．生态环境需水量计算方法探讨［J］．水利科技，（1）：6-7．

黄永基，马滇珍．1990．区域水资源供需分析方法［M］．南京：河海大学出版社，140-143．

黄振英，王保华．2005．鲁基厂水电站脱水河段最小生态流量商榷［J］．珠江现代建设，（5）：32-34．

吉利娜，刘苏峡，吕宏兴，等．2006．湿周法估算河道内最小生态需水量的理论分析［J］．西北农林科技大学学报（自然科学版），34（2）：124-130．

贾宝全，慈龙骏．2000．新疆生态用水量的初步估算［J］．生态学报，20（2）：234-250．

贾宝全，许英勤．1998．干旱区生态用水的概念和分类［J］．干旱区地理，21（2）：8-12．

贾国栋，余新晓，樊登星，等．2011．太行山两侧地区大气降水氢氧同位素特征研究［J］．人民黄河，33（7）：34-36．

贾良文，杨清书，钱海强，等．2002．近几十年来西北江三角洲网河区顶点的河相关系［J］．地理科学，22（1）：57-62．

姜德娟，王会肖．2004．生态环境需水量研究进展［J］．应用生态学报，15（7）：1271-1275．

姜杰，杨志峰，刘静玲．2004．海河流域平原河道生态环境需水量计算［J］．地理与地理信息科学，20（5）：81-83．

L.B.里奥普，T.麦杜克 著，钱宁 译．1957．河槽的水力几何形态及其在地文学上的意义［M］．北京：水利出版社．

黎明，李茂江，陈国建．2000．下荆江河道水力几何形态的研究［J］．西南师范大学学报（自然科学版），25（6）：708-712．

黎明．1997．洞庭湖城陵矶水道水力几何形态的研究［J］．湖泊科学，9（2）：112-116．

李道峰，宁大同，刘昌明，等．2002．黄河上游西线调水工程对调出区气候影响的初步分析［J］．自然资源学报，17（1）：16-21．

李东发．2005．基于环境同位素方法结合水文观测的水循环研究：以太行山区为例［D］．北京：中国科学院研究生院．

李后强，汪富泉．1993．分形理论及其在分子科学中的应用［M］．北京：科学出版社，15-20．

李嘉，王玉蓉，李克锋，等．2006．计算河段最小生态需水的生态水力学法［J］．水利学报，37（10）：1169-1174．

李俊峰，樊曙光，叶茂，等．2005．玛纳斯河流域生态与环境需水研究初探［J］．石河子大学学报（自然科学版），23（4）：503-508．

李丽娟，郑红星．2000．海滦河流域河流系统生态环境需水量计算［J］．地理学报，55（4）：495-500．

李林，汪青春，张国胜，等．2004．黄河上游气候变化对地表水的影响［J］．地理学报，59（5）：716-722．

李梅．2007．不完备信息下的河流健康风险预估模型研究［D］．西安理工大学博士学位论文．

李小飞，张明军，马潜，等．2012．我国东北地区大气降水稳定同位素特征及其水汽来源

[J]．环境科学，33（9）：2924－2931．

李小平，李文学，李勇，等．2007．水库拦沙期黄河下游洪水冲刷效率调整分析［J］．水科学进展，（1）：44－51．

李秀梅，赵强，王乃昂．2005．生态环境需水量的概念框架［J］．环境科学动态，（2）：46－48．

李学礼．1988．水文地球化学［M］．北京：原子能出版社．

李扬，严宝文．2009．渭河流域径流序列的分形特征研究［J］．人民黄河，31（1）：25－27．

李政红，张发旺．2004．全球降水氢氧同位素研究进展［J］．勘察科学技术，1：1－6．

林承坤，杨佳木．1995．从河床特征与演变角度评长江中下游张家洲水航道的开发与整治［J］．中国航海，（1）：51－59．

刘昌明，何希吾，任鸿遵．1996．中国水问题研究［M］．北京：气象出版社．

刘昌明，门宝辉，宋进喜．2006．河道内生态需水量估算的生态水力半径法［J］．自然科学进展，16（11）：64－70．

刘昌明，沈大军．1997．南水北调工程的生态环境影响［J］．大自然探索，16（60）：1－6．

刘昌明．1996．调水工程的生态、环境问题与对策［J］．人民长江，27（12）：16－17．

刘昌明．1999．中国 21 世纪水供需分析：生态水利研究［J］．中国水利．（10）：18－20．

刘昌明．2000．我国西部大开发中有关水资源的若干问题［J］．中国水利，（8）：23－25．

刘昌明．2002a．南水北调工程对生态环境的影响［J］．海河水利，（1）：1－5．

刘昌明．2002b．关于生态需水量的概念和重要性［J］．科学对社会的影响，（2）：25－29．

刘昌明．2004．西北地区生态环境建设区域配置及生态环境需水量研究［M］．北京：科学出版社．

刘光生，王根绪，孙向阳，等．2012．多年冻土区风火山流域降水河水稳定同位素特征分析［J］．水科学进展，23（5）：621－627．

刘佳慧，刘芳，王炜，等．2005．“3S”技术在生态用水量研究中的应用——以锡林河流域为例［J］．干旱区资源与环境，19（4）：92－97．

刘进达．2001．近十年来中国大气降水氚浓度变化趋势研究［J］．勘察科学技术，4：11－13，19．

刘静玲，杨志峰，肖芳，等．2005．河流生态基流量整合计算模型［J］．环境科学学，25（4）：436－441．

刘静玲，杨志峰．2002．湖泊生态环境需水量计算方法研究［J］．自然资源学报，17（5）：604－609．

刘蕾，夏军，丰华丽．2005．陆地系统生态需水量计算方法初探［J］．中国农村水利水电，（2）：32－34．

刘思峰，党耀国，方志耕．2004．灰色系统理论及其应用［M］．北京：科学出版社．

刘思峰．2003．灰色系统理论的产生、发展及前沿动态［J］．浙江万里学院学报，16（4）：14－17．

刘思峰．2004．灰色系统理论的产生与发展［J］．南京航空航天大学学报，36（2）：267－272．

刘苏峡，莫兴国，夏军，等．2006．用斜率和曲率湿周法推求河道最小生态需水量的比较［J］．地理学报，61（3）：273－281．

刘苏峡，莫兴国，朱永华，等.2004.基于水量平衡的流域生态耗水量计算——以海河为例 [J].自然资源学报，19（5）：662-671.

刘小勇，李天宏，赵业安，等.2002.黄河下游河道输沙用水量研究 [J].应用基础与工程科学学报，10（3）：253-262.

刘延锋，江贵荣，靳孟贵，等.2009.新疆焉耆盆地水环境氢氧同位素特征及其指示作用 [J].地质科技情报，28（6）：89-93.

刘昭.2011.雅鲁藏布江拉萨—林芝段天然水水化学及同位素特征研究 [D].成都理工大学硕士论文.

刘忠方，田立德，姚檀栋，等.2009.中国大气降水中 $\delta^{18}O$ 的空间分布 [J].科学通报，54（6）：804-811.

柳长顺，陈献，刘昌明，等.2005.流域生态用水与需水研究 [J].水利水电技术，36（6）：17-21.

柳鉴容，宋献方，袁国富，等.2009.中国东部季风区大气降水 $\delta^{18}O$ 的特征及水汽来源 [J].科学通报，54（22）：3521-3531.

卢路，刘家宏，秦大庸，等.海河流域天然径流年际变化规律分析 [J].水电能源科学，2011，29（6）：11-13，99.

炉霍县志编纂委员会 编纂.2000.炉霍县志 [M].成都：四川人民出版社.

罗华铭，李天宏，倪晋仁，等.2004.多沙河流的生态环境需水特点研究 [J].中国科学E辑 技术科学，34（增刊Ⅰ）：155-164.

罗玮，周孝德，韩娜娜.2005.防止河道断流的最小生态环境需水量 [J].水资源与水工程学报，16（4）：29-32.

罗小兰，刘国东.2004.广西右江河流生态环境需水量计算 [J].东北水利水电，22（10）：1-3.

马元旭，许炯心.2009.无定河及其各支流的断面水力几何形态 [J].地理研究，8（2）：345-353.

门宝辉，刘昌明，夏军，等.2005a.南水北调西线一期工程河道最小生态径流的估算与评价 [J].水土保持学报，19（5）：135-138.

门宝辉，刘昌明，夏军，等.2005b.R/S在南水北调西线一期工程调水河流径流趋势预测中的应用 [J].冰川冻土，27（4）：568-573.

门宝辉，刘昌明，夏军，等.2006a.南水北调西线一期工程坝址处径流量计算与分析 [J].地学前缘，13（2）：155-161.

门宝辉，刘昌明，夏军，等.2006b.南水北调西线一期工程调水区径流量与影响因子关系分析——以达曲为例 [J].地理科学，26（6）：674-681.

门宝辉，刘昌明.2008.Tennant法计算标准的修正及其应用 [J].哈尔滨工业大学学报，40（3）：479-482.

门宝辉.2007.南水北调西线工程调水河流补给来源的初步分析 [J].辽宁工程技术大学学报，26（Suppl）：249-251.

门宝辉.2009.南水北调西线工程调水区径流序列特性分析 [J].辽宁工程技术大学学报，28（1）：149-151.

苗鸿，魏彦昌，姜立军，等.2003.生态用水及其核算方法 [J].生态学报，23（6）：1156-1164.

闵庆文,耿艳辉.2005.泾河流域草地生态需水量的估算与分析 [J].资源科学,27 (4):
　14-17.

倪晋仁,崔树彬,李天宏,等.2002a.论河流生态环境需水 [J].水利学报,(9):14
　-19.

倪晋仁,金玲,赵业安,等.2002b.黄河下游河流最小生态环境需水量初步研究 [J].水
　利学报,(10):1-7.

倪晋仁,刘小勇,李天宏,等.2004.黄河下游洪水输沙效率及其调控 [J].中国科学 (E
　辑),34 (增刊1):144-154.

倪晋仁,张仁.1992.河相关系研究的各种方法及其间关系 [J].地理学报,47 (4):368
　-375.

宁爱凤,尹观,刘天仇.2000.拉萨河地区的大气降水同位素分布特征 [J].矿物岩石,
　20 (3):95-99.

潘启民,任志远,郝国占.2001.黑河流域生态需水分析 [J].黄河水利职业技术学院学
　报,13 (1):14-16.

Petts G E.1984.Inpounded River.1988.蓄水河流对环境的影响 [M].王兆印,等译.北
　京:中国环境科学出版社.

齐璞,李世滢,刘月兰,等.1997.黄河水沙变化与下游河道减淤措施 [M].郑州:黄河
　水利出版社.

齐璞,王昌高.1992.黄河艾山以下河道水力几何形态与冲淤特性 [J].人民黄河,14
　(12):12-15.

钱宁,张仁,周志德.1987.河床演变学 [M].北京:科学出版社.

钱宁,周文浩.1965.黄河下游河床演变 [M].北京:科学出版社.

乔云峰,王晓红,纪昌明,等.2003.基于生态经济理论的生态需水计算方法研究 [J].
　水科学进展,15 (5):621-625.

青海省统计局.2011.青海统计年鉴2011 [M].北京:中国统计出版社.

冉立山,王随继,范小黎,等.2009.黄河上游河道水力几何形态关系分析 [J].人民黄
　河,31 (6):38-41.

冉立山,王随继.2010.黄河内蒙古河段河道演变及水力几何形态研究 [J].泥沙研究,
　(4):61-67.

任立良,江善虎,袁飞,等.2011.水文学方法的演进与诠释 [J].水科学进展,22 (4):
　586-592.

任天山,赵秋芬,陈炳如,等.2005.中国地表水和地下水氚浓度 [J].中华放射医学与
　防护杂志,25 (5):466-472.

邵学军,王光谦.2002.黄河上游水能开发对下游水量及河道演变影响初析 [J].水力发
　电学报,(1):128-138.

石辉,刘世荣,赵晓广.2003.稳定性氢氧同位素在水分循环中的应用 [J].水土保持学
　报,17 (2):163-166.

石伟,王光谦.2002.黄河下游生态需水量及其估算 [J].地理学报,57 (5):595-602.

石伟,王光谦.2003a.黄河下游输沙水量研究综述 [J].水科学进展,14 (1):118-120.

石伟,王光谦.2003b.黄河下游最经济输沙水量及其估算 [J].泥沙研究,(5):32-36.

拾兵,李希宁,朱玉伟.2005a.黄河口滨海区生态需水量神经网络模型的建立 [J].人民

黄河，27（10）：70-71.

拾兵，李希宁，朱玉伟．2005b．黄河口滨海区生态需水量神经网络模型的仿真［J］．人民
黄河，27（10）：74-75.

拾兵，李希宁，朱玉伟．2005c．黄河口滨海区生态需水量研究［J］．人民黄河，27（10）：
76-77.

舒畅，刘苏峡，莫兴国，等．2010．基于变异性范围法（RVA）的河流生态流量估算［J］．
生态环境学报，19（5）：1151-1155.

《四川资源动物志》编辑委员会主编．1982．四川资源动物志，第一卷总论［M］．成都：
四川人民出版社.

四川省阿坝藏族羌族自治州黑水县地方志编纂委员会．1993．黑水县志［M］．北京：民族
出版社.

四川省阿坝藏族羌族自治州金川县地方志编纂委员会．1994．金川县志［M］．北京：民族
出版社.

四川省阿坝藏族羌族自治州壤塘县地方志编纂委员会．1997．壤塘县志［M］．北京：民族
出版社.

四川省阿坝藏族羌族自治州汶川县地方志编纂委员会．1992．汶川县志［M］．北京：民族
出版社.

四川省阿坝藏族羌族自治州小金县地方志编纂委员会．1995．小金县志［M］．成都：四川
辞书出版社.

四川省宝兴县地方志编纂委员会 编．2000．宝兴县志［M］．北京：方志出版社.

四川省丹巴县志编纂委员会．1996．丹巴县志［M］．北京：民族出版社.

四川省道孚县志编纂委员会 编纂．1998．道孚县志［M］．成都：四川人民出版社.

四川省甘孜藏族自治州雅白玉县志编纂委员会．1996．白玉县志［M］．成都：四川大学出
版社.

四川省甘孜藏族自治州雅江县志编纂委员会．2000．雅江县志［M］．成都：巴蜀书社.

四川省马尔康县志编纂委员会 编纂．1995．马尔康县志［M］．成都．四川人民出版社.

四川省农业区划委员会《四川江河鱼类资源与利用保护》编委会．1991．四川江河鱼类资源
与利用保护．成都：四川科学技术出版社.

四川省色达县志编纂委员会 编纂．1997．色达县志［M］．成都：四川人民出版社.

四川省统计局．2011．四川统计年鉴2011［M］．北京：中国统计出版社.

SL/Z479-2010.2010．河湖生态需水评估导则［S］．中华人民共和国水利部.

宋进喜，李怀恩，王伯铎．2003．河流生态环境需水量研究综述［J］．水土保持学报，17
（6）：95-97.

宋进喜，刘昌明，徐宗学，等．2005b．渭河下游河流输沙需水量计算［J］．地理科学，60
（5）：717-724.

宋进喜，刘昌明，徐宗学．2005a．渭河（陕西段）河道生态环境需水量研究［J］．人民黄
河，64.

宋献方，李发东，于静洁，等．2007．基于氢氧同位素与水化学的潮白河流域地下水水循环
特征［J］．地理研究，26（1）：11-21.

宋献方，柳鉴容，孙晓敏，等．2007．基于CERN的中国大气降水同位素观测网络［J］．
地球科学进展，22（7）：739-747.

孙东坡，李国庆，朱太顺，等.1999.治河及泥沙工程 [M].郑州：黄河水利出版社.

孙涛，杨志峰，刘静玲.2004.海河流域典型河口生态环境需水量 [J].生态学报，24 （12）：2707－2715.

孙涛，杨志峰.2005.河口生态环境需水量计算方法研究 [J].环境科学学报，25 （5）：573－579.

孙晓东.2006.基于灰色关联分析的几种决策方法及其应用 [D].青岛大学硕士学位论文.

孙佐辉.2003.黄河下游河南段水循环模式的同位素研究 [D].长春：吉林大学.

谈英武.2002.南水北调西线工程关键技术问题的分析 [J].人民黄河，24 （7）：32－34.

汤洁，麻素挺，林年丰，等.2005b.吉林西部植被生态环境需水量供需平衡研究 [J].环 境科学研究，18 （1）：5－8.

汤奇成，程天文，李秀云.中国河川月径流的集中度和集中期的初步研究 [J].地理学 报，1982，37 （4）：383－393.

汤奇成，曲耀光，周聿超.1992.中国干旱区水文及水资源利用 [M].北京：科学出版 社，48－73.

汤奇成.1989.塔里木盆地水资源与绿洲建设 [J].自然资源，（6）：28－34.

汤奇成.1995.绿洲的发展与水资源的合理利用 [J].干旱区资源与环境，9 （3）：107 －111.

唐蕴，王浩，陈敏建，等.2004.黄河下游河道最小生态流量研究 [J].水土保持学报，18 （3）：171－174.

田立德，姚檀栋，Stievenard M.等，1998.中国西部降水中 δD 的初步研究 [J].冰川冻 土，20 （2）：16－20.

田立德，姚檀栋，孙维贞，等.2001.青藏高原南北降水中 δD 和 $\delta^{18}O$ 关系及水汽循环 [J].中国科学 （D 辑），31 （3）：214－220.

佟春生，黄强，刘涵.2004.基于复杂性理论的径流时间序列动力学特征分析 [J].系统 工程理论与实践，（9）：102－107.

涂林玲，王华，冯玉梅.2004.桂林地区大气降水的 D 和 ^{18}O 同位素的研究 [J].中国岩 溶，23 （4）：304－309.

汪恕诚.2005.http://www.watersite.com.cn/ywkd－1/zhtbd/20050801/zhc/200508010012.

王芳，梁瑞驹，杨小柳，等.2002a.中国西北地区生态需水研究 （1）：干旱半干旱地区生 态需水理论分析 [J].自然资源学报，17 （1）：1－8.

王芳，王浩，陈敏建，等.2002b.中国西北地区生态需水研究 （2）：基于遥感和地理信息 系统技术的区域生态需水计算机分析 [J].自然资源学报，17 （2）：129－137.

王凤生.1997.吉林省大气降水氢氧同位素浓度场时空展布及其环境效应 [J].吉林地质， 16 （1）：51－56.

王根绪，刘桂民，常娟.2005a.流域尺度生态水文研究评述 [J].生态学报，25 （4）：892 －903.

王根绪，张钰，刘桂民，等.2005b.干旱内陆流域河道外生态需水量评价——以黑河流域 为例 [J].生态学报，25 （10）：2467－2476.

王海静，张金流，刘再华.2012.四川黄龙降水氢-氧同位素对气候变化的指示意义 [J]. 中国岩溶，31 （3）：253－258.

王恒纯.1991.同位素水文地质概论 [M].北京：地质出版社.

王基琳，蒋卓群.1988.青海省渔业资源和渔业区域［M］.西宁：青海人民出版社.

王军，刘天仇，尹观.2000.西藏雅鲁藏布江中、下游地区大气降水同位素分布特征［J］.
地质地球化学，28（1）：63－67.

王平，骆洪珍，林瑞芬，等.1983.阿尔泰山哈拉斯冰川和天山乌鲁木齐河源1号冰川区冰
雪中氚含量的分析［J］.科学通报，3：166－169.

王珊琳，丛沛桐，王瑞兰，等.2004.生态环境需水量研究进展与理论探析［J］.生态学
杂志，23（6）：111－115.

王仕琴，宋献方，肖国强，等.2009.基于氢氧同位素的华北平原降水入渗过程［J］.水
科学进展，20（4）：495－501.

王随继，魏全伟，谭利华，等.2009.山地河流的河相关系及其变化趋势——以怒江、澜沧
江和金沙江云南河段为例［J］.山地学报，27（1）：5－13.

王随继.2002.西江和北江三角洲区的水沙及河道演变特征［J］.沉积学报，（3）：376
－381.

王西琴，刘昌明，杨志峰.2001a.河道最小环境需水量确定方法及其应用研究（Ⅰ）：理
论.环境科学学报［J］.21（5）：544－547.

王西琴，刘昌明，杨志峰.2001b.河道最小环境需水量确定方法及其应用研究（Ⅱ）：理
论.环境科学学报［J］.21（5）：548－552.

王西琴，刘昌明，杨志峰.2002.生态及环境需水量研究进展与前瞻［J］.水科学进展，
13（4）：507－514.

王西琴，张远，刘昌明.2003.河道生态及环境需水理论探讨［J］.自然资源学报，18
（2）：240－246.

王西琴.2007.河流生态需水理论、方法与应用［M］.北京：中国水利水电出版社，113
－114.

王新娟，崔亚利，邵景力，等.2006.北京市永定河流域地下水的环境同位素分析［J］.
勘察科学技术，1：48－51.

王雁林，王文科，杨泽元.2004.陕西省渭河流域生态环境需水量探讨［J］.自然资源学
报，19（1）：69－78.

王玉娟，尹观，李贺.2008.川东南主要碳酸盐含卤层卤水氚过量参数演化［J］.资源环
境与工程，22（1）：113－115.

卫克勤，林瑞芬，王志祥.1980.我国天然水中氚含量的分布特征［J］.科学通报，10：
467－470.

卫克勤，林瑞芬，王志祥.1982a.北京地区降水中的氘、氧-18、氚含量［J］.中国科学B
辑，8：754－757.

卫克勤等，林瑞芬，王志祥.1982b.水的同位素组成及其水文地质意义［J］.地质地球化
学，4：33－39.

卫克勤，林瑞芬，王志祥.1983.西藏羊八井地热水的氢、氧稳定同位素组成及氚含量
［J］.地球化学，4：338－346.

魏彦昌，苗鸿，欧阳志云，等.2004.海河流域生态需水核算［J］.生态学报，24（10）：
2100－2107.

魏忠义.1982.环境同位素在水文学研究中的应用［M］.中国科学院地理研究所.

吴秉钧.1986.我国大气降水中氚的数值推算［J］.水文地质工程地质，4：38－41，49.

吴持恭.1993.水力学（上册）.北京：高等教育出版社，183-184.

吴华武，章新平，关华德，等.2012.不同水汽来源对湖南长沙地区降水中 δD、δ¹⁸ O 的影响 [J].自然资源学报，27（8）：1404-1414.

吴华武，章新平，孙广禄，等.2011.长江流域大气降水中 δ¹⁸ O 变化与水汽来源 [J].气象与环境学报，27（5）：7-12.

吴洁珍，王莉红，王卫军，等.2005.生态环境建设规划中引入生态环境需水的探讨 [J].水土保持研究，12（1）：59-62.

吴险峰，刘昌明，杨志峰，等.2002.黄河上游南水北调西线工程可调水量及风险分析 [J].自然资源学报，17（1）：9-15.

武亚遵，万军伟，林云.2011.湖北宜昌西陵峡地区大气降雨氢氧同位素特征分析 [J].地质科技情报，30（3）：93-97.

武云飞，吴翠珍.1992.青藏高原鱼类 [M].成都：四川科学技术出版社.

夏军，孙雪涛.2003.中国西部流域水循环研究进展与展望 [J].地理科学进展，18（18）：58-67.

夏军，郑东燕，刘青娥.2002.西北地区生态环境需水估算的几个问题探讨 [J].水文，22（5）：12-17.

夏军.1999.区域水环境及生态环境质量评价：多级关联评估理论与应用 [M].武汉：武汉水利电力大学出版社.

夏军.2000.灰色系统水文学：理论、方法及应用 [M].武汉：华中理工大学出版社，134-136.

肖新平，宋中民，李峰.2005.灰技术基础及其应用 [M].北京：科学出版社.

谢和平，薛秀谦.1997.分形应用中的数学基础与方法 [M].北京：科学出版社.

谢和平.1996.分形-岩石力学导论 [M].北京：科学出版社.

谢新民，杨小柳.1999.半干旱半湿润地区枯季水资源实时预测理论与实践 [M].北京：中国水利水电出版社.

谢越宁，程枫萍，何瑞因.卫克勤译.1983.台湾大气降水和地热水的氢、氧同位素研究 [J].Memoir of the Geological Society，5：127-140.

徐志侠，陈敏建，董增川.2004a.河流生态需水计算方法评述 [J].河海大学学报（自然科学版），32（1）：5-9.

徐志侠，陈敏建，董增川.2004b.基于生态系统分析的河道最小生态需水计算方法研究（Ⅰ）[J].水利水电技术，35（12）：15-18.

徐志侠，董增川，周健康，等.2003a.生态需水计算的蒙大拿法及其应用 [J].水利水电技术，34（11）：15-17.

徐志侠，陈振民，王妍，等.2003b.电力工程水资源论证中的生态需水 [J].电力勘测设计，（2）：13-16.

徐志侠，董增川，唐克旺，等.2005a.生态用水决策过程、研究层次及生态需水重要概念研究 [J].水利水电技术，36（3）：9-12.

徐志侠，王浩，陈敏建，等.2005b.基于生态系统分析的河道最小生态需水计算方法研究（Ⅱ）[J].水利水电技术，36（1）：31-34.

徐志侠，王浩、董增川，等.2005c.河道与湖泊正太需水理论与实践 [M].北京：中国水利水电出版社.

许炯心.2006.沙量和悬沙粒径变化对长江宜昌—汉口河段年冲淤量的影响 [J]. 水科学进展,(6):67-73.

薛朝阳.1995.确定水力半径的新方法 [J]. 河海大学学报,23(2):107-112.

严登华,何岩,邓伟,等.2001.东辽河流域河流系统生态需水研究 [J]. 水土保持学报,15(1):46-49.

阳书敏,邵东国,沈新平.2005.南方季节性缺水河流生态环境需水量计算方法 [J]. 水利学报,36(11):1341-1346.

杨爱民,唐克旺,王浩,等.2004.生态用水的基本理论与计算方法 [J]. 水利学报,(12):39-45.

杨艳霞.2005.海河流域生态修复需水量的思考 [J]. 水利规划与设计,(2):40-43.

杨远东.1984.河川径流年内分配的计算方法 [J]. 地理学报,39(2):218-227.

杨振怀,崔宗培,徐乾清,等.1990.中国水利百科全书(第二卷)[M]. 北京:水利电力出版社.

杨志峰,崔保山,刘静玲,等.2003a.生态环境需水量理论、方法与实践 [M]. 科学出版社.

杨志峰,崔保山,刘静玲.2004.生态环境需水量评估方法与例证 [J]. 中国科学 D 辑,地球科学,34(11):1072-1082.

杨志峰,姜杰,张永强.2005.基于 MODIS 数据估算海河流域植被生态用水方法探讨 [J]. 环境科学学报,25(4):449-456.

杨志峰,张远.2003b.河道生态环境需水研究方法比较 [J]. 水动力学研究与进展,A 辑,18(3):294-301.

姚檀栋,丁良福,蒲建辰,等.1991.青藏高原唐古拉山地区降雪中 $\delta^{18}O$ 特征及其与水汽来源的关系 [J]. 科学通报,36(20):1570-1573.

尹观,范晓,郭建强,等.2000.四川九寨沟水循环系统的同位素示踪 [J]. 地理学报,55(4):487-494.

尹观,倪师军,张其春.2001.氘过量参数及其水文地质学意义——以四川九寨沟和冶勒水文地质研究为例 [J]. 成都理工学院学报,28(3):251-254.

尹观.1988.同位素水文地球化学 [M]. 成都:成都科技大学出版社.

英国国家河流管理局.1999.21 世纪泰晤士河流域规划和可持续发展战略 [J]. 水利水电快报,(20):1-5.

于津生,张鸿斌,虞福基,等.1980.西藏东部大气降水氧同位素组成特征 [J]. 地球化学,2::13-121.

余绍文,孙自永,周爱国,等.2012.用 D_18_O 同位素确定黑河中游戈壁地区植物水分来源 [J]. 中国沙漠,32(3):717-723.

余婷婷,甘义群,周爱国,等.2010.拉萨河流域地表径流氢氧同位素空间分布特征 [J]. 地球科学—中国地质大学学报,35(5):873-878.

余武生,马耀明,孙维贞,等.2009.青藏高原西部降水中 $\delta^{18}O$ 变化特征及其气候意义 [J]. 科学通报,54:2131-2139.

余武生,姚檀栋,田立德,等.2004.青藏高原西部降水中 $\delta^{18}O$ 变化特征 [J]. 冰川冻土,26(2):146-152.

余武生,姚檀栋,田立德,等.2006.慕士塔格地区夏季降水中 $\delta^{18}O$ 与温度及水汽输送的

关系 [J]. 中国科学 D 辑地球科学, 36 (1): 23 - 30.

喻泽斌, 龙腾锐, 王敦球. 2005. 河流景观生态环境需水量计算方法研究 [J]. 重庆建筑大学学报, 27 (1): 71 - 75.

岳德军, 侯素珍. 1996. 黄河下游输沙水量研究 [M]. 人民黄河, (8): 32 - 33.

张本仁. 2005. 地球化学进展 [M]. 北京: 化学工业业出版社.

张长春, 王光谦, 魏加华. 2005. 基于遥感方法的黄河三角洲生态需水量研究 [J]. 水土保持学报, 19 (1): 149 - 152.

张洪平. 1989. 我国大气降水稳定同位素背景值的研究 [J]. 勘察科学技术, 6: 6 - 13.

张丽, 董增川, 丁大发. 2003. 生态需水研究进展及存在问题 [J]. 中国农村水利水电, (1): 13 - 15.

张丽, 董增川. 2005. 黑河流域下游天然植被生态需水及其预测研究 [J]. 水利规划与设计, (2): 44 - 47.

张琳, 王莹, 刘福亮. 2008. 近二十年我国大气降水氚浓度及其变化 [J]. 南水北调与水利科技, 6 (6): 94 - 96.

张玫, 贾新平, 魏洪涛. 2005. 南水北调西线一期工程调水地区河道内生态环境需水的分析与计量 [J]. 资源科学, 27 (4): 180 - 184.

张玫, 王军良, 韩侠, 等. 2001. 南水北调西线工程可调水量分析 [J]. 人民黄河, 23 (10): 11 - 13.

张玫, 张玮. 2002. 南水北调西线工程可调水量分析中几个主要问题的探讨 [J]. 水文, 22 (4): 32 - 36, 18.

张榕森, 倪葆龄, 黄春辉, 等. 1979. 我国珠穆朗玛峰高海拔地区冰雪水中氢氧同位素的分析 [J]. 北京大学学报, 15 (3): 70 - 80.

张远, 杨志峰, 王西琴. 2005. 河道生态环境分区需水量的计算方法与实例分析 [J]. 环境科学学报, 25 (4): 429 - 435.

章斌, 郭占荣, 高爱国, 等. 2012. 用氢氧稳定同位素评价闽江河口区地下水输入 [J]. 水科学进展, 23 (4): 539 - 548.

章申, 于维新, 张青莲, 等. 1973. 我国西藏南部珠穆朗玛峰地区冰雪水中氘和重氧的分布 [J]. 中国科学, 4: 430 - 433.

章申, 于维新. 1978. 珠穆朗玛峰高海拔地区水体中氢氧同位素的地球化学特征 [J]. 科学通报, 8: 496 - 498.

章申. 1979. 珠穆朗玛峰高海拔地区冰雪中的微量元素 [J]. 地理学报, 34 (1): 12 - 17.

章新平, 关华德, 孙治安, 等. 2012. 云南降水中稳定同位素变化的模拟和比较 [J]. 地理科学, 32 (1): 121 - 128.

章新平, 刘晶淼, 中尾正义, 等. 2009. 我国西南地区降水中过量氘指示水汽来源 [J]. 冰川冻土, 31 (4): 613 - 619.

章新平, 孙治安, 关华德, 等. 2011. 东亚水循环中水稳定同位素的 GCM 模拟和相互比较 [J]. 冰川冻土, 33 (6): 1274 - 1284.

章新平, 姚檀栋. 1996. 青藏高原东北地区现代降水中 δD 与 $\delta^{18}O$ 的关系研究 [J]. 冰川冻土, 18 (4): 360 - 365.

章新平, 姚檀栋. 1998. 我国降水中 $\delta^{18}O$ 的分布特点 [J]. 地理学报, 53 (4): 356 - 364.

赵华侠, 陈建国, 陈建武, 等. 1997. 黄河下游洪水期输沙水量与河道泥沙冲淤分析 [J].

泥沙研究，(3)：57-61.

赵文林主编.1997.黄河泥沙［M］.郑州：黄河水利出版社.

赵文智，程国栋.2001.干旱区生态水文过程研究若干问题述评［J］.科学通报，46（22）：
1851-1857.

赵西宁，吴普特，王万忠，等.2005.生态环境需水研究进展［J］.水科学进展，16（4）：
617-622.

赵业安，潘贤娣，樊左英，等.1989.黄河下游河道冲淤情况及基本规律［C］//李保如主
编.科学研究论文集（第一集）.郑州：河南科学技术出版社.

赵业安，潘贤娣，李勇，等.1990.黄河下游河道输沙用水量的初步研究［M］.郑州：黄
河水利科学研究所，1-19.

郑超磊，刘苏峡，舒畅，等.2010.泥曲河道内最小生态需水研究［J］.长江流域资源与
环境，19（3）：329-334.

郑红星，刘昌明，丰华丽.2004.生态需水的理论内涵探讨［J］.水科学进展，15（5）：
626-633.

郑红星，刘昌明.黄河源区径流年内分配变化规律分析［J］.地理科学进展，2003，22
（6）：585-590.

郑建平，陈敏建，徐志侠，等.2005.海河流域河道最小生态流量研究［J］.水利水电科
技进展，25（5）：12-15.

郑淑蕙，侯发高，倪葆龄.1983.我国大气降水的氢氧稳定同位素研究［J］.科学通报，
28（13）：801-806.

郑志宏等.2010.生态需水量计算Tennant法的改进及应用［J］.四川大学学报（工程科学
版）.42（2）：34-39.

中国科学院西北高原生物研究所编著.1989.青海经济动物志［M］.青海人民出版社.

中华人民共和国水文年鉴第6卷第1册.1952、1956、1961—1987.长江流域水文资料，金
沙江区（金沙江上游水系、雅砻江水系）［J］.

中华人民共和国水文年鉴第6卷第8册.1959—1983.长江流域水文资料，岷沱江区.

周锡煌，蒋世和，张青莲.1985.江河水中氚含量的季节变化［J］.化学通报，1：13-14.

周锡煌，金德秋，倪葆龄，等.1989.太平洋赤道区水中氢氧同位素的分布［J］.化学通
报，11：28.

周仰璟，吴万荣，姚维志.1994.虎嘉鱼生物学研究［J］.西南农业大学学报，16（1）：72
-75.

周仰璟，吴万荣.1987.大川河虎嘉鱼产卵场条件及其习性的初步研究［J］.水生生物学
报，11（4）：375-376.

周泽松.2002.水文与地貌［M］.上海：华东师范大学出版社，71-72.

朱玉伟，拾兵，黄勇.2005.黄河口最小生态环境需水量研究综述［J］.人民黄河，27
（1）：42-43.

左其亭.2005.论生态环境用水与生态环境需水的区别与计算问题［J］.生态环境，14
（4）：611-615.

图 2.1 南水北调西线一期工程调水区基本概况图

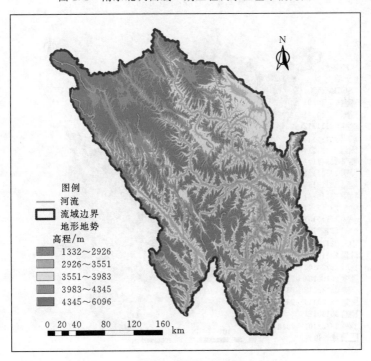

图 2.2 地形地势图

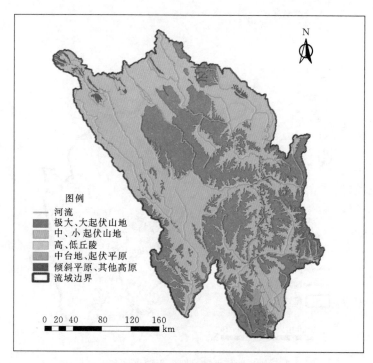

图 2.3 地貌类型分布图

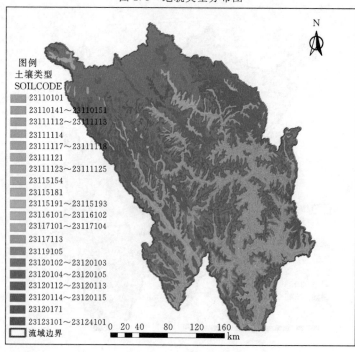

图 2.5 土壤类型分布图

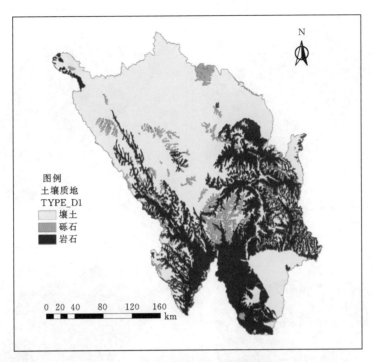

图 2.7 土壤质地分布图

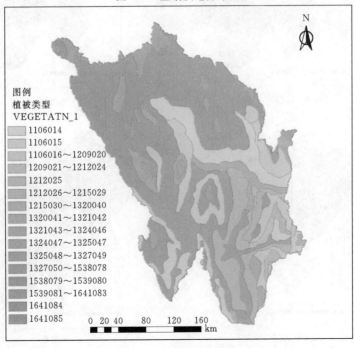

图 2.8 植被类型分布图

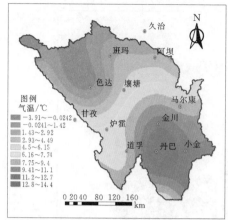

（a）气温

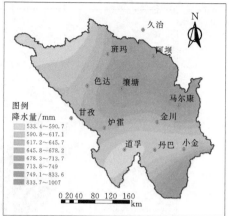

（b）降水量

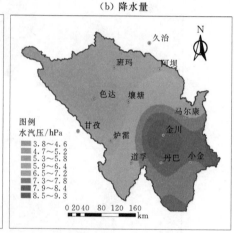

（c）相对湿度

（d）水汽压

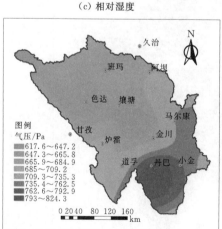

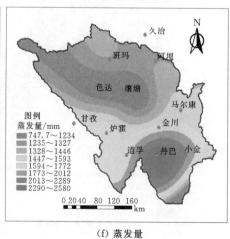

（e）气压

（f）蒸发量

图 2.9（一）　气候状况图

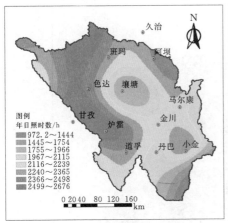

（g）年日照时数

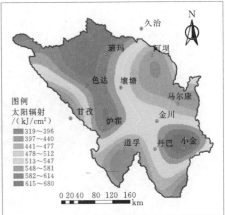

（h）太阳辐射

图 2.9（二） 气候状况图

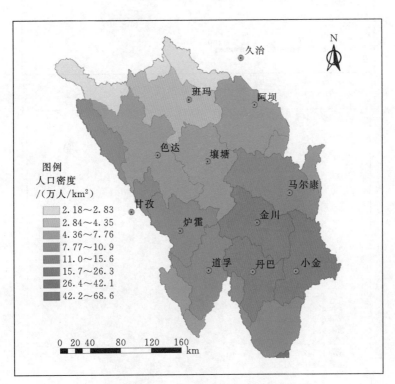

图 2.11 人口密度图（2010 年）

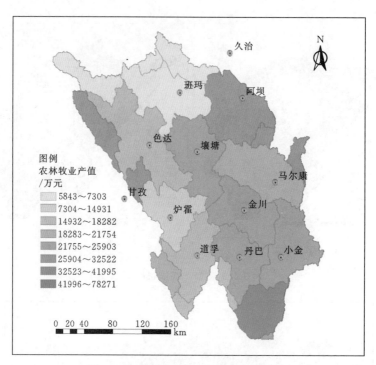

图 2.13 各县农林牧业产值（2010 年）

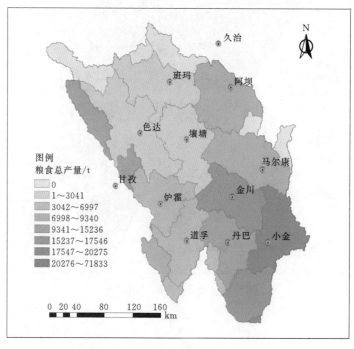

图 2.14 各县粮食总产量（2006 年）

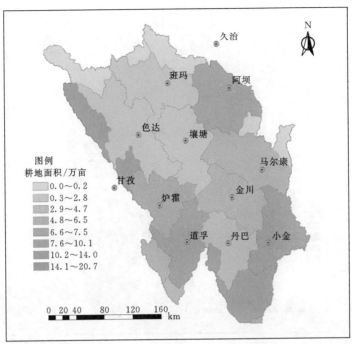

图 2.17 各县耕地面积（2010 年）

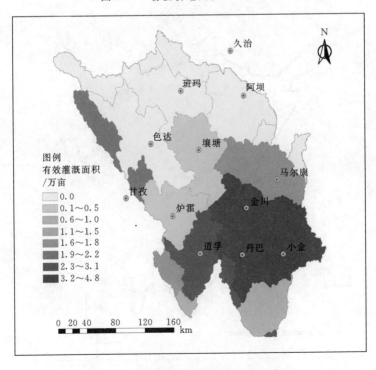

图 2.18 各县有效灌溉面积（2010 年）

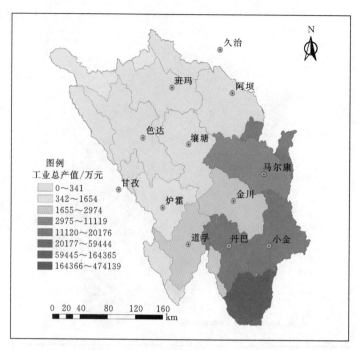

图 2.20 各县工业总产值情况（2010 年）

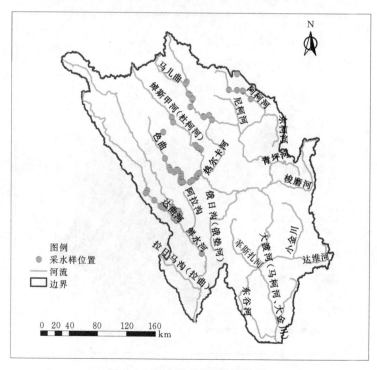

图 4.3 调水区水样采集分布图

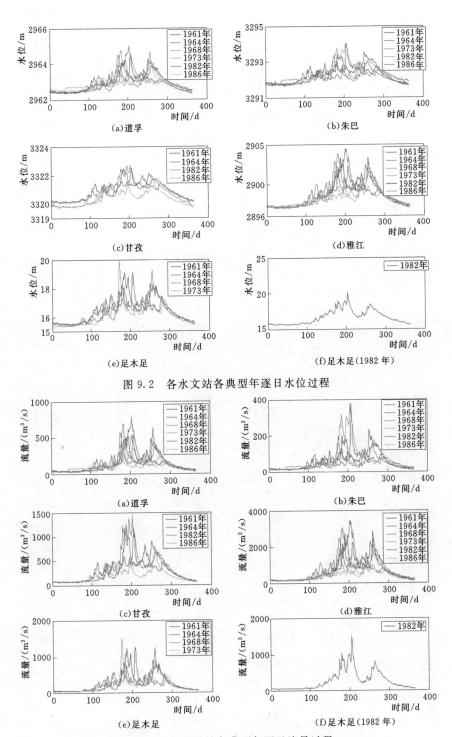

图 9.2　各水文站各典型年逐日水位过程

图 9.3　各水文站各典型年逐日流量过程

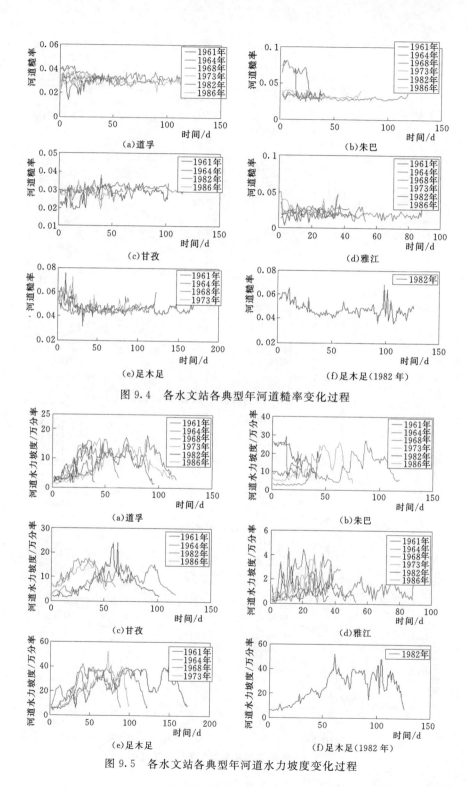

图 9.4　各水文站各典型年河道糙率变化过程

图 9.5　各水文站各典型年河道水力坡度变化过程

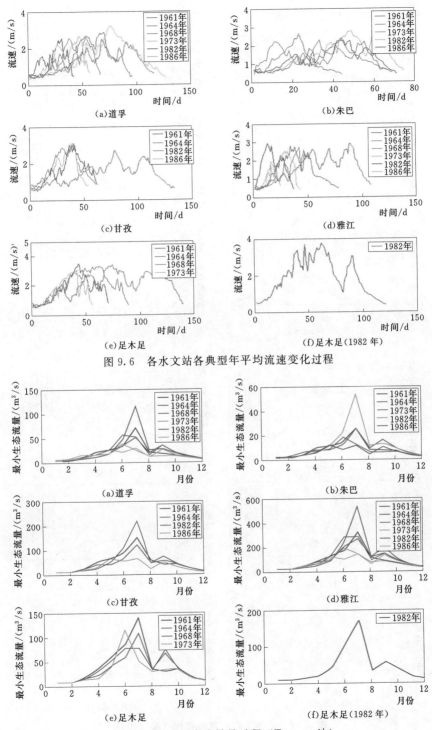

图 9.6　各水文站各典型年平均流速变化过程

图 9.7　最小生态流量月过程（Tennant 法）

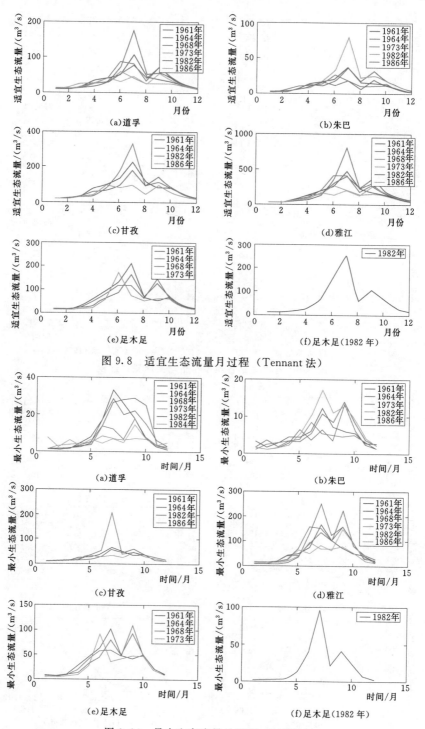

图 9.8 适宜生态流量月过程 （Tennant 法）

图 9.14 最小生态流量月过程 （湿周法）

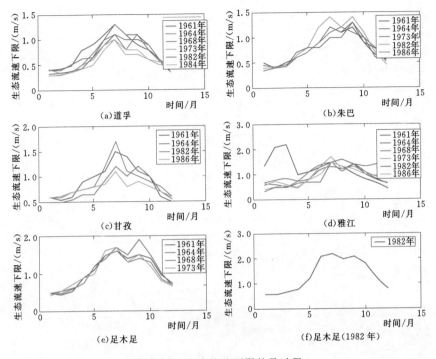

图 9.20　生态流速下限的月过程

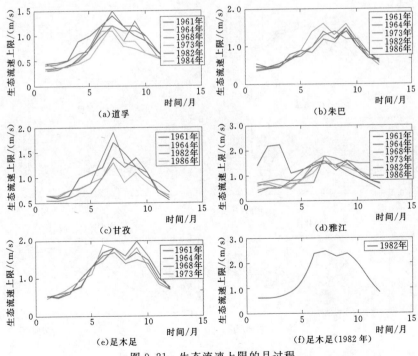

图 9.21　生态流速上限的月过程

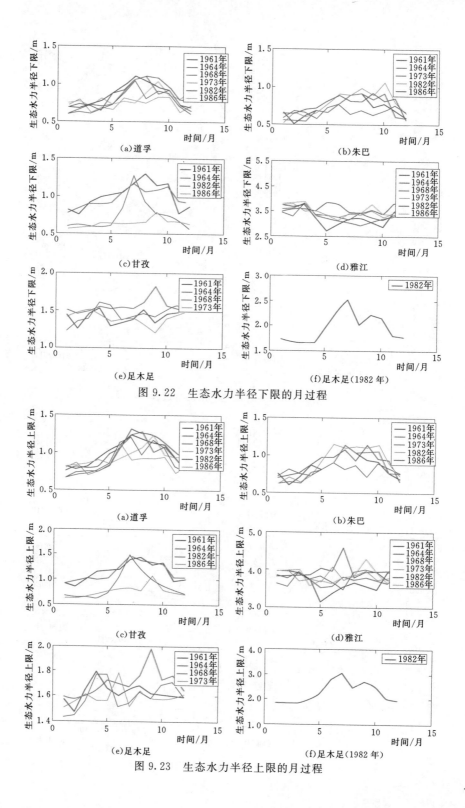

图 9.22 生态水力半径下限的月过程

图 9.23 生态水力半径上限的月过程

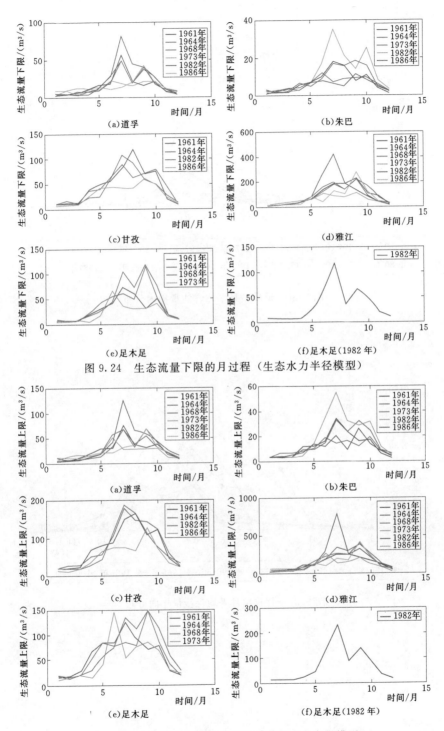

图 9.24 生态流量下限的月过程（生态水力半径模型）

图 9.25 生态流量上限的月过程（生态水力半径模型）

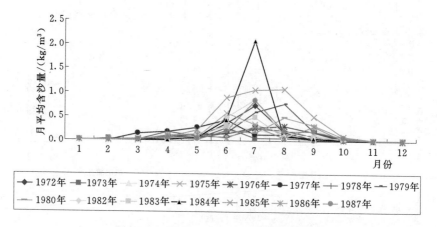

图 9.26　道孚站月平均含沙量年内分布

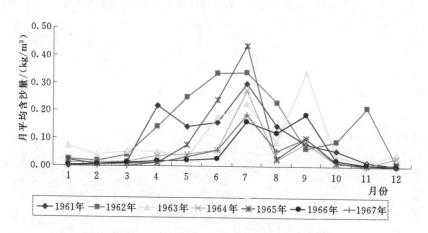

图 9.27　甘孜站月平均含沙量年内分布